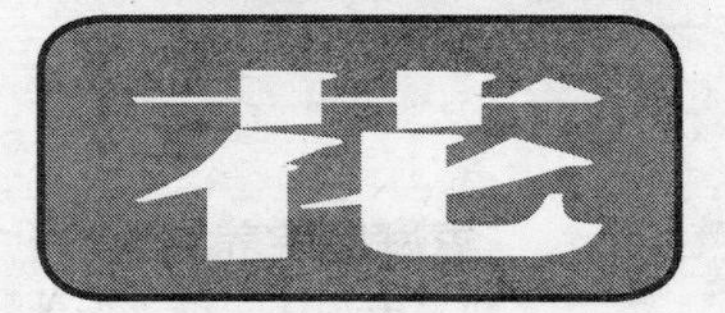

家庭院养花宝典

BAO DIAN

邬志星
沈宗英 编著

上海科学技术文献出版社

图书在版编目（CIP）数据

家庭庭院养花宝典 / 邬志星，沈宗英编著 . —上海：上海科学技术文献出版社，2013.1

ISBN 978-7-5439-5554-7

Ⅰ . ①家… Ⅱ . ①邬…②沈… Ⅲ . ①庭院—花卉—观赏园艺 Ⅳ . ① S68

中国版本图书馆 CIP 数据核字（2012）第 220607 号

责任编辑：胡德仁
美术编辑：徐　利

家庭庭院养花宝典
邬志星　沈宗英　编著
*
上海科学技术文献出版社出版发行
（上海市长乐路 746 号　邮政编码 200040）
全国新华书店经销
常熟市人民印刷厂印刷
*
开本 650 × 900　1/16　印张 22.5　字数 281 000
2013 年 1 月第 1 版　2013 年 1 月第 1 次印刷
ISBN 978-7-5439-5554-7
定价：29.80 元
http://www.sstlp.com

前　言

自然界的花卉千姿百态,五彩缤纷,它们是大自然赐予人类的礼物。人们爱花,因为它是幸福美好的象征;它以绚丽的色彩,芬芳宜人的香味和优美典雅的风韵给人以美的享受,美丽的鲜花能给人们带来愉快、温馨、活力和希望。人们互赠鲜花以表达友情和爱情,庆祝生日快乐,事业昌盛,祝福健康长寿。绿色植物又能增加空气中氧的含量,调节温度和湿度,吸附粉尘,消除污染,净化空气,提高人类的生活质量,有些花卉还能防病治病。人们喜爱养花,因为养花不仅可以绿化环境,美化生活,还可以陶冶性情,纯洁心灵,调剂精神,消除疲劳,激发养花者对自然科学知识的追求,增加人们的生活乐趣。

家庭养花也是生态环境建设中的一个重要组成部分。随着国民经济的持续发展和人民生活水平的不断改善,特别是居住环境质量的普遍提高,园林花卉进入社区,走进千家万户已是一个毋庸置疑的事实,从而产生了家庭养花者和家庭养花爱好者这样的人群,其队伍越来越庞大。他们渴望不断得到新的花卉品种、获取新的花卉知识、掌握新的养花技艺。

家庭绿化的目的主要是为了美化和观赏,旨在创造出富有诗情画意的生活境界,达到赏心悦目和陶冶情操的效果。家庭绿化一般包括阳台绿化、室内绿化和庭院绿化,其材料主要选择那些姿态优美、观赏期长、耐阴性强的花木,一般以常绿性温、热带的乔木、灌木、藤本、球根、肉质、宿根和蕨类植物进行栽培。搞好家庭绿化,珍惜公共绿化是社会文明发展的需要。

为了适应广大社会市场、养花爱好者的需要,我们组织有关专家、教授编纂了这本《家庭庭院养花宝典》,旨在通过本书的介绍,传递养花知识及相关实用操作技术和经验,使广大家庭养花爱好者掌握、了解更多的养花知识，在养花期间所碰到的种种疑难问题，都能在该书中找到满意的答案。愿每个家庭所养护的各种花卉，终年保持郁郁葱葱，鲜花常开不败，户户成为净化环境的小平台。

在该书的编纂过程中，得到了沈仲均、沈燕、沈岚、王兰芳、邱德义、何福英、沈映、蒋青海、吕晓慧、叶惠良、杨蓉、胡皞、赵定国、钱永宁等诸多同仁的帮助和支持，在此深表感谢。

由于水平有限，书中错误或疏漏之处，恳望广大读者和同仁不吝赐教，以便我们以后再版时更臻完善。

编　者

目　录

目录

一 串 红

一串红别名墙下红、炮仗红、西洋红，原产南美，引入我国后，现为全国各地普遍栽培的秋花，供节日欢庆用。

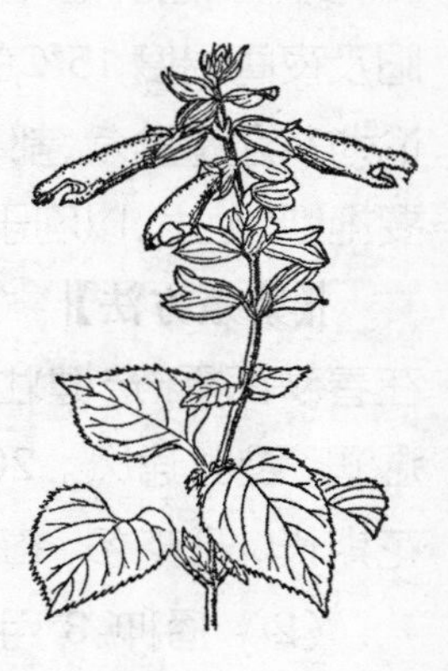

一 串 红

一串红是唇形科鼠尾草属多年生草本植物，以一年生栽培为多。一串红株高40～80厘米，目前也有矮生品种，株高仅20～30厘米。花朵以红色居多，栽培品种中也有花为白色的一串白，花为紫色的一串紫，以及花为水红的一串粉。一串红的同属品种有1 000多种。

【观赏价值与应用】 一串红适宜布置大型花坛、花境和花台。在草地、树丛外围成片种植，起“万绿丛中一片红”之景，色彩绚丽，生机勃勃效果极好。其矮生种可以盆栽，用来美化窗台、晒台。也可做阶前、屋旁、走道、小庭园的摆设。一串红是一种很好的抗污染花卉，对硫、氯的吸收能力强，但抗性弱，所以它既是硫和氯的抗性植物，又是二氧化硫和氯气的监测植物。

用一串红来布置大型展览、大型演出场所气氛热烈，吉祥如意，效果明显。

一串红全草可入药，有清热、凉血、消肿之功效。外用可治痈疮肿痛、跌打损伤等病。当患慢性湿症、皮肤瘙痒时，可用蒲公英与一串红各15克，水煎后外用熏洗，效果较好。

【栽培技术】 一串红喜欢温暖、阳光充足的环境及疏松肥沃的土壤，它忌霜冻，适宜在20～25℃条件下生长。在10℃以下叶

子会变黄脱落，气温高于30℃，则叶、花变小。生长前期不宜浇过多水，以免出现黄叶、落叶现象。浇水要求掌握“干透浇足”原则，待到生长旺期，应加大水量，并追施以磷、钾肥为主的肥液2～3次，使其大量开花。一串红小苗萌出3～4片真叶时应摘心，促其萌发分枝多开花。在空气干燥时，应向地面和空中喷水，增加湿度，以防止落叶落花。当气温降至10℃时，一串红应入室放在向阳及夜间温度15℃的地方养护，否则会导致叶黄脱落。花谢后无论地栽还是盆栽，都要在根茎以上3厘米处剪去全部枝干，越冬时要施肥、上土，以利于春季发芽、长新枝。

【繁殖方法】（1）扦插：一串红可用扦插法和播种法繁殖。在春秋两季，选健壮的母株梢上15厘米作插穗，插后蔽阴，保持湿润，及时通风。20～25天即能生根，1～2个月开花。要使其花期长，开花多，每月应施追肥2次。

（2）播种：3月下旬至6月上旬均可播种。播种前需浸种，将苗床浇足水，撒种后覆一层细土，保持湿润，温度控制在20～25℃。经过8～10天即可出苗。

【病虫害防治】一串红主要会受红蜘蛛、蚜虫、病毒病、白粉病等病虫害危害。预防治疗方法，请参阅书后《家庭养花病虫害防治一览表》。

【点　评】种好一串红，选好土壤十分重要。要肥沃疏松、富含腐殖质的砂质土壤。另外要使它多开花，必须有充足的阳光，要在阳光处种植。

专家疑难问题解答

怎样使一串红多开花

地栽一串红宜选择地势较高、土质疏松肥沃而又排水良好的地方栽种。盆栽一串红的盆土可用园土4份、腐叶土4份、河沙2份配成。地栽和盆栽都应在栽植前施入基肥，生长期间浇水见干见湿。生长过程中需摘心、摘蕾3~5次，每次摘心留3~4片叶子，促多生侧枝，直至预定花期之前约25天停止摘心、摘蕾。生长期间每隔2周施1次稀薄饼肥水。孕蕾期和花谢之后宜各施1次复合化肥，促使花色鲜艳并为下次开花打下基础。开花后需重剪，一般可剪去长枝条的一半，剪后加强肥水管理，可再度开花。

怎样让一串红在一年中多次开花

第一次开花：①修剪。11月中下旬，将生长健壮的一串红盆株移入室内，置向阳处，剪去上部，仅留下部2~3托叶片，约7天追肥1次，以促使腋芽长成新梢。②剪穗。12月中旬至1月上旬，待新梢抽出，截取健壮新梢5~7厘米长作插穗，每枝插穗在节下0.5厘米处截取上部，留顶叶2~3片，其余叶片均剪去，随后在室内进行扦插。③扦插。将插穗插入培养土中，深度为插穗的1/3，浇足水，温度维持在15~25℃。经3周左右便可生根，此时便可上盆养护。④摘心。1月下旬至2月对新植株摘心1~2次，促使多长侧枝。3月中旬定头，每株留5~7根枝条，每月追施1~2次液肥，并喷施1次磷酸二氢钾，可促使其在4月中旬开花。

第二次开花：花后在5月进行大修剪，剪去每枝上部，只留2片托叶。10天左右施肥1次，可在6月下旬至7月中旬便可开花。

第三次开花：8月上旬，重复上述修剪方法，8月中旬定头，可使植株在国庆节前进入盛花期。

第四次开花：10月上旬花谢后，再进行上述操作，可在11月下旬再次开花。

怎样使一串红在节日开花

①分期播种。欲想在“五一”前后开花的，选择小串红，于前一

年8月下旬播种，10月上旬将幼苗带坨起出，移至温室，适当喷水，保持土坨不散，叶片不蔫即可。11月中旬将幼苗带坨上盆，放在20~25℃温室阳光充足处养护，即可在“五一”前后开花。需要在“十一”前后开花，选大串红于2月下旬至3月上旬在室内盆播，晚霜后移出室外养护，并摘心几次，加强肥水管理，即可供国庆用花。4月中旬直接露地播种小一串红，国庆期间也能开花。②扦插繁殖。剪约10厘米长的嫩枝，插于砂土中，在适宜的环境条件下（20~25℃），经20~25天便可生根，1个月后上盆，两个月后就可开花。因此，根据用花时间，可适时扦插。③摘心摘花。一串红苗长到高15厘米时需摘心，以促发新枝，使株形丰满。摘去全部花序25天以后，续花即可盛开。如需在国庆节前后开花，可在9月5日以前摘除花序；需在“五一”前后开花的，可在4月5日前摘除花序。

怎样使一串红矮化

①摘心矮化法。幼苗上盆后长出5~6片叶子时，只留2片叶子并进行摘心。以后每长出5~6片叶子时，再按上述方法摘心1次。从春天至8月底共需摘心5~6次，此后停止摘心。在生长期间给予适当的肥水管理。可在国庆节前开花，株高可保持在30~35厘米左右。②调节扦插期。霜降前将正在开花的大一串红移入室内，剪去花枝，促发侧枝。11月份剪取嫩枝扦插，室温保持在20~25℃，生根后上盆，可于12月底至翌春开花。也可在6~7月份剪去春播的嫩枝扦插，上盆后摘心1~2次，可于国庆期间开花。③矮壮素处理。待幼苗长出4~5片叶子时需摘心1次，5月中下旬上盆成活后，用0.2%的B9溶液均匀喷洒植株1次，7月下旬再摘心1次。待新芽长到约1厘米时，再喷1次B9溶液，9月下旬即可开花，株高维持在30~35厘米。

一 叶 兰

在观叶花草中，一叶兰以四季常绿，开花酷似蜘蛛而闻名。它叶片光亮，姿态优美，生长丰满的植株，整体观赏效果极美。

一叶兰

一叶兰又叫“蜘蛛抱蛋”，另外还叫“竹叶盘”、“大竹万年青”等。它属多年生常绿草本植物。地下根茎粗壮，叶单生，革质。叶片绿色有光泽，常有大小不等的淡黄色斑迹。花期为5~6月份，果实期为7~8月份。一叶兰原产于中国南方及日本，大约在19世纪传入欧洲。主要园艺变种及品种有：①白纹蜘蛛抱蛋：叶面有白色或黄白色纵纹。②斑叶蜘蛛抱蛋：叶面有白色星状斑。③丛生蜘蛛抱蛋：叶狭线形。原产于四川省西南部，较为喜阴。④卵形蜘蛛抱蛋：叶卵状披针形至卵形，分布于云南省东南部。⑤小花蜘蛛抱蛋：叶条形，丛状着生，花小而多，分布于广东、广西一带。⑥九龙盘：叶簇生于基部，不等长，紫褐色，枯裂成纤维状。⑦台湾蜘蛛抱蛋：叶倒披针形，花葶高6厘米，原产于中国台湾省。

【观赏与应用】 一叶兰四季常绿，葱郁剑直，排行有序，开花娟秀，清雅不妖，是极好的观花植物。它开花沿地连株，极像蜘蛛抱蛋似的。多用于地铁、室内绿化。一叶兰具有生长强健，极其耐阴的优点，很适宜在室内观赏。布置会场、厅堂、走廊、阳台，极其自然成趣。它和其他盆栽有花植物相搭配布置室内，可有红花与

绿叶之美。它叶片、叶柄坚硬、耐水养，是切花与插花的好材料。在温暖地区一叶兰可露地越冬，作庭院布置，很有韵味。大园中按照它的根条方向定植，叶片尤立，宛如一队队绿衣卫士，颇有风趣。它还可剪取叶片，配切花插瓶。

一叶兰可作药用。一叶兰味甘，性温。可以散淤，补虚止咳，主治跌打损伤、风湿筋骨痛、腰痛、肺虚咳嗽、咳血等症。

【栽培方法】 一叶兰喜欢潮湿、半阴环境。土壤不择，耐寒。在零下9℃低温下尚能安全越冬。北方需盆栽，夏季畏阳光直射，要放在荫棚下凉爽通风处，每半个月需施1次豆饼肥水（泡成黑色）。叶面保持湿润，冬季放入5℃以上的室内过冬，浇水量减少。

一叶兰繁殖以分株进行为主，分株一年四季均可进行，新芽尚未萌发时结合换盆进行。若冬季室温偏高，植株萌动新芽较早，可不待气温回升而提早换盆，否则会影响长势。换盆时取出植株，抖去旧土，露出根系与匍匐茎，以利刃劈成几丛，每丛都带有几个新枝，否则分栽后多年也长不满盆，植株松散而影响观赏。

盆栽一叶兰可用腐叶土、泥炭土、细砂土，加少量茎肥配置成混合土，若在明亮的室内，可以常年栽培而不影响其生长。春末可搬至室外半阴处，秋末再搬回室内，不能放在直射阳光下，短时间的日光暴晒可能会造成灼伤、叶片枯焦，降低观赏价值。盆栽如在过分荫蔽环境下，种植可以成活，但长势不好，所以应在过分阴的地方种植时，放几个月后需要调换到有光线的地方调养，否则叶片会徒长。施肥以2周施1次，主要在生长旺盛期施用。一叶兰在温度5℃左右的室内不会受害，短时间零度以下的低温，地上部分叶片可能会受害，地下部分不会冻死。

【点　评】 一叶兰是著名的观叶植物，作为“青头”摆放，属常绿花卉。它品种多，开花犹如蜘蛛，可在会场、宾馆中摆放，是一种非常好养的观赏植物，也是切花绿叶的重要植物。

专家疑难问题解答

一叶兰为何会叶多不开花

主要是氮肥施多后，大批长叶是缺少磷、钾肥。种植一叶兰要修剪过密叶，需透风、施肥、见光、土壤保持湿润，这样才能开花，在开花前后还要施磷、钾肥。

丁　香

丁香是一种枝叶茂密、花序硕大、香气袭人的著名花灌木，在我国北方地区是一种园林应用十分普遍的花卉，在中国已有1 000 多年的栽培史。丁香为我国特有的名贵花木。据北宋周师厚《洛阳花木记》记载，当时洛阳已有丁香栽培。唐代诗人杜甫咏丁香诗："丁香体柔弱，乱结枝犹垫。细叶带浮毛，疏花披素艳。深栽小斋后，庶使幽人占。晚堕兰麝中，休怀粉身念。"赞叹了丁香花的高雅和美丽。古人因其细小花筒长如丁(钉)，故称其为丁香。

丁　香

丁香为木犀科丁香属的落叶灌木或小乔木，株高 2 ~8 米，花两性。丁香由春季至夏秋花开不绝，在百花争妍的春季，与娇艳动人的桃花、翠蔓黄花的连翘相映成趣。丁香一树百枝千万结，所以也叫"百结花"。它硕大的花序布满树冠，开着白色、淡黄色、紫色、蓝紫色、堇色的花，纷纭可爱。国外栽培丁香的历史较晚，如奥地利于1563年开始栽培，法国是在1777年开始种植，主要栽培的是欧洲丁香和花叶丁香。1620年以后，原产中国的丁香属植物陆续传入欧洲，19世纪记载的栽培品种已达1 000种以上。据说，我国古代有“树多五色”的丁香，鹦鹉喜栖于枝上，而外国植物学家曾在一株丁香树上嫁接了20多种色彩的丁香花，花开时节，光彩异常，煞是好看。但在名花十友中，丁香却被誉为“素客”。

【观赏价值与应用】 丁香在色、姿、香方面独具特色，若与其他乔灌木适当搭配种植，更构成诱人的景色。丁香在国内外园林中配植的方式很多，可丛植于路边、林缘、坡地、草坪或庭前，或集中多种品种的丁香建立专类花园。丁香也可孤植于窗前，具有“两植琼枝占一庭”的诗意，或对称种植在门前两侧、路边、角隅，也常与盆栽的夹竹桃、荷花等花木配植于庭院中。总之，丁香与其他花木的相互配植，能使周围环境从春季到夏秋都充满着生机。另外，丁香还具有抗毒和净化空气的作用，是环保的绿化材料。

丁香有较高的药用价值。清代张秉成所著《本草便读》载：“丁香有公丁香母丁香两种。公丁香是花，母丁香是实……母者即鸡舌香，古方多用之。今人所常用者，皆公丁香耳，辛温芳香，色紫而润，上温脾胃，宜中辟恶，治呕吐呃逆等症。下及肾肝，导气祛寒，凡下焦一切奔豚痃癖瘕疝诸疾。”

【栽培技术】 丁香喜阳光充足、温暖湿润的气候。对土壤条件要求不严，除强酸、强碱性土壤外，以排水良好、肥沃的土壤较宜。丁香不仅有耐干旱的特性，更喜欢湿润的空气和土壤。丁香畏积涝，因此切忌在低洼处栽植。种丁香不能多施氮肥，因为氮肥过多，会引起枝条徒长，影响花芽形成，使开花数量减少。花后施用适量的磷钾肥及少量氮肥有利于丁香植株生长发育。在丁香生长旺盛和开花繁茂时期，要特别注意及时浇水，以满足植株对水分的需求。丁香开花后应稍作修剪，尤其要将残花连梗一起剪掉，剔除病枯枝，使其树形整齐、营养集中、健壮成长。

【繁殖方法】 丁香常用扦插、播种、嫁接等方法繁殖。

（1） 扦插：在花后取当年生木质化健壮枝条作插穗，插穗长15厘米左右，要具有2~3个芽，再用100毫克/升的吲哚丁酸处理15~18小时，扦插在温暖的沙床中，30多天便可生根。

（2） 播种：在3月下旬进行。播种前将种子在0~7℃的条件下沙藏1~2个月，可使种子在播种后半个月内出苗。

（3） 嫁接：一般均以女贞或水蜡树作为砧木，在3月上旬进行嫁接，在离地面1.5米处进行高接。嫁接后及时剪去砧木上新长的芽，以防营养过分地消耗。

【病虫害防治】 丁香主要会受凋萎病、叶枯病、刺蛾、介壳虫、潜叶蝇等病虫害危害。预防治疗方法，请参阅书后《家庭养花病虫害防治一览表》。

【点　评】 丁香在开花后要及时剪去残花穗，并施钾肥及磷肥，以补足养料。

专家疑难问题解答

丁香生长不好怎么办

要使丁香生长良好、花繁叶茂，必须做到：①选择土层深厚肥沃、排水良好的砂壤土。②种植在庭院或建筑物的向阳处。③带泥球种植，种植时施足充分腐熟的有机肥。④种植后浇足水，修去部分枝条，成活后进入正常的养护管理。⑤丁香忌大肥，每年入冬后宜在根颈处挖沟施入腐熟的有机肥。⑥重点注意雨季的排水防涝，平时应保持土壤的湿润。几种矮小的丁香品种用作盆栽时，要用直径为50厘米、深为70厘米的容器。盆土宜用园土、砂土、腐叶土按2∶1∶1的比例混合拌匀配制而成；盆底需加一点腐熟的有机肥，种植后放置在向阳处。生长旺季时需施1~2次腐熟的稀薄有机肥，孕蕾时增施1~2次15%的过磷酸钙，生长期需保持土壤湿润。落叶后应搬入室内,温度只要不低于0℃可以安全越冬。

丁香枝条长得纵横交错怎么办

丁香为观花乔木,如果任其自由生长,会使枝条纵横交错、树型难看、花朵稀少,大大降低观赏价值。正确、合理的修剪是最佳措施。丁香树每年在花谢后和落叶后需各修剪1次。花谢后的修剪是轻剪,主要对那些不需要留种的植株进行修剪,只要将残花连同花穗下面的两个芽一起剪掉,疏去内膛一部分过密的枝条,使植株有更好的通风透光率,促使新枝的萌发和花芽的形成。落叶后的修剪是较强的修剪,主要把那些病虫枝、枯枝、纤弱枝、交叉枝、重叠枝剪去;徒长枝要适当截短;对根部的萌蘖,如果不留作分株用,都要及时剪除,以免影响树形的美观。

七　叶　树

在庭荫树中,七叶树以树冠开阔、叶大形美而著名。七叶树也叫梭椤树,为七叶树科七叶树属落叶大乔木,可高达25米。树皮灰褐色,小枝粗壮,5~6月份开花,花为白色,10月份果实成熟,种子如板栗。七叶树原产于我国黄河流域及东部各省,它是世界四大行道树之一。

【观赏价值与应用】 七叶树树干耸立,树冠造型优美,尤其树叶大,在庭院孤植、群植都能成景。在春天开出一片白色花朵,绚丽,观赏价值很高。开花时,硕大的花序耸立于叶簇中,蔚为奇观。尤其作庭荫树,十分理想,如开阔的草坪上种七叶树,标新立异,十分醒目。它木材细致,可作一般家具和造纸原料。种子可入药,治胃病。另外,种子还可提取淀粉及榨油。在上海、杭州、青岛等地引进了不少七叶树品种，如红花七叶树、黄花七叶树，都很美丽。

【栽培技术】 七叶树喜阳光，稍耐阴，也能耐寒，适宜生长于气候温暖湿润地区，以种植于深厚、肥沃、湿润、排水良好的土壤中为宜。它生长较慢，但寿命很长。

【繁殖方法】 七叶树繁殖以播种法为主，也可用扦插法。

（1）播种：因其种子较难保持活力，种子太干不能萌发，所以应在种子成熟后立即播种。种粒较大，可采用点播法，株行距为15厘米×20厘米。种时需把种子种脐朝下，它发芽力较弱，覆土不要太厚，以3厘米为宜。七叶树种子出苗后喜湿润，忌烈日直射，要适当遮荫。

（2）扦插：春季于温室苗床内进行根插，需插的根用环状剥皮处理，秋天可生根，入冬即可剪下活的部分定植培养。

八 仙 花

在初夏时节，有一种名叫八仙花的花卉争妍斗艳，使初夏呈现一派五彩缤纷的景象。八仙花也叫木绣球、紫阳花，原产于我国，分布于长江流域以南，因花朵朴素端庄而深受人们的喜爱。八仙花为绣球科八仙花属的落叶小灌木，初开时，花朵洁白，其后逐渐变成浅蓝，再后变成粉红，如少女换新装，妙不可言。花期为6～7月份，变种有大八仙花、紫茎八仙花、齿瓣八仙花、蓝边八仙花、银边八仙花等品种。八仙花于1790年从我国传到意大利，后迅速扩展至全欧洲成为著名花卉，现有300多个栽培品种。有种藤本的蔓生八仙花，能借以

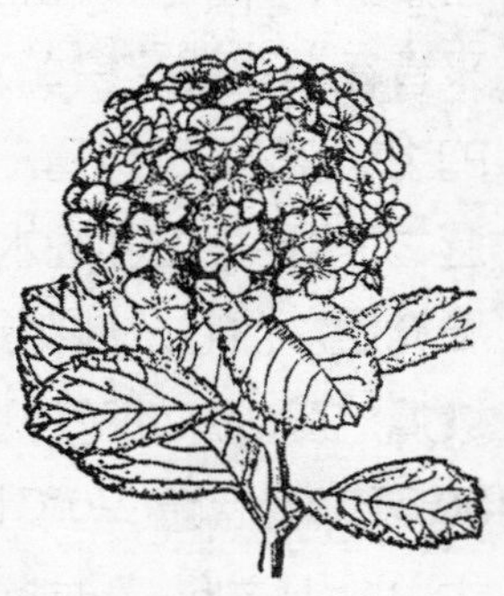

八 仙 花

气生根攀高20多米，为垂直绿化不可多得的材料。元代诗人张昱对绣球花十分迷恋，以“绣球春晚欲生寒，满树玲珑雪未干。落过杨花浑不觉，飞来蝴蝶忽成团。钗头懒戴应嫌重，手里闲抛却好看。天女夜凉乘月到，羽轮偷驻碧栏杆”加以赞之。它的树姿和花形与我国古代历史上罕见的琼花相比并不逊色，受到了人们的重视。

【观赏价值与应用】 八仙花花大色艳，是长江流域的著名花卉。八仙花不需太多的阳光即可种植，因此极适宜家庭小院种植或盆栽。在屋前宅后种植成一排或在庭院丛植都很醒目。八仙花在我国被视作吉祥之花，是礼花之一。赠与商店开业，寓意灵活、团结、兴旺发达；探望病人，寓意康复健壮。八仙花含有抗疟生物碱，花含芸香苷，根部含白瑞香素的甲基衍生物和伞形花内酯。八仙花具有抗疟、清热的功效，主治疟疾、病后烦躁、惊悸不宁等病症。根可治扁桃体炎、胸闷、心悸等。

八仙花适宜在堂前、亭际、墙下、窗外及庭院一隅或后庭树下种植。若种在草坪中，花开之时与绿阴相映，别有风韵。也可做盆景或蟠扎桩头。

【栽培技术】 八仙花喜温暖、阴湿的环境，不耐酷暑、不耐烈日暴晒、不耐寒、较耐阴，属暖温带树种。但在寒冷地区冬季枯梢，来春在根茎部又会萌发新枝。要求湿润、肥沃、排水、透气性良好的土壤，在干燥贫瘠的土壤中难以生长。八仙花栽植环境不能太湿，尤其不宜过多浇水，可每天用清水喷洒叶面1次。花期前肥料要充足。盆栽八仙花需每年换土1次，以增加营养成分和增加土壤清洁度。八仙花生长适温为15～25℃，花芽分化需短日照，连续30天以上低温，20℃以上才能开花。土壤酸碱度对花色影响较大，当pH为5～7时，花为淡紫色；pH为7时，花为粉红色；pH为5时，花为红色。

八仙花开花茂盛需一定的施肥，一般10多天施以腐熟的豆饼水。八仙花生长良好还需土壤呈酸性，在萌芽时增施磷酸二氢钾可使开花时色彩鲜艳。八仙花由于叶子大，花大，因此在栽培时需要足够的水分，尤其在夏季和秋季要浇足水，使盆土保持湿润状态。入秋要减少水分，霜降后入室保暖。

【繁殖方法】 一般可用扦插繁殖，扦插可用老枝条也可用嫩枝条。老枝条在春季3～4月份进行扦插。可取15～20厘米长的枝条，插在室外潮湿土中，或插入盆内疏松土中。插枝插入泥土为长度的1/2～1/3即可，一般经20天便可生根。

嫩枝条可取当年萌发的健壮成熟枝条，最好带有2片叶子，插入疏松的砂质土中，待成活萌发后再移植至盆内或地上。最适宜的扦插用土为腐叶土加少量的砂。

【点　评】 要使八仙花开花密集、花朵大，除充足的肥料、光照等因素外，还有一个很重要的措施，即对八仙花进行修剪。开花后应将老枝剪短，保留2～3个芽即可。

专家疑难问题解答

怎样使盆栽八仙花开得更好

必须做到：①盆土要求肥沃、湿润、排水良好的轻质壤土。宜用腐叶土、园土加醋渣的混合土。②春季芽萌动前应及时翻盆换土，修剪枯枝，花后需剪去花梗。③高温季节宜放在蔽荫处，防止烈日直接暴晒。④翻盆后待植株缓过来后，隔2周施1次以粪肥为主的薄肥，连续施2次。开花前后也需各施2次薄肥。⑤进入冬季后，应将盆栽植株放在朝南向阳、避风的暖和处。⑥经常保持土壤湿润，雨后及时倒去盆内积水。

怎样使八仙花每年开两次花

春季换盆时，施足基肥并进行修剪疏枝，每根侧枝只留基部两对叶芽。待新芽长出两对新叶时，整个树冠只选留位置适当的枝条6～8根，其余全部剪除。5～6月份，枝条顶端可开出第一次花。

花后重新进行修剪,促其萌发壮枝后,仍选留几根枝条,其余均抹除。加强肥水管理,并增施速效磷肥,9~10 月份可开第二次花。

八仙花不开花怎么办

①换盆。每年春季换盆,盆底需施磷钾基肥,再加入富含腐殖质的培养土。②修剪。春季需剪去病虫枝、重复枝、瘦弱枝等,每枝只留3~4 个芽。③施肥。生长期间每月施 2 次稀薄液肥。平时定期施 0.2%硫酸亚铁液或矾肥水,以保持盆土酸性。现蕾时还应增施 1~2 次0.5%过磷酸钙或0.2%磷酸二氢钾液。④浇水。生长季节经常保持盆土湿润。夏季需每天浇水,还应向叶面喷水,忌盆土积水。⑤保温。冬季应控制浇水,室温保持在5℃以上,多晒太阳。

养护银边八仙花有哪些要点

①生长期应保持盆土湿润;忌干旱。②每隔 10 天左右施液肥 1 次。10 月中、下旬后停止施肥,减少淋水。③应定期摘心、修剪,使植株丰满。④入室越冬,可使植株次年生长更好。⑤采用扦插方式繁殖。

八仙花叶片发黄怎么办

①植株过密、阳光太强所造成,采用抽稀、疏枝叶或遮荫的办法。②碱性土所造成,可浇 1~2/1 000 的硫酸亚铁,每隔10~15天浇 1 次。高温季节需加强通风,并给叶面喷水。

八角金盘

在八角金盘观叶植物中,叶形似人伸出的手指一样的奇特植

物叫八角金盘，它叶大光亮，四季青翠，是最耐阴的植物。八角金盘又名八手，因叶子伸开好似五指，平坦如绿掌，其花又具长柄，宛如金盘。

八角金盘

八角金盘原产我国台湾和日本，为五茄八角金盘属常绿灌木。株高 2 米以上，花白色，多开放于 10 月份。其栽培品种有：①银边八角金盘，叶绿白色。②白斑八角金盘，叶面具白色斑纹。③波缘八角金盘，叶缘波状，有时卷曲。

【观赏价值】 八角金盘终年苍翠欲滴，可常年观赏，很少有病虫害，是园林中的珍贵观叶植物之一。在高架立交道路下，阳光晒不到的地方，它是最理想的绿化植物了。尤其它极耐阴，更能作为高楼背阴处，庭院角隅、假山畔、树阴下的绿化材料。室内可盆栽观赏，摆在光线较暗的门厅、走廊、客厅角隅处，更为美观。

【栽培技术】 八角金盘为强阴性树种，可常年放置室内有散射阳光处，忌强光直射。在生长时节要多浇水，新叶期要浇足水，要经常通风，高温闷热环境会使叶子发黄，9 月份以后应逐渐减少浇水量。生长旺季每月施 1 次液肥。每隔一年换 1 次盆，盆土用泥炭土加 1/5 河沙混合配制，另施少量饼肥渣作基肥。冬季室内温度最好保持在 10～12℃之间。

若种在庭院西北风口，冬季要注意防风，否则叶尖会被冻焦。八角金盘叶子过密时，尤其栽在路边，灰尘多，容易引起烟尘污染，应注意防治。

【繁殖方法】 用播种、扦插和分株法皆可繁殖。

（1）播种在 5 月份果熟后边采边播，当年生小苗，冬季需防寒。

（2）扦插可在春季进行，剪取粗壮侧枝，长 15～20 厘米，带

2~3 片叶插入砂床中，严格遮荫，并保持一定湿度，1 个月后可发根。春季还可结合盆进行分株。

【病虫害防治】 八角金盘主要会受吹棉介壳虫等病虫害危害。预防治疗方法，请参阅书后《家庭养花病虫害防治一览表》。

【点　评】 矮化八角金盘更为优美。可在 6~7 月份及 11~12 月份应各修剪 1 次，剪去老黄叶，并在茎干中部，剪去部枝条叶芽上，可使植株矮化。

专家疑难问题解答

养护八角金盘应掌握哪些要点

①盛夏季节需将其移至有遮荫的地方养护，并充分浇水，还要向植株叶面及其周围喷水。②生长旺季，每半个月施 1 次液肥。10 月份后停止施肥，并逐步减少浇水。③冬季加强光照，避免寒风。④每 1~2 年需换盆，盆土要求疏松、肥沃、排水良好。⑤常遭可可坚蚧和红蜘蛛危害，可采用有关药物防治。

怎样培植八角金盘

八角金盘性喜温暖湿润环境，极耐阴，怕强光直射，不耐干旱，要求排水畅通的肥沃土壤。盆栽可用泥炭土加 1/5 河沙和少量饼肥混匀配制的培养土。通常每年早春换 1 次盆，生长旺季每月施 1~2 次稀薄饼肥或复合化肥，新叶生长期浇水需适当多些，夏季浇水要充足，深秋以后逐渐减少浇水量，冬季室温低时要控制浇水。平时应经常向叶面喷水，保持空气湿度。八角金盘属强阴性植物，可常年放置在室内具有明亮散射光处培养，冬季宜移至室内光线充足处，室温保持在 10~12℃为宜。

万　年　青

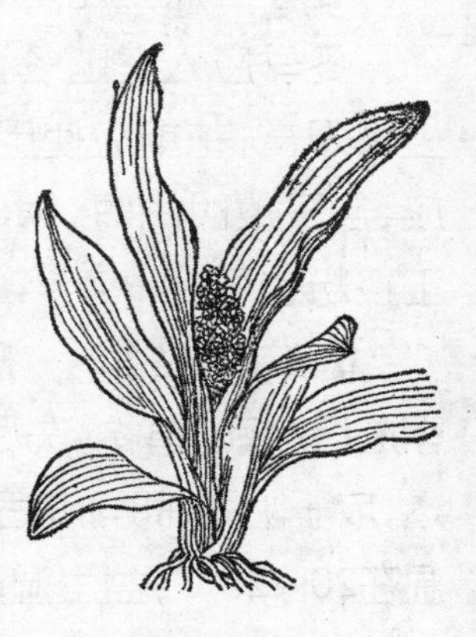
万年青

万年青根茎粗壮，叶子清秀，终年常绿。结籽殷红为“造屋移居、小儿初生、一切喜事，无不用之”的观赏植物。

万年青又名冬不凋、开口剑、斩蛇剑、铁扁担、红果万年青等。为百合科多年生常绿宿根性草本植物，产于我国和日本。花期 5~6 月份。结果经久不落，甚为美观。栽培于庭院或野生阴湿林下，分布于湖南、湖北、江西、四川、贵州、福建、浙江等地。果实成熟时鲜红色，极其艳丽，每粒浆果内含种子 1 粒。变种有金边万年青(叶缘黄色)等。经过几百多年的培育，形成了 100 多个品种。

【观赏与应用】 万年青叶丛繁茂，状如翠剑，四季如春，终年不凋。尤其是在花后缀上成串鲜艳殷实的红果，构成“果红叶绿万年青”的祥瑞景色，令人喜爱。万年青丛植于庭院或盆栽于几案、窗台，能使整个庭院顿然生辉。如在婚嫁喜庆之时，布置几盆万年青，将增强吉祥气氛，给人以幸福和美感。在岁末，可用腊梅和结香配置于瓶插，花叶并茂，为严寒的冬季添秀生辉。

万年青花性味甘苦、寒。有补肾、活血之功效。治肾虚腰痛、跌打损伤。根、叶有毒，可强心利尿、清热解毒，叶尚可止血。

【栽培方法】 万年青性喜温暖、湿润和半阴环境。畏寒，在温带地区冬季需入温室越冬。忌积水，忌烈日直射。喜肥，对土质要求不严。

万年青管理简便，盆栽需置于半阴处，地栽应植于树下等庇荫处。春夏生长季节保持土壤微湿，冬季则稍带干为好。开花时要避免日晒雨淋，否则不易结果。早春，施稀薄的液肥；夏季每 10 天追肥 1 次；结果后多施磷肥，可使红果丰满，色泽鲜艳。冬季日照要充足，阳光强烈的夏季要遮荫，使叶色富有光泽。冬季应入室越冬，室温不低于 5℃即可安全越冬。若要多坐果观赏，花期应使用蜗牛帮忙在夜间活动。因其花为夜间开放，且开放时间短，蜗牛喜欢夜间活动，又喜食其花粉；采用人工授粉也可。

【繁殖方法】 一般可用分株法与播种法两种。分株法在春季进行，取出植株，洗尽根部，分根种植，每丛留 5 ~6 株，浇水浇透，放于阴处，即可成活。播种在每年 2 ~3 月份播于室内盆中，室温在20 ~25℃，盆土湿润，30 天后便可发芽，待苗长至 10 厘米高时，即可定植盆中，以 2 ~4 株一盆为好。

【点　评】 万年青名响植物界，因其吉祥而被大家所采用种植，尤其红果绿叶，十分美观，且能栽于庭院中，一片生机。婚庆均可用，以示繁荣世代相传，被视为吉祥草。

专家疑难问题解答

万年青为何难结果实

不结果主要是在开花时，没注意防晒、防雨，以致日晒、雨水过多或施肥不够。此外，还有修剪不当，叶子过多，花蕾孕不出所致。因此，要防晒，施肥与浇水切勿过多，水多时要及时排水。

山 茶 花

山茶花

山茶花是最美的盆花，陆游曾在诗中写道："东园之日雨兼风，桃李飘零扫地空，惟有山茶偏耐久，绿丛又放数枝红。"

山茶花为山茶科山茶属常绿阔叶灌木或小乔木，又名曼陀罗、耐冬。山茶花株高3~4米，有的高达20米。1~4月份花开不断，单朵花期可达20多天。《本草纲目》中记载："山茶花其叶类茶，又可作饮，故得茶名。"山茶花早在1 200多年前的唐代就已栽培，到了宋代已广泛栽培，尤其在云南更以植山茶闻名，有人用"正月滇南春色早，山茶树树齐开了，艳李妖桃都压倒，装点好，园林处处红云岛"的词句来赞誉它的美丽。我国山茶花的发源地在南方，云南、四川、广东、广西和浙江等省栽培十分广泛。目前，我国山茶花的品种已达300种左右，真可谓千姿百态。分布在我国云南的就有190余种。1979年，我国邮电部发行了一套"云南山茶花"邮票，包括紫袍、大玛瑙、童子面、金花茶等10个品种，其中金花茶是1960年由我国植物学家在广西发现的，因而震动世界园艺界，并誉为"金色皇后"。现在已发现的金花茶的品种有10来种之多，引起世界园艺界的重视。它也是杂交选育黄茶花新品种的珍贵种质材料。

山茶花色、香、韵、姿均具特色，一直为人们所推崇。1673年，日本人最先从云南引去一个半重瓣品种，取名"唐椿"；1909年，英国人又从云南取去野生茶花种子带往皇家植物园进行杂交育种。

继而美、法、意、荷兰、西班牙、澳大利亚等国也纷纷购买大批茶花种苗栽种，茶花现已成为世界名花。

山茶花的常见品种有：白洋茶，花白色；什样锦，花色桃红并兼有白色条纹；鱼血红，花色深红，在外轮花瓣上有白斑；红茶花，花为粉红色；小五星，花形与红茶花相似，桃红色；朱顶红，花形与红茶花相似，花朵朱红色；木兰茶花，重瓣，玫瑰红色；金星，花单瓣，深红色；小桃红，花重瓣，花为桃红色，花期长而早；四面锦，花红色，花瓣呈卷心状。

【观赏价值与应用】 山茶花风姿秀美，色彩艳丽，它开花于早春，而且“叶硬经霜绿，花肥映雪红”。在南方，山茶可丛植或散植于庭院、花径、假山旁，也可栽于草坪及树木林边，更可辟成山茶园供游人观赏。若早春把山茶与杜鹃、白玉兰配置，开花时争奇斗艳，呈现“春繁”景色。在假山旁栽植，可点缀山石小径。亭台附近或墙院一角，散植数株，自然潇洒。山茶花对二氧化硫、硫化氢、氯气、氟化氢和铬酸烟雾等有害气体有很好的抗性，可保护环境，净化空气。

明代归有光对茶花极为推崇，他认为惟有山茶花有奇质；花期长，耐冬雪，花色艳而不妖，树叶绿而不衰，姿容富贵，品格坚贞。赞曰：“吾将定花品，以此拟三公。”这可见山茶花是点缀早春时节俏丽的良花名卉。

山茶花还可作药用。山茶花以花入药，性味甘、苦、辛、凉、涩，有凉血止血、散淤消肿的作用。多种山茶的种子富含油脂，所榨之油称之为茶油，是很好的食用油。

【栽培技术】 山茶花喜欢温暖湿润的气候，适应于肥沃、排水良好、pH 在 5. 5~6. 5 之间的酸性砂质壤土。山茶花能耐阴，怕严寒，畏酷暑。一般品种可耐 -6 ~ 0℃的冻害，如果气温骤然降到 0℃，也会造成枝条冻伤或花蕾脱落。山茶花生长适温为 18 ~ 24℃，相对湿度为 60%~80%，开花最适温度是 10 ~ 20℃。山茶花一年发两次枝，春梢在 3 月中旬至 4 月中旬萌发，夏梢在 7 月中旬至8月中旬萌发。山茶花花期较长，多数品种为1~2个月，单朵花期一般为7~15天。

山茶花在开花期2~4月之内要停止追肥并控制浇水，开花期要移入室内摆设，室温不低于6℃并避免阳光直射，可延长花期。花谢后4月中旬移到室外阴棚养护，雨季以前每天宜向四周场地喷1次水，创造潮湿的环境。另外，山茶花花蕾过多时可疏掉小的花蕾，以使营养集中。11月初移入中温或低温温室，注意透光和通风换气，防止病虫害的发生。茶花喜多种肥料，适时适量施肥，能促进开花。盆栽茶花要注意合理施肥，尤其在开花后，新叶生长快，新生枝大长之时，也是花芽分化时期，在5~6月份，30天左右施发酵透的豆饼水。至7月份后，每月施以磷肥为主的混合肥料2~3次。至开花前，再追施薄肥1次。

地栽的山茶花，在花后2~3个月中施追肥，以氮肥为主，促使萌发新枝和起到花开后补充养料的作用。6月份再追肥，以磷肥为主，使生长旺盛、健壮。至10月份重复施磷肥，提高抗寒能力。另外，还需要在花蕾多时，及时疏蕾，生长旺盛，要修剪掉病枝、弱枝、枯枝等，保持其形态美丽及生长强健。

【繁殖方法】 山茶花多以扦插、嫁接法繁殖。

（1）扦插：以每年5~6月份梅雨季节最适宜。可选一二年生、有2~3片完整叶片、叶芽饱满且无病虫害的枝条，截取12厘米枝条，插于砂土中，保持湿润与20℃左右温度。经过18~20天便可生根成活。

（2）嫁接：可在5~6月份进行，砧木以油茶为主，芽接的接穗可带一片叶，枝接的接穗应带2叶片，接后要用塑料条扎紧接口处。

【病虫害防治】 山茶花主要会受介壳虫、红蜘蛛、黑斑病等病虫害危害。预防治疗方法，请参阅书后《家庭养花病虫害防治一览表》。

【点　评】 山茶花喜欢半阴环境，在夏季特别要注意遮荫，

以增加空气湿度，使它能安度盛夏。

专家疑难问题解答

调控茶花花期的窍门

①需提早开花，应选择早花型茶花品种。在早春开花后，进行增温，加速新生嫩枝生长和充实，并使生长提早停止；在8月份左右，用500～1 000倍液赤霉素溶液涂抹正在形成的花蕾，一般3天左右涂抹1次，直至花蕾吐色时停止。如果在用激素处理期间，花蕾增大缓慢，9月份以后，可改为每天涂抹1次。当花蕾逐渐增大，鳞片松动后，可剥去4～6片，并继续涂抹。在催花过程中，可追施2～3次薄肥。这样，茶花可以提前到10月份左右开花。②需延迟开花期，应选择晚花品种，对植株进行包扎防寒，然后移到2～3℃的低温室内，每天进行6小时左右的弱光处理，持续1个月左右，便可延迟开花时间。

怎样使山茶花花繁叶茂

①培养土用山泥或富含腐殖质的松针腐叶土；或腐叶土6份、饼肥渣1份、砂壤土3份配制。②平时需保持盆土湿润，春到秋季每天向叶面喷1～2次水，炎夏还要经常向植株周围地面喷水，秋后要控制浇水。③3～4月份每隔10天左右施1次稀薄氮肥。5月份以后施氮、磷、钾复合肥1～2次。7月份增施1～2次速效磷肥。秋后减少施肥。④5月下旬需移至荫棚内养护，防止强光直射。秋季中午仍需适当遮荫，早晚可多见阳光。北方地区霜降前应移入室内向阳处养护。

怎样使山茶花一年两度开花

①品种选择。必须选择小桃红、秋牡丹、粉荷、雪塔、四面景、

东方亮、狮子头等早花型品种。②温度处理。在开花后将山茶花搬入室内，不断提升温度到 25℃左右，使其抽生的嫩枝尽早充实成熟并尽早停止生长。③激素处理。在 7 月中下旬或 8 月上旬，用 500～1 000 倍液赤霉素用毛笔蘸取后涂在正在形成的花蕾上，一直到花蕾露色为止，间隔时间为 3 天。如花蕾增大的速度较慢，可从 9 月份起改为每天 1 次，并喷水和追施薄肥 2～3 次（间隔时间为 10 天）。经过上述处理后，山茶花就能在 9 月底到 11 月间开第 2 次花。

促使茶花花大色艳的诀窍

当茶花叶芽萌发时，宜及时摘除残花，并施以氮肥为主的腐熟稀薄液肥 3～4 次，每周施 1 次，以促进新枝萌长；5 月份新枝花芽开始分化和形成花蕾时，应进行修剪，对过长枝，截去顶端一段，促进腋芽萌发成枝，同时施磷钾肥，每隔 10 天左右施 1 次，持续 1 个月左右。茶花因品种不同，花蕾数量和花芽分化期也不尽相同，一般 7 月份后出现在当年生枝顶端的卵圆形芽为花芽，而生长在叶腋（少数长在顶端）的圆锥状芽为叶芽。当花蕾长到黄豆般大小时，可将畸形瘦弱的幼蕾分期陆续疏掉，每枝仅留 1～2 朵花蕾，下面不满 5 片叶子的花蕾应摘去，同时控制氮肥施用量。9～10 月份施 1～2 次稀磷肥，促进花蕾进一步生长。平时叶片普遍发黄时，也应适当追施。当叶片呈现深绿色时，应停止施肥。秋后长出的新枝要及时剪去。

怎样预防茶花出现僵蕾

①保证茶花的营养，尤其是磷肥，在开花前每隔 10 天左右，追施含磷有机稀薄肥 1 次，直至花蕾露色为止。②冬季应将茶花移入室内越冬，不要置于风口处，以免遭冷风吹袭而僵蕾；无风的晴天中午前后，宜开窗换气。③盆土应干湿得当。④不要随意变换植株位置和环境，移动后的植株方位应与原来保持一致，切忌将茶

花骤然搬到室外，应该有一个逐步搬移的过程。⑤孕蕾后需进行疏蕾，树势强的成年植株，5 叶以上的枝条每枝留蕾 1 个，树势弱的适当少留蕾；5 龄以下的小茶花，最好不留蕾或少留蕾。应该注意的是：花芽需饱满肥圆，而叶芽需瘦尖，并着生在枝顶靠近叶柄的第 1 个芽。

盆栽茶花落蕾掉瓣怎么办

①临近开花时，应停止施肥，并减少浇水，保持盆土湿润偏干，避免未发育充分的花蕾提前开放而过早落蕾。②进行留强去弱的疏蕾方法，一般每个枝条只保留一个饱满健全的顶蕾，以保证留蕾的充足养分。③临开花前，如果要搬入室内，应采取逐步升温的方法，避免从寒冷的室外立即搬进温度较高的室内，防止短期温差变化过大，以使茶花对温度变化有逐步适应的过程。④应在花未绽放前浇水，尽量喷洒在枝叶上，不要使过多的水珠滞留在花蕾上。花蕾绽放后，应尽量减少浇水，尤其不要在花上喷水。

盆栽茶花孕蕾少怎么办

①适时移植，控制徒长。在 3 月份花后春梢萌发前 45 天进行移植，剪去直根和 1/4 的老根，施以磷肥为主的基肥。这样就可以控制直立枝梢的徒长，促使根系发育，使其适应花芽的分化。②育壮春梢，增强生殖能力。移植后 1 个月及时用磷酸二氢钾 800 倍液，加尿素 1 000 倍液、米醋 250 倍液作叶面施肥，每周 1 次，一直到 5 月底为止。③适时停施氮肥，追施磷钾肥。4 月下旬开始停施氮肥，改施磷钾肥。④适时松土，抑制徒长。在 4 月底到 5 月初需松土，以切断部分发育过分旺盛的根系，减少植株对营养物质的吸收，有效地抑制新梢的徒长和推迟夏梢的萌发，促进花芽的分化。⑤及时摘去夏梢芽，促长花芽。在 6 月上旬及时摘去绿豆大小的夏梢，使春梢的营养积累能集中于

花芽分化。

孕蕾的山茶开不出花来怎么办

①生长期需施以氮肥为主的肥料,6 月下旬花芽分化前后,应施入以磷为主的肥料,以促进花蕾的生长与开花。②山茶花开花最适温度为 10~20℃,白天温度高时花蕾开始膨大,但晚上低温时花蕾生长受到抑制,这样就容易产生"僵花"。③山茶摆放的地方不宜过于荫蔽,光照不足,易产生"僵花"。

茶花叶片过多怎么办

在家庭中莳养的茶花,有些人过分强调叶片油绿茂盛,施用了过多的氮肥,造成茶花叶片层层重叠。猛一看,枝叶繁茂挺漂亮的,但是一到天气转暖,茂密的叶片影响茶花生长所必需的通风和透光,尤其是到了夏季更容易引起病虫害的感染。同时,过度的营养生长影响植株的生殖生长,不利于花蕾的孕育和开放。怎样避免茶花叶片过多呢?平时需注意合理使用肥料,加强枝叶的修剪。如已出现叶片过多,应立即停止使用氮肥,摘除重叠或过密的叶片。

茶花叶片发生枯焦怎么办

①在盛夏季节,应对茶花进行适当遮荫,减少烈日暴晒时间。②荫生环境中的茶花,更不能遭受烈日直接照射。③应保持盆土湿润,勿使盆土过干或积水。④施肥以腐熟稀薄液肥为主,避免浓肥和生肥。⑤如果产生肥害,可进行浇水洗肥,并将盆置于阴凉处。

茶花叶片发黄黯淡怎么办

①盆土应偏酸性,不要用碱性水浇灌;避免浇水过多和盆土过湿。②追施有机肥,但切忌浓肥,尤其应喷施 0.2%的硫酸亚铁或

矾肥水，喷液宜在清晨或傍晚进行，10 天左右喷施 1 次，连续施 2～3次；生长期也可适当增施稀薄氮肥。③夏季采取遮荫措施，防止强光直射，并进行喷水，降低植株环境温度和提高湿度。

山茶花叶片发生斑点怎么办

山茶花受到病害危害后，叶片就会出现斑点。引起山茶花叶片斑点的病害主要有炭疽病、灰斑病、褐斑病、锈病等。防治方法：用 50％多菌灵可湿性粉剂，1 000 倍液或 75％百菌清可湿性粉剂 500 倍液。每隔 10 天左右喷 1 次，连续喷 1～2 次；也可用 75％百菌清粉剂 600 倍液和 65％代森锌可湿性粉剂的混合液和 50％退菌特可湿性粉剂 800 倍液交替喷施。

盆栽山茶受冻了怎么办

盆栽山茶冬季容易受冻，常常导致叶片萎蔫、卷缩和焦枯。但只要顶端仍未萎蔫，还可挽救。办法是：在冻株上套上一个塑料袋，置于室内，并避免阳光直接照射，保持盆土湿润偏干，勿使盆土过湿。春季植株顶芽开始萌动后，冻株仍需继续套袋养护，直至 5 月份山茶顶芽展叶，这时才可以逐渐拿掉塑料袋，搬到室外，但遮荫进行管理，1 个月左右，植株一般便可恢复正常生长。

茶花翻盆时应注意些什么

盆栽茶花一般 2～3 年需换盆，5 年以上的大株可 5～6 年换盆 1 次。换盆时间可选择秋末冬初或早春 2～3 月份间，若在高温或寒冷期间换盆，易导致植株萎蔫，不利植株的恢复生长。如果在花谢叶萌的 4 月换盆，又会因植株发新根和吐新叶，而打乱茶花正常的生长节律。翻盆时勿捣碎泥球，在剪除枯根和腐根时，切忌损伤新根，盆土应避免使用黏重黄土、盐碱土和石灰质土。如盆土黏重，应勤松土并添加 1/10 细沙，以防止积水烂根。

山　楂

金秋硕果累累之时，娇艳的山楂红果娇艳，镶嵌在翠绿的丛林之中，尤其在晨露未收之际，一片片色彩如霞的山楂，令人一见倾情，它更以“山里红”之名而获人们的青睐。

山楂为蔷薇科山楂属落叶小乔木，又名红果、赤果、棠棣子、山里红果。花期5~6月份，10月份果熟。在江南一带称为野石榴。在我国栽培历史悠久，早在3 000多年前的《尔雅》中已有记载。花为白色五瓣，排成伞状花序，花后结圆形小果，果色因品种不同，有红、黄、暗红、深红等色。果蒂稍深，果脐有短须。山楂分布于我国华北、东北、云南、广西、河南、陕西等地，朝鲜及俄罗斯西伯利亚地区也有栽植。山楂生长于海拔1 000~1 500米的山坡林边或木林中，变种有山里红，又名大山楂。

山楂是人们熟悉的重要干果之一，营养丰富，每千克果实（可食部分）中，维生素C达890毫克，列居水果首位。

【观赏价值及应用】　山楂枝叶繁茂，树冠优美，满枝洁白的花朵，秋果成熟时锦红娇灿，是很好的观花观果植物。春末桃李浓艳已逝，万花纷凋之后，最引人注目着迷的要数山楂花了。山楂有倚地成景之妙，可用作定植花篱、绿篱，显得郁郁葱葱、花繁锦簇。山楂抗有害气体能力较强，是美化工矿区的优良花卉，它的嫩叶可代茶饮。山楂若在园林中成片种植，能组成气势宏大的壮丽景观。

【栽培技术】　山楂树耐寒、耐旱、耐贫瘠的土壤，它也喜光，也稍耐阴，最适宜在排水良好的湿润微酸性砂质土壤中生长。若在低洼或碱性地区会长势差，也会出现黄化现象。

它根系浅，萌发力很强。在山楂引种驯化后，矮仅数寸高的小树也会结果实，它也可制作盆景，小盆、矮桩、细果，彼此相配实为掌上盆栽的赏果妙品。山楂不甚喜肥，只需在冬末施些稀薄的有机肥就够了。否则肥太多，也会引起枝叶徒长，不易生花。

【繁殖方法】 山楂繁殖可用播种法和分株法。

（1）播种：播种于 10 月下旬将种子和湿沙掺混起来堆在室外，经越冬冷冻，于翌年春取出播在育苗床上，行距 18～20 厘米。出苗后，及时除草、松土、追肥，保持 10～15 厘米的株距，第二年早春用山楂的果芽进行嫁接。成活后，当年秋季移植。盆栽用扦插获取盆苗，入盆后，勤上肥，勤修枝，控制长高。盆栽也多采用野生种，因它多为矮小灌木，枝干苍虬，生性强健。

（2）分株：一般在 3 月份用根蘖带根与母株分离，另外种植即可。

【病虫害防治】 山楂主要会受黄化病、红蜘蛛、介壳虫等病虫害危害。预防治疗方法，请参阅书后《家庭养花病虫害防治一览表》。

【点　评】 要使山楂树长得形态优美，需经常剪去过密的枝条与蘖芽。另外，用富含有机质的砂质壤土。

广　玉　兰

有一种树干高大挺直、树形端庄雄伟、枝叶繁茂的大树，它在夏初开出如荷花状的洁白花朵，香气浓郁，这就是广玉兰。它亭亭玉立，十分华丽诱人。它的吐芳标志着夏日即将来临，它也是初夏的风景树。

广玉兰也叫大花玉兰、洋玉兰、荷花玉兰，系木兰科木兰属常绿乔木，高可达 30 米。叶厚革质，椭圆形或倒卵状椭圆形，正面有光泽，花单生于枝顶，花硕大，荷花状，极芳香，果圆柱形，花期 5~6 月份，果期 9~10 月份。

广玉兰原产于北美东南部，我国长江流域均有栽培。常见的广玉兰变种为披针叶荷花玉兰，我国于 1932 年开始引种。

【观赏价值】 广玉兰是一种列植于道路两旁的行道树，也适在宜庭院孤植、丛植，或对植于门厅前。

广玉兰花朵美丽，芳香满庭，而且耐烟尘，对二氧化硫等毒气抗性强，能净化空气，对汞蒸气有一定的吸引力，是工厂区和城市的良好抗污染树种。另外，秋季果实成熟后会开裂，露出鲜红色的种子，十分绚丽。

【栽培技术】 广玉兰性喜温暖湿润，为阳性树种，适合在亚热带栽培。它耐阴，也较耐寒，能经受 −19℃ 的短期低温，在 −12℃下叶子会受冻害。宜植于肥沃、湿润、排水良好的微酸性土壤。在干燥、石灰质、碱性及黏湿土壤中生长不良。它根系深广，颇能抗风。

广玉兰实生苗生长缓慢，10 年后生长逐渐加速，15 年后开始开花。要使它成为高大树形，需随时整枝、除蘖、抹芽。移植时植株需带土球，一般可在春天开花前或在 5 月份以前移植。若秋天移植，不可晚于 10 月份。

【繁殖方法】 广玉兰繁殖可用播种、嫁接、压条、扦插等方法。

（1）播种：采种后将种子堆熟，清洁晾干后播种。也可在翌年春天播种，5 月份可出苗。

（2）嫁接：可以白玉兰、辛夷为砧木。嫁接时间在 3 月初到 4 月初，即在树液流动之时。选花多、叶大而厚的壮年植株上的 1 年生枝条作接穗，于 4 月份间枝接或根接。

（3）压条：可在生长季节选取健壮枝条将皮层刻伤或环割后埋入土中，保持土壤湿润，到秋季或翌年春季，将其切割开，成为新的植株。

(4) 扦插:在6~8月份,选嫩枝15~20厘米,保留上部2片叶,其余全部切除,基部剪成平面,斜插在沙床上。浇透水,然后每日浇水1次,保持85%以上的湿度,成活较快。

【病虫害防治】 广玉兰主要会受煤污病、刺蛾、大蓑蛾等病虫害危害。预防治疗方法,请参阅书后《家庭养花病虫害防治一览表》。

【点　评】 广玉兰幼年时需多修剪花蕾,使壮芽迅速形成优势,以使中心枝向上蹿长,再逐步修剪侧芽,使中心枝保持优势成景。

专家疑难问题解答

广玉兰叶片发黄怎么办

有些地栽的广玉兰树,叶片经常泛黄,这是因为没有根据广玉兰的生长习性进行栽培而造成。广玉兰喜温暖、湿润的环境,喜肥沃、湿润、高燥、且排水良好的酸性土壤。如果把广玉兰树种在碱性的土壤里,或者种植在低洼处、经常积水的生长环境,它就生长不好,叶片泛黄。所以,在种植名贵广玉兰树时,应该注意环境、地点和土壤对广玉兰生长的适应性。

小　葫　芦

初夏,果实小巧玲珑的小葫芦悬挂于丛丛绿叶中,十分可爱。成熟后,作为观果植物的小葫芦,更惹人喜爱。

小葫芦为葫芦科一年生草质藤本植物,也称腰葫芦、小壶芦。

叶片呈心形，花白色，生于叶腋中。雌雄异株，果实上有两个上下不相等的果室。它蔓藤可长到10米，茎有软黏毛，叶片长宽各20~30厘米，边缘有锯齿。

【观赏价值与应用】 小葫芦很适合于种栽在房前屋后的小庭院内，可爬藤攀缘作庭院花棚上的植物材料。其果实形态别致，成熟后可加工成漂亮的室内装饰品，颇具乡村野趣。也可以以红漆涂面，成为小型容器，种上吊兰和多肉类小品，成为一种别致的花儿饰品。

【栽培技术】 小葫芦喜欢阳光、温暖和湿润，生长适温在20~30℃，不耐寒冷。适宜种植于深厚微酸性或中性的土壤中。生长期每月需施磷钾肥1~2次。

【繁殖方法】 小葫芦用种子播种。

在春季4月直播或育小苗后移栽都可，待长至5~6片真叶后定植。开花前摘心，使它分枝，再搭小棚架，让其攀缘展叶。

【点　评】 长苗后要用支撑物形成支架，让其引枝攀缘。生长期每月施肥1次。

专家疑难问题解答

怎样养护观赏葫芦

①种子繁殖的秧苗长至10厘米长时，便可移栽。注意不要损伤根系，应尽可能保留原有的泥土。②盆径宜在30厘米以上。③盆土宜用腐殖质丰富的肥沃土壤，盆底需加基肥。④生长期每月需施1次液肥。⑤秧苗移栽后，应搭好支架，使其攀缘生长。⑥只留一根主藤，将次藤及无用的须剪去。⑦开花后采集雄花进行人工授粉。⑧开过的雄花及须应及时剪除，以免消耗营养。⑨一根枝蔓只留1~2个瓜蒂，多余的均剪除，随后及时施入磷钾肥。

小檗

在世界园林中，小檗是十分令人喜爱的灌木，它可装点庭院，是乔木旁十分理想的配置花木。

小檗为小檗科常绿或落叶灌木，又名子檗、日本小檗、童氏小檗，原产于日本，我国秦岭地区亦有分布。小檗幼枝紫红色，老枝棕灰色或紫褐色，内皮呈黄色。单叶具针刺，花单生或 2～5 朵，成短总状花序或聚散花序，黄色，花瓣边缘有红色纹晕。果实为红色，也有蓝黑色。花期 4 月份，果期 9～10 月份。果期较长，它能延长至翌年初春。目前我国不少园林栽培地已收集小檗 60 余种。栽培品种有紫叶小檗等，紫叶小檗为日本小檗的栽培变种，是 20 世纪 20 年代在欧洲培育出来的优良花木。

【观赏价值】 小檗是极理想的观赏灌木，春季开花，一片金黄，秋冬果实满树，极具有观赏价值，它是制作树桩小盆景的良好材料。小檗现作成片栽植，可在庭院作花景。

【栽培技术】 小檗喜欢凉爽、湿润的环境，它适应性较强，喜欢阳光，也耐半阴、耐旱、耐寒，对土壤要求不高。在疏松、肥沃、排水良好的土壤中生长良好。小檗可以地栽种植，也可盆栽。它生长旺盛，萌发性强，耐修剪，养护较为粗放。种植小檗要选择光照充足之地，在有光照差之地方种植，会使叶片变色，影响观赏效果。另外，也不宜施用过多的氮肥，否则会因枝条与叶子徒长而失去良好姿态。

【繁殖方法】 小檗多用扦插法。扦插宜在春季进行。可选用芽根饱满的粗桩枝条作插穗，长为 10～15 厘米，插入砂土中，插后保持土壤湿润，并注意遮荫即可成活。

【点　评】 小蘖若用播种法繁殖，要先将果肉洗干净，然后阴干，放在干燥通风处，到翌年早春播种。种后20天即可出苗。在种子发芽前必须注意浇水，切不能太干。

无花果

无花果

无花果是一种有趣的花木，人们历来认为它是无花的果，只结果而不开花。实则不是，因为无花果树的花很小，而且又长在不显眼的枝条侧面或者长在又长又宽又厚的叶腋里，人们不易发现。而它的花托肉质肥厚，状如小球，顶端下部又凹进，形成口袋状，花便密密麻麻地集生在这些口袋的内壁上。有趣的是它雌雄两花同居一室，花托上部是雄花，花托下部是雌花，需要一种肉眼很难看到的昆虫来传粉才能结成倒卵形的果实。

无花果是桑科榕属的落叶小乔木或灌木，树冠开展，树干皮孔明显，叶为掌状，呈3~5裂，大而粗糙，厚纸质。果实甜，可食。

无花果原产于小亚西亚，在我国相传已有1 000年栽培历史，为唐宋时代传入。

【观赏价值】 无花果是一种观赏植物，尤其其叶子极为别致，果实又能吃，很适宜栽于庭园路旁、草坪等地，如种在建筑物周围可使景观更美。它又是一种极好的抗烟性强的环保树种，尤其对苯、硝酸雾、二氧化硫和二氧化碳有较强的抗性，是一种净化空气的良好植物。它的果实营养丰富，含有糖类、脂肪和蛋白质。干果含糖量为70%~75%，蛋白质含量比苹果高3.9%。其栽培也十分容易，所以适宜庭院栽种。在古罗马，无花果作为财富的象征，为吉祥之树。无花果含有多种维生素、微量矿物元素、蛋白质等，有健胃清肠消肿等功效。

【栽培技术】 无花果喜光，稍耐阴，稍耐干燥，但不太耐寒，在温暖湿润环境生长速度快。喜欢排水良好的砂质土壤中生长。

种植无花果浇水要适当，施肥也要合理，不宜太多，也不能太少。在生长期每天浇水1~2次，结实后减少浇水，生长期每2周施肥1次。过冬时，浇透水后可稍干些。冬天温度保持5℃左右低温，如低于-5℃易冻伤。无花果需修剪，一年最好修剪2次。宜春秋季进行，一般年年需修剪。种植土要疏松、富含腐殖质。夏天要积极排水防涝。

【繁殖方法】 无花果的繁殖以扦插为主。

插穗取1年生强壮枝条，剪成15~20厘米，储藏至春天，在3月上、中旬扦插。

【病虫害防治】 无花果主要会受天牛等病虫害危害。预防治疗方法，请参阅书后《家庭养花病虫害防治一览表》。

【点　评】 无花果在南方多为地栽，越冬时要稍采取防寒保暖措施。在北方多为盆栽，因为冬天太冷，要移入室内保护。

专家疑难问题解答

怎样提高无花果的坐果率

养护要点：①每年早春注意适期修剪，不使枝叶徒长，减少养分消耗，减少病虫害，使养分集中到花芽分化上，提高坐果率。②合理施肥。营养生长期以施氮肥为主，开花、坐果初期多施磷钾肥。③坐果初期要注意给以充足光照，如光照不足，易引起落果。④冬季要使其充分休眠。越冬期间，要放在不结冰的房间内，在低温条件下使其充分休眠，有利于来年的生长和结果。

怎样使无花果枝短果密

盆栽无花果应达到枝短果密、树形优美的效果。为此，修剪的原则是：主干低矮，高度30厘米左右；主干上选留3~5根主枝，每一主枝上再选留2~3根侧枝，全株留枝10个左右；各枝条分布均匀，形成圆头形。修剪的具体做法是：①当幼苗长至约40厘米高时，在30厘米处截顶定干。②待下部腋芽长至3厘米时，仅留顶端3~5个芽，作为主枝，其余抹去。③当年7月下旬，进行1次摘心，防止枝条徒长，促使基部芽体充实。④次年春季在主枝12~15厘米处剪短。当新芽长到3厘米左右时，每主枝上留2~3个芽，其余的芽抹去。⑤及时摘心，以防枝条徒长，并使枝条横展。经过这样精心修剪，就能培养成侧枝结果的美观树形。⑥每年年初换盆时，在一年生枝条基部10~12厘米处截顶，并剪去细弱枝、病枯枝、过密枝、交叉枝以及徒长枝，使所留枝条均匀分布于树冠四周，修剪成圆头形。注意：修剪宜在树液流动之前进行，若在树液流动萌芽时修剪，易造成伤流，影响植株生长。

盆栽无花果应怎样科学养护

无花果喜阳光充足、温暖湿润的环境，能耐旱，怕水涝，喜肥沃湿润的砂质壤土，对其他土壤适应性也较强。盆栽无花果，每年早春萌芽前需换盆1次，盆土可用8份园土、1份砂土、1份干粪混合而成。生长期间，应每半个月施1次饼肥水，每月施1次腐熟的饼渣。浇水要见干见湿，以保持盆土湿润为宜。冬季霜降后需移入室内养护，整个冬季浇1~2次水即可，室温保持在3~5℃。盆栽无花果株高一般以30厘米高为宜，需作精心修剪。修剪在3月份进行，当幼苗长到40~50厘米高时，在30厘米高处截顶，待下面腋芽长到3厘米时，仅留顶端3~5个芽作为主枝，其余全部抹去。7月份进行1次摘心，以防枝条徒长。第2年春，在主枝12~15厘

米高处再剪短。当新芽萌出3厘米长时，每一根主枝上留2~3个芽，其余的芽均抹去，7月份再摘心1次。经过这样两次修剪，树形就比较短壮、美观了。

栽培管理无花果有何窍门

无花果喜温暖湿润气候，要求疏松肥沃土壤，喜光也能耐阴。地栽无花果需培养一个粗壮直立的主杆。栽植第一年，应将主杆1.5米以下萌发的新芽抹除，第2年在1.5米以上选留3~5个分枝作主枝，就能形成一个主杆直立、分枝合理的树形。生长期需在春季萌芽后施2次腐熟的液肥，幼果期需施1次磷钾为主的复合肥，冬季还需施1次基肥。这样无花果可枝叶茂盛，果实累累。

木　香

在攀缘植物中，木香以花香、花白而著名。它初夏开花，花朵如白雪满株，十分壮观。宋代徐积有诗赞曰："仙子霓裳曳绀霞，琼姬仍坐碧云车。谁知十日春归去，独有春风在慎家。"

木香是蔷薇科蔷薇属半常绿攀缘灌木。原产我国西南部，干长3~7米，最长达10米以上。枝条绿色，叶互生，小叶3~5片，卵状披针形，边缘有锯齿。花白色或黄色，直径约2.5厘米，单瓣或重瓣，伞形花序，着生于新枝顶端，有芳香。果实近球形，红色。若重瓣花发育不健全，不能结实。木香花期5~6月份，果期9~10月份。常见的变种与品种有白木香，花单瓣，白色；黄木香，花单瓣，黄色；重瓣白木香，花重瓣，白色，香味很浓；重瓣黄木香，花重瓣，黄色，香味淡；大花木香，花大，直径可达5厘米左右，重瓣白色花朵，香味浓，花期晚。

【观赏价值与应用】 木香应用于垂直绿化，可作篱垣、棚架绿化材料，也可盆栽。木香单独栽培也很有特色，满树白花、黄花，极其美丽。在庭院中它可植于假山、草坪旁，很有韵味。木香可作切花瓶插，花多而别致，纷垂而飘逸，典雅万分。盆栽在凉台上遮荫，能起美化遮阳作用。木香还可入药，其根可治腹胀痛、呕吐、泄泻等病症。

【栽培技术】 木香适应性很强，生长极迅速。它喜欢阳光充足，也较耐寒，不畏热，喜欢排水良好而肥沃的砂质土壤，忌积水。木香栽培管理较为简单，只需注意施肥，大致为 1 个月施 1 次肥料，一般在初春萌芽前施 1～2 次氮磷结合的肥料，这样就能花多叶茂。在冬季需加强修剪，避免枝条过密、过多、过细，即能长得强健。在生长期也需经常除去细瘦病枝，以利通风透光。木香在背风向阳处即可越冬。

【繁殖方法】 木香多数用扦插法繁殖。一般在萌芽前剪取硬枝，也可在开花前用软枝插。插穗取 10～20 厘米强健枝条，成活较快。插后需保持盆土或露地土壤湿润，且放在蔽阴处。地栽扦插后需遮阳，在 1 个月左右便可生根。在梅雨季节扦插，扦插枝条上留 2 片小叶能容易成活。

【病虫害防治】 木香主要会受介壳虫、蚜虫等病虫害危害。预防治疗方法，请参阅书后《家庭养花病虫害防治一览表》。

【点　评】 木香宜在早春移植。移植需带泥球，并适当疏枝。盆栽培养土需稍加砂土，盆内要施基肥。

木 芙 蓉

金风送爽时节也是“落尽群芳独自芳”的木芙蓉盛开之时，木

木芙蓉

芙蓉是秋季的标志之一，特别宜植于山石水边，十分好看。

木芙蓉也叫芙蓉花、拒霜花，为锦葵科木芙蓉属落叶灌木。因花在晚秋开，所以得名“拒霜”。它开花时色彩会一天多变，清晨呈白色或粉红色，黄昏则变为深红色。古代有人用“千林扫作一番黄，只有芙蓉独自芳”的诗句来赞之。

木芙蓉栽培历史悠久，早在我国的战国时代，爱国诗人屈原就有“采薜荔兮水中，搴芙蓉兮本末”（《九歌·湘君》）之句。说明木芙蓉在2 000多年前就广为栽植供人观赏了。木芙蓉多植于墙边、路旁，也成片栽在坡地上，或植于水滨，波光花影，景色秀丽。在1 000多年前，木芙蓉已遍及湘江两岸，唐末诗人谭用之写有“秋风万里芙蓉国”之句，故湖南有“芙蓉国”之称。

木芙蓉的品种不多，常见的有：①醉芙蓉，花朵很大，色彩会一日三变，它清晨开粉白色花，中午变为浅红，晚上转为深红。②黄芙蓉，也叫黄槿，花为黄色，中心为暗紫色，十分美丽。③大红芙蓉，花酷似牡丹，花为重瓣。④西洋芙蓉，叶片大，花期早，花色繁多。木芙蓉在温暖地区可长成7~8米高的大树。

木芙蓉喜欢温暖气候，又喜阳光，对土壤要求不严。木芙蓉耐潮湿不耐干旱，故多数植于水池边，管理十分粗放，对环境适应性强。长江以北越冬时木芙蓉地上部分会枯萎，到第2年春季又会重发新枝。木芙蓉于秋季开花，叶片大，花生叶腋，单瓣或重瓣，花径约8厘米。果实为蒴果，扁球形。种子为肾形，有长毛，易飞散。

【观赏价值与应用】 木芙蓉晚秋开花，花大色美，适应性强，我国自古以来多在庭院中栽培。也可在铁路、公路、沟渠边种植，既能护路、护堤，又可美化环境。古人说种木芙蓉有三利，其一，可制麻，干为薪料；其二，山麓堤旁栽之，可以固基，使沙砾不得直冲溪间，河床即无虑淤塞；其三，庭园中栽植为时令之名花，怡情悦目。木芙蓉也可盆栽观赏。

木芙蓉经济价值较高。唐代曾用木芙蓉汁染纱织成玫瑰花色的“芙蓉帐”。当时的名菜“雪荠羹”就是用木芙蓉花和豆腐加工成的，红白相间，色味俱佳。花放在麻油中浸泡后就成“芙蓉花油”，可治疗烫伤、烧伤。民间用木芙蓉叶晒干研末，可治疗外伤出血。其花和叶有清热、凉血、解毒、消肿、排脓之功效。此外，木芙蓉对二氧化硫、氯气、氯化氢都有一定的抗性，适合在工矿区栽培。

木芙蓉茎皮含有纤维素 39%，纤维柔润而耐水，可作缆索和纺织品原料，也可造纸。

【栽培技术】 木芙蓉喜光，又喜温暖，稍耐阴；喜肥沃湿润而排水良好的砂壤土，不耐寒。在长江以北地区，冬季地上部分常冻死，次春从根部萌芽抽条复生，生长快，耐水湿。木芙蓉栽培容易，移栽成活率高。每年秋季落叶后地上部分可全部剪除，并施以河泥、牛马粪及豆饼肥，肥要施足。2~3 年后，每年冬季培土时，覆盖一层腐熟的有机肥，然后在根部用土培壅，防寒越冬，翌春重新抽发新枝，秋季开花整齐美丽。木芙蓉生长期由于萌枝力强，会出现枝叶过密而影响枝形的现象，可修剪整枝，使枝型秀美。夏季干旱时应多浇水，栽后要每年短截枝条，使其多发新枝。春季萌芽期间多施磷肥，可使花朵大而色艳。花蕾过多会影响花朵质量，可采取疏蕾措施。

【繁殖方法】 种植木芙蓉的最适宜时间为 4 月中、下旬；温暖地区可在 11 月份或 2 月下旬至 3 月份之间种植。

木芙蓉一般可用扦插、分株、压条和播种 4 种方法进行繁殖，其中以扦插法和分株法最为常用。

（1）扦插：在秋冬开花后，剪取 10~15 厘米枝条沙藏过冬，春暖后扦插在露地，成活率高达 90%，当年秋季即可开花。

（2）分株：可在早春芽开始萌动前进行分株繁殖。丛生的

木芙蓉母株保留地面上25厘米左右的部分，将其他的枝条短截，然后将母株挖出来劈成几份，另行种植。养护好的当年秋季也能开花。

（3）压条：于初秋把木芙蓉枝条弯曲在地，用土压住，不必割伤，在1个月左右可与母株分离，当年需掘起入窖越冬。木芙蓉在临水地方生长良好。

（4）播种：用种子在春季种植。木芙蓉种子很细小，所用的播种土要细，播种也要稀些，覆盖土以藻土为好。种后要保持一定湿润，20~30天后便会出苗。

【病虫害防治】 木芙蓉主要会受白粉病、大青叶蝉、叶螨等病虫害危害。预防治疗方法，请参阅书后《家庭养花病虫害防治一览表》。

专家疑难问题解答

盆栽木芙蓉养护有哪些要点

①修剪。深秋或次年早春需对枝条作强修剪，每枝保留4~6个壮芽。待壮芽抽枝30厘米时，只保留2~3片叶，其余均剪去。②盆土用7份园土、3份堆肥充分混合，保持盆土湿润；雨季前追施钾肥和磷肥。③盆栽应放在朝南向阳处。④每隔1~2年在秋末或开春前进行翻盆。结合翻盆掺入适量厩肥。

木芙蓉分枝少、花少怎么办

需掌握以下养护技术：①应种植在阳光充足、土质肥沃的地方。如土质不理想，可用堆肥与腐叶土进行改良。②种植后3年内，每年需在入冬前，在植株基部培土，并对植株进行短截，第4年开始只需修剪掉病虫枝、枯枝及衰老枝。③种植后第4年开始，入冬前需在根基周围将腐熟有机肥拌入土中。④种植时需浇足水，待萌发长叶后根据情况酌情浇水。⑤种植木芙蓉的最适时间为4月中、下旬；温暖地区可在11月份或2月下旬到3月之间进行。

木　槿

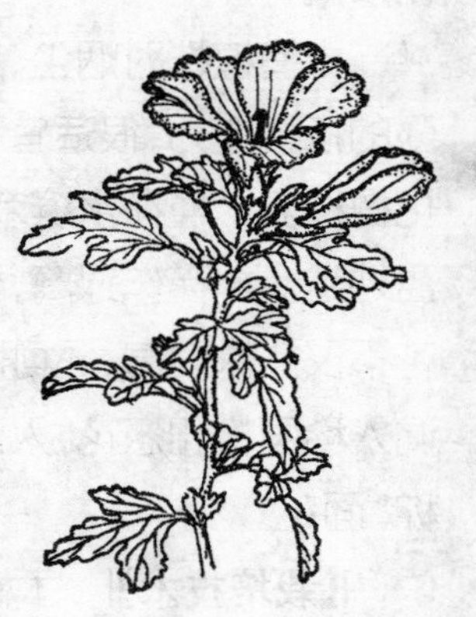

木　槿

夏秋之时，木槿以满树红、白、紫色的花朵令人们陶醉。木槿树健枝繁，扶疏向荣，尤其朝开暮谢，一花刚落，旁蒂翌日又放，连续不断，宛如成串开放的焰彩。在中国的花史诗史上极为有名。

木槿原产于我国，为锦葵科木槿属落叶灌木或小乔木，又名木棉、荆条、篱障花。高2~6米，叶薄如纸，花为钟形，朵大，单瓣或重瓣，花色有紫、粉红、白色等，近基部色深。每朵花开放为1天，花期为6~9月份。果熟期为9~11月份，蒴果矩圆状卵形，整个蒴果有毛，内含种子，多数种子扁平呈肾形。在3 000年之前就有人把木槿花比作美女来歌咏了。最早见于《诗经》："有女同车，颜如舜华。"舜，即瞬息之意；华，即花。舜华，指木槿花。木槿花早晨开，傍晚落，故又称"朝开暮落花"。我国种植木槿花已有数千年历史。木槿花还为朝鲜人民所偏爱，他们因其花日日更新，称之为无穷花，以此象征自己民族坚毅顽强的精神，喻幸福永存。太平洋岛国斐济，每年8月份举办为期一周的木槿花节，彩车上坐着漂亮的姑娘，她们以各种美姿向人们频频招手致意，竞选木槿花皇后。

园艺上，木槿也有多个品种，色彩有白、米黄、淡紫、紫红之分。

花瓣有单瓣、重瓣、半重瓣之别。

【观赏价值与应用】 木槿花为夏秋季重要的观赏花卉之一。木槿花期长达数个月，朝开暮落，为古人所称颂。唐代诗人李白诗赞："园花笑芳年，池草艳春色。犹不如槿花，婵娟玉阶侧。芬荣何夭促？零落在瞬息。岂若琼树枝，终岁长翕赩。"木槿花朵硕大，并有多种花色和花型。其品种大致可分为优良和普通两种。优良者清丽素雅，超尘出俗，适宜成丛栽植于庭院中观赏。普通品种常成片栽植，或作围篱，如藩篱或 1.5 米左右的绿篱，不宜作矮篱。

木槿植株对烟尘、氯气或氯化氢、二氧化硫等有害气体均有很强的抵抗能力，很适宜作厂矿企业或大气污染较为严重地区的绿化树种。木槿在水滨栽植，当娇颜初露的时候，投水映波，显得轻盈妙趣。木槿作绿篱，枝条利于造型编扎，可编成多种图案。木槿花不仅能供观赏，还可以作蔬菜食用，也可作美味的食品。将槿花调入稀面粉和葱花，入油锅煎，如捞起仍存在花形，十分可口，民间称"面花"。

【栽培技术】 木槿是一种亚热带及温带花木，全国各地均有栽培。木槿栽种成活后管理要粗放，让其展现观赏特性。它性喜温暖，但也耐寒，在 −15℃条件下能自然越冬；喜光，也耐半阴环境，喜温暖湿润，也耐干旱贫瘠。适宜种植于向阳、肥沃、排水良好的砂质土壤。木槿落叶后至萌芽前休眠期应进行修剪，修剪时把中心主干剪短，侧干应短于主枝。将直立强旺枝从基部剪去，剪去过密枝。强健枝条的上部，每枝留 6~8 对花芽，使树形圆满，开花繁茂。落叶后，可修掉 1/3 老枝，但不要过量。

【繁殖方法】 木槿主要以扦插繁殖。

（1）播种：11~12 月份采收蒴果，剥出种子，晾干后放入干燥容器内，到翌年 3 月份进行条播。行间间距为 20 厘米左右，种子覆土 0.5 厘米即可。尔后保持土面湿润，待出苗后可遮荫防晒。至 7~8 月份便可施薄肥，9 月份后减少浇水，控制生长，让其安全过冬。过一年后即可分苗栽种。

（2）扦插：嫩枝和老枝扦插都可成活。老枝扦插在3月份进行，剪取粗壮的1年生枝条约15厘米，扦入疏松肥力较好的土，保持湿润即会成活。嫩枝扦插宜在梅雨季节进行。可选当年萌发的新枝15厘米长，扦插进疏松的土中，插入部分为插穗的1/3，成活后养护1年，再进行移植。

【病虫害防治】 木槿主要会受褐斑病、介壳虫等病虫害危害。预防治疗方法，请参阅书后《家庭养花病虫害防治一览表》。

【点　评】 木槿的修剪一定要按不同需要进行。若作绿篱，长到一定的程度，即可修剪，不要让它长得太高。另外，若要移栽木槿，要在冬季落叶后才能进行。

专家疑难问题解答

怎样在盆中扦插木槿

具体插法：①选苗。首先应选重瓣枝条，枝条宜选开花的2年生直枝，剪下可作扦条。多侧生枝、多花枝不宜选用，因扦插不易成活。②定植。扦插宜在盆中固定，不宜移栽，移栽不易成活。用稍大的盆装满泥，扦插2~3根枝条（活株只留1株），浇足水，遮荫半月便可生根。③管理。木槿管理比较粗放，不需精心管理。它喜湿润，只要保持盆泥不干，浇上一些液肥，就能长好；它耐阴耐阳，以半阴半阳生长为最好，可使其叶绿，花冠整齐。冬季落叶后搬入室内越冬，盆内生长3~4年后，可脱盆地栽。

怎样延长木槿开花期

①满足木槿喜阳避阴的生长条件。②每年进行短截修剪（修剪掉枝条长度1/3）。③再施适量磷钾肥，可延长木槿的开花期。

五 针 松

五 针 松

五针松针叶密集葱绿，虬枝苍劲古朴，经寒冻而不萎，蒙霜雪而不凋，巍然屹立，四时常青。正是“大雪压青松，青松挺且直。要知松高洁，待到雪花时”。

五针松属松科，是常绿乔木，原产日本，落户我国已有 1 000 多年的历史，是世界著名的观赏树种。既可地栽，又宜盆养，通过修剪造型，还可制作各种高雅的盆景。

五针松叶针状，长 3～5 厘米，细而光滑，每 5 枚针叶簇生在枝顶和侧枝上。园艺变种很多。目前我国栽培的有旋叶五针松，真叶扭曲呈螺旋状生长；黄叶五针松，针叶呈黄绿色或在绿色针叶上生有黄斑；白头五针松，针叶的先端呈黄白色；短叶五针松，针叶细，密生且极短，长度只相当于五针松的 1/2。五针松 5 月份间开花，雄雌异株，种子有翅，第二年 6 月份成熟。

【观赏价值】 五针松四季常青，苍劲葱郁，寿命较长，老而不衰，又耐修剪，可扎成各种桩景，摆放在厅堂、会议室的茶几上，放在庭院中更具有古朴典雅之感，因此是制作盆景及观叶植物的好材料。

【栽培技术】 五针松习性喜阳光，略耐阴，宜疏松、肥沃、排水良好的微酸性土壤。春秋季节宜将其放在南面阳台或庭院向阳处，夏季移入室内通风良好的半光处，切忌炎热的夏天中午前后阳光直射，否则易导致叶尖灼伤黄枯。冬季放室内南窗附近。若长期放光照不足的阴暗地方，则针叶生长瘦弱，且易枯黄。

在夏秋季节，五针松极易出现黄尖现象，以后全叶逐渐发黄，这主要是由于浇水不当引起的。五针松系在黑松上嫁接成活，黑松等松树根系怕积水，要掌握“干松湿柏”原理。若平日浇水过多，土中缺氧，即易导致烂根，针叶变黄。因此，养护五针松时浇水要适度，以盆土略干为宜，但也不能太干，否则生长不良，针叶也易泛黄。浇水一般 3 天浇 1 次；秋天每 2 天浇 1 次。夏季虽然五针松生长缓慢或进入休眠期，但此时气温高，水分蒸发快，盆土易干，因此一般于每天清晨浇 1 次水，傍晚或晚上再向叶面上喷 1 次水。冬季室温低时要减少浇水次数，一般每周浇水 1 次。平时经常用清水喷洒叶面，夏季对五针松有降温增湿作用，冬季则有除尘保洁作用。黄梅季节雨水较多，盆中切忌积水（如有积水应及时排除，久雨时，还要移至通风避雨处）。一般盆栽五针松，尤其盆景，3～4 年需换盆 1 次，最宜在深秋初冬进行。换盆时，先剔除或减少包裹根系的泥垛，修除衰老盘曲、过长过繁的须根。根据整修后的形态，选取适当盆钵重新栽种。当气温降至 5～6℃时，应将盆钵放到向阳处，如气温骤降至结冰的温度时，还要把它移到室内越冬。盆栽五针松不宜长久放在室内，应定期轮流置于阳光充足、空气通畅的场所。晚上则应放在室内。

合理施肥，是种好五针松的关键之一。五针松不宜过多施肥，一般每年施肥 2～3 次即可，肥多了容易伤根。春天在发芽前可施 1 次 10%～15% 稀薄饼肥水，以促使新芽萌发并生长健壮。夏季炎热时，应停止施肥。入秋后正是五针松增粗生长的最快时期，在 9～10 月份之间应施菜子饼、豆饼等肥水 2 次，促使它加速生长。10 月份以后应停止施肥。若施肥不当，会造成针叶发黄、下垂并失去光泽，甚至脱落。

种植五针松的土壤以天然黑山泥为佳。因五针松生长缓慢，故用盆不宜过大过深，以紫砂盆为佳。

五针松盆景需要不断修剪才能使其姿态日趋完美，剪枝宜在

11月份到第2年2月份休眠期进行，主要修剪徒长枝、杂乱枝、病虫枝。修剪后伤口应立即用胶布封住，防止流脂。

【繁殖方法】 在春季3~4月份五针松刚开始生长时，这时植物体内养充足，有利成活。以3~5年生树较长的粗壮黑松作砧木，接穗可在长势健壮的五针松母株上剪取，以主枝、侧枝上采集二年生嫩枝，一般5~7厘米、直径0.5~1厘米，接于砧木根部。

嫁接时，要使砧木与接穗形成层相对齐，再用塑料薄膜扎紧。注意接后不要马上浇水，过一周后待伤口有些愈合，再浇水，过20天，接穗成活显出绿色，说明已接活。

【病虫害防治】 五针松主要会受吹棉介壳虫、糠片介壳虫、煤烟病等病虫害危害。预防治疗方法，请参阅书后《家庭养花病虫害防治一览表》。

【点　评】 五针松的观赏性极强，但叶子易发黄，主要由于浇水太多造成的，光照不当也会影响叶子生长。因此，要适度浇水，并在夏天适当遮荫，防止阳光暴晒。

专家疑难问题解答

怎样选购五针松幼苗

需掌握以下要点：①针叶要绿。针叶应翠绿而挺拔，若针叶黄萎、缺叶或有色斑者，不应购买。②针叶要短。五针松的针叶，长者10厘米，短者仅2厘米，短五针的一般束生、紧凑、美观。③砧木要粗。粗壮的砧木，既反映长势良好，还显得古朴，易形成桩景。④接穗要短，分枝要多，接处要矮。这样有利造型，容易培养成矮盖奇特的形状，提高观赏价值。⑤接口要牢，根须要多，带土要多。在休眠期买来的幼苗，要及时上盆，培养土可用腐叶土、山泥、草炭土，种在7~9厘米泥盆中。栽后浇透水，放在阴凉处2周后，再移到高燥、向阳、通风无污染处进行养护。

五针松养护有哪些要点

五针松喜阳光充足、高燥又通风的环境，忌积水、忌黏重生土或碱性土，喜疏松、肥沃、排水良好的酸性土壤。五针松 12 月份到翌年 1 月份为休眠期，2 月份开始萌动复苏，3 ~5 月份萌叶抽发新梢，7 ~8 月份高温期间处于生长停滞期，8 月下旬又开始芽萌动，9 ~11 月份枝干增粗。了解五针松的生育规律，就能正确掌握五针松的栽培措施。① 配制适宜五针松生长的山泥、腐叶土合成的微酸性培养土。② 掌握换土翻盆时间，选择在冬季休眠期，以 1~2 月份芽萌动前为好。③ 控制植株高度，春季萌芽后及时摘芽。④6 月份梅雨季节，防止盆土过湿，忌盆内积水，及时疏通排水，置干燥通风处养护。⑤7 ~8 月份盛夏高温季节忌盆土过干，应浇透水，叶面还需喷水。⑥9 ~11 月份秋季追施复合肥，促枝杆粗壮，生长强健。⑦ 12 月份到翌春 1 月份植株休眠期，减少浇水，略带干，并防严重冰冻。整枝造型宜选择在植株休眠期进行。

五针松针叶为什么会发黄

①浇水过多，或雨水过多，使土壤长时间处于过湿状态，引起土中缺氧，导致烂根，针叶变黄。适宜的土壤湿度在 15%~30%之间，少于 10%，植株生长不良，易枯萎；多于 35%，易烂根而死亡。②在炎热夏季，烈日暴晒，强光直射，水分蒸发快，造成叶尖灼伤枯黄，尤其是遭暴雨后，天转晴又受阳光直射，水分供求失调，发生生理干旱，造成枯萎。③违反生活习性。长期将五针松放在室内，光线不足，通风不足，违反了宜在室外生长的习性，或者突然移到室外遭暴晒，针叶都会发生枯黄现象。为了避免五针松针叶发生枯黄现象，应针对上述原因，采取相应预防和挽救措施。

怎样使五针松针叶变短

欲使长针变短些，可采取以下方法：①种植的盆小些，可以控制五针松猛长。②在五针松生长期，即3～4月份使盆土偏干些，这样可以控制针叶生长，使其变短些。③在生长期不要施肥，这样长出的针叶可变短。要使五针松的枝条短而多，在其快速生长、放针的时候，进行萌芽摘心，摘去1/3～1/2的萌芽，这样有利于今后制作盆景的造型。

怎样使五针松多长分枝

多长分枝的关键技术是：①夏天新枝呈木质化并开始萌发新芽时，应追施肥料1～2次，这样新长的萌芽就多，今后生长的分枝也多。②在新发萌芽时，将长得旺盛的、又较长的主芽，摘去1/3～1/2，同时，再追肥1～2次。这样在主芽下部，又会长出新的萌芽，今后放针长枝时，分枝就多而密了。

怎样防止五针松落叶

①正确换土翻盆。五针松换土翻盆不宜过勤，一般隔3～4年换1次较合适。换盆在立春后2月间芽萌动前较为适宜，若新芽出针后，甚至夏季换盆必致落叶。②栽培用土。一定要用团粒结构良好、排水通气、腐殖质丰富的微酸性培养土。千万不能用黏重生土，更不能用旧土。③盆底需填入较多碎瓦片，以保持盆底排水通畅，使梅雨季节盆内不积水。④盛夏高温宜通风，水需浇透，叶面常喷水，以防嫩枝叶被灼伤枯黄。⑤盛夏高温忌施浓肥、生肥，以免造成肥害，致使针叶枯黄脱落。

翻盆后五针松应怎样施肥

五针松一般宜在2～3月间进行翻盆换土。这时，五针松处在缓慢生长期或休眠期，翻盆后不应马上施肥，因还未“服盆”，根系吸肥能力差，会灼伤根系，影响生长。待“服盆”后，可施些稀薄肥水。

五 色 椒

五色椒富有天然之美，它原产于南美洲地区，是多年生草本花卉，株高30～60厘米，花白色，花期7～10月份。果实色泽从绿变到白，继而变为奶黄色，并带有紫晕，最后变成鲜红色，因而得名“五色椒”。常见的栽培品种有朝天椒、珍珠椒、佛手椒。朝天椒，植株矮，果尖向上，色泽缤纷，体态潇洒；珍珠椒，粒粒圆净，红黄相间，闪着油光；佛手椒，前呼后应，簇拥相伴，最多能结百余个，姿态绰约、悦目醒神。五色椒虽辣，只要吃得适度，对人体还是有益的。据医学研究测定：辣椒的维生素C和胡萝卜素的含量相当于苹果的19～21倍。对促进人体血液循环，增强呼吸道抗性有一定的作用。但食之过多，则会伤肠胃。

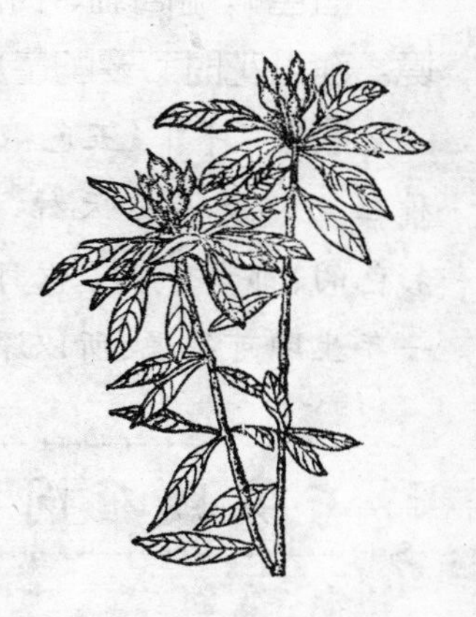
五色椒

【观赏与应用】 五色椒果实鲜艳多变，在同一植株上，果实五彩缤纷并存，玲珑可爱，是优良的小型盆栽观果花卉。可地栽于庭院观赏，在有阳光的室内，保持10～15℃，观赏期可延长到12月份。五色椒是人们喜爱的观果植物，它的果实之所以变成绿、白、紫、橙、红各色，是因其果实成熟程度不一，所以色彩缤纷，分外诱人。

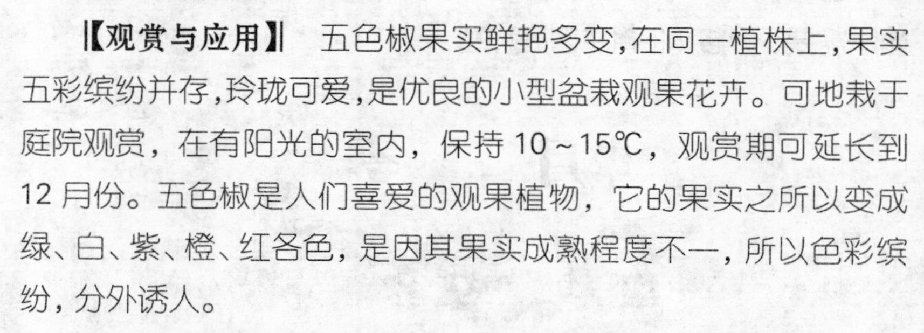

五色椒以果、根、茎、叶入药。其性味辛、热、无毒，归胃经。主治风湿疼痛、冻疮、外伤淤血等症。

【栽培方法】 五色椒春播用种子在温水中浸种、催芽，待种

芽始露白时,可直接播于大盆中或按常规整地撒播于畦地。播种后要保温、保湿。大盆宜放在室内光亮、温暖处。见苗后,出房见风,并分苗。分苗可植于直径30~40 厘米的瓦盆,盆土用腐殖土,将苗栽于盆中,经常浇水,保持土壤湿润,并于花前每周浇 1 次稀薄肥水,待结果后再追肥两次,就能果大色艳。

五色椒耐高温、不耐寒、喜温暖、向阳,宜土壤肥沃的生长环境。在开花时节要酌量减水,以防花落,影响结果。

【点　评】　五色椒是一种盆玩果蔬小品的极佳材料,尤其可种在盆中,只要露天种,都能看到美丽的花后结的辣椒,红红的或彩色的,都十分赏心悦目,也是与佛手、草莓一样盆玩的佳品,尤其一年生即可结果,所以深受人喜欢。

专家疑难问题解答

五色椒为何结果少

如放置在闷热、潮湿、多虫害之处就会碰到这样的问题。如果放在有良好的肥沃土壤,较温暖、风少、通气之处,都能生长良好。浇水不宜太少或太多,开花时如被雨淋、浸水,会造成落花,尤其在开花时,要少浇水,这样才能花多果多。五色椒喜欢阳光,应满足光照需要,不能放在朝北窗处种植。

月　季

月季"花亘四时,月披一秀",在我国花卉栽培历史上地位显赫,被誉为"花中皇后"。我国自古就栽植月季,如梁武帝在宫中广

月　季

植蔷薇，宋代栽植范围更广，至明代栽培更盛，品种更多。王象晋在《群芳谱》中将月季分为 4 类：即月季、蔷薇、玫瑰和木香。在距今 300 多年前，中国的月季品种在全世界 200 种中已占 82 种，栽培技术居世界前列。至 19 世纪初中国月季、蔷薇传入欧洲，经过杂交，品种迅猛突增。现有品种已超过 7 000 种，有上万之说。

月季为蔷薇科半常绿灌木，花单瓣或重瓣，花色有大红、粉红、白、绿、黄和紫，花有微香，花期 4～5 月份，春季花开最盛。近年来，从国外引进的"洋月季"遍植庭院。我国翻译家把英语现代月季 Rose 一词译成汉语"玫瑰"，实际上就是月季。月季的变种主要有：①月月红，茎较纤细，常带紫红晕，有刺或近乎无刺，小叶较薄常带紫晕。②小月季，植株矮小多分枝，高一般不超过 25 厘米，花玫瑰红色，单瓣与重瓣，宜作盆景材料。③变色月季，花单瓣，初开时浅黄色，继变橙红、红色。另外，还有香水、藤本、微型、丰花、壮花等栽培品种。

【观赏价值与应用】 "牡丹殊绝委春风，露菊萧疏怨晚丛，何似此花荣艳足，四时长放浅深红"是宋代诗人韩琦对月季四时常花独特之处的赞美。园林装饰广泛应用月季，可按几何图案布置成内容丰富、色彩艳丽的月季专类园。杂种香水月季具有鲜明的色彩和优美的树形，可构成庭院主景或衬景。丰花月季适于美化街心、道旁，作沿墙的花篱、独立的花屏或花圃的镶边，也可盆栽观赏。灌丛月季宜植于偏僻角落或不易管理处，组成密集的屏障，用于封闭或遮拦不雅之处，并可植于斜坡、狭壁，形成立体花墙。现代月季色彩十分丰富，有红、橙、黄、白、粉、绿、灰蓝、茶褐、墨紫等单一色，有正背两面、上下两段不同的两重色和多重的复色，还有花瓣上带斑条的双绞色。所以观赏月季是人们流行的盆花之一。

盆栽月季是布置阳台、花架、几架的重要绿化装饰材料，它花繁叶茂，令人心旷神怡。月季是世界上名切花之一，剪切数枝瓶插，可使室内顿时生辉。月季花有五大优点：一是花期绵长，二是品种众多，三是花形优美，四是花色丰富，五是芳香宜人。

月季可提炼月季香精，是当前最流行的化妆品原料。

【栽培技术】 月季喜阳光充足、空气流通、排水良好的生态环境。土壤的 pH 应在 6~6.5 最好，生长适温在 18~25℃左右。一般种植月季每天要有 6 小时的光照时间，使其充分进行光合作用，以利开花。但是月季不能受强阳光的照射，尤其在花蕾发育孕生期，防止因强光照射而使花瓣发生枯焦，在这段时间内应适当进行遮荫。

另外月季喜肥，每 15 天左右进行 1 次追肥，特别要施磷、钾肥，在浇水时加入少量肥料，进行"薄肥多施"。月季花开花花期较长，需要充足的养分，孕蕾及开花前可以施速效肥料，促使开花多及颜色鲜艳。

种好月季还必须掌握修剪技术，修剪时间为冬季休眠之前及春季萌发时，盆栽的可留粗的壮枝，留下的还需枝干表皮嫩绿粗枝作主枝，其余全部剪去。特别应剪去病枝、瘦枝及重叠、交叉、内膛枝，保留少量向外侧生嫩芽的枝条，这样在生长时即会形态优美花大色美。

【繁殖方法】 月季常用播种、分株、扦插、压条、嫁接等方法繁殖。

一般以扦插最为方便，可采用生长期扦插与冬季扦插两种方式。

（1）生长期扦插：月季生长期在春秋季，一般于每年 5 月份及 10 月份进行扦插。扦插期的气温宜在 25℃左右，可剪取一段 15 厘米长的清晨带露水的新生健壮枝条作插穗。插穗条不要留有嫩梢、花蕾，但要让插穗条上留有 2 片叶子。插入土中的插穗深度为其长度的 1/3，不要太浅也不要太深。然后把土压紧，保持扦插穗条周围的湿度，但需选择阴暗通风处，不能遭太阳直射，空气太干燥时要向空中喷水。插后 20 天内不宜浇水太多，21 天左右便可成活。

（2）冬季扦插：可在冬季 11 ~ 12 月份内进行。选择 15 厘米长枝条作插穗，下端用刀削平，插入好的疏松土内，插入深度为插穗的 2/3，把土压紧，浇 1 次透水。如温度到达零度时，要采取保暖措施。

【病虫害防治】 月季花主要会受白粉病、黑斑病、枝枯病、锈病、介壳虫、蚜虫等病虫害危害。预防治疗方法，请参阅书后《家庭养花病虫害防治一览表》。

【点　评】 种好月季要多翻盆、修根和换土。为使月季花长得好和花多，关键在于施肥，要薄肥多施。在花蕾出现前，每周施肥 1 次，以磷肥为主。修剪在冬季要加重，仅在枝条基部留 2 ~ 3 个芽，将上部全部剪去，这样可使翌年春季萌枝好，且花多叶茂。

专家疑难问题解答

哪些月季品种适宜盆栽

常见适宜盆栽的月季品种有荣誉、冰山、白玉丹心等白色花品种；明星、美洲红、火王等红色花品种；纽扣黄、北斗、金星等黄色花品种；报春、杏花村、满园春色、乐园等粉色花品种；赤阳、白兰地、古城风光等橙色花品种。双辉、香紫绒、夜曲等紫色花品种；复色品种有：五彩缤纷、和平等；还有二重色品种，如金背大红、情歌、雪中火光、幸福等，都是良好的盆栽品种。另外，十姐妹型月季，花团锦簇，株形丰富，也都适于盆栽。

哪些月季品种最适合家庭阳台盆栽

月季品种繁多，生长习性各不相同。家庭阳台盆栽月季，要适应阳台小环境，应选择植株矮小、株形紧凑且生长健壮的品种。其次要选择开花多且开花勤的品种，如果能有香味，更为理想。如“小五彩缤纷”，茎高仅为0.38米；“微型金丹”，茎高0.25米。此外，还有聚花月季，如“满园春色”、“马戏团”、“伦巴”等品种。这些品种株形较矮小，开花多，整个生长季节开花不断，枝叶茂密，形态丰满，最适宜在阳台面积狭小的环境栽培。

盆栽月季能养多少年

月季定植在盆里以后，每年培根换土，不换盆。一般养护有句顺口溜：嫁接苗，1年长，2年放，3~5年势最旺，以后渐老难复壮；扦插苗，寿命长，10年左右仍正常，不发犟条势不良。生长健壮的盆栽月季，一般每年从基部萌发枝条。春、夏季萌发的枝条，养护得法，第2年即可发展成主枝，精心养护后可以不断更新植株，保持株形匀称丰满。犟条当年不可强修剪，在不伤树势的情况下，新旧更替可不受季节限制。秋后萌发的枝条，当年不能发展成主枝，越冬不抗寒，来春无花芽，一般可随时剔除，以免空耗养分。养好犟条是盆栽月季复壮的基础，也只有植株健旺，才能不断萌发犟条。

盆栽月季应怎样过冬

在我国南方一般都能露地越冬，但在北方应采取防寒措施，才能保证植株安全过冬，否则会冻坏枝条，甚至全株冻死。①入冷室冬存，使它休眠，来春发育健壮。入室前，先修剪，然后把盆面整理干净，用澄清的石灰水喷洒，灭虫防病，在盆土冻实前入室。冬存期间禁肥勤水，防止风干，室温0℃左右最安全。太冷时用土封严，早春渐暖，开口通风，防止发生黄芽，影响正常发育。②放暖室冬养，春节前后开花。修剪后放室外冷冻休眠一段时间。11月末入室，先放低温处慢慢解冻，再移到10℃左右的地方等它发芽。然后放室内阳光充足处，每天需要4小时以上的直接光照，温度为

20℃左右。少量浇水，松土，晴天中午可放到室外避风向阳处生长。当新芽放叶发育成枝后，适量浇水施肥，不久即可现蕾开花。

如何使月季四时花香

①充足的光照。月季喜光照充足，不管是露地或是盆栽月季，必须每天保证5小时以上的光照，才能促使月季开花。②及时施肥。月季喜肥，生育期间应每隔10天左右施1次腐熟的稀薄饼肥水；生长旺盛期每周施1次；孕蕾期、开花期加施1~2次速效性磷肥；入秋后增施磷钾肥，少施氮肥。伏天及10月份以后少施肥或不施肥。盆栽月季需年年换盆换土，并施入基肥。每次施肥后及时浇水、松土。③及时修剪。要使月季保持植株生长活力，开出好花，需不断修剪。④适当浇水、及时排水。月季怕涝较耐旱，干旱季节注意适量浇水，雨季排除积水，以保证植株生长良好。另外，及时防治病虫害也是保证开花良好的关键措施之一。

调控月季开花期的诀窍

月季从发育到开花虽不易人为改变，但能借助于修剪的时间、修剪的部位来调整控制开花期。修剪的时间主要根据品种的有效积温和特性，并参照设施栽培的保温能力来推算修剪日期。一般1~2月份整枝后，在3月中、下旬就能开早春花；8月份整枝后，在9月份、10月份可开出秋花；10月份整枝后，翌年元月后可开出冬花。修剪的部位高低对开花早晚也有一定的影响。一般枝条的生理活动功能上部较下部活泼，若在枝条中部以下修剪，一般要比中上部推迟3~5天开花。因此，根据需要，依据有效积温推算开花日期，进行适时修剪，就能调整、控制月季开花期。在枝条中上部修剪，推算时间要扣紧，反之，应酌情放宽。

怎样使盆栽月季交替开花

①选择开花勤、开花时间长的品种。②如系同时开花的品种，

可将一部分任其自然开花；另一部分当形成花蕾时，在露色前就将花蕾全部摘除，同时追施肥料，促使重新形成花蕾，使其开花期推迟并与第一部分花期衔接。③如不是同时开花的品种，要安排在不同时间进行修剪。月季从开花到凋谢修剪后，再到下 1 次开花，一般需 50 天左右的时间。适宜月季生长的气温为 18～25℃，但在不同的温度，不同的光照，不同的品种和环境下，都会影响开花的推迟或提前。只有掌握剪枝后到再开花的大致所需时间，就可随心所欲，要它什么时间开花，就在什么时间进行修剪，以确保月季交替开花。④冬季可以在温室中保温，以促月季交替开花。

怎样让月季冬季开花

月季花期长，具有四季开花的特性。所以影响月季开花的主要因素不是光照，而是温度。只要给予适宜的温度，月季完全可以在一年的任何季节开花。为使月季在冬天开花，必须保持温度在 10℃以上。家庭养月季，可以放在朝南向阳处的阳台或庭院中，搭建简易塑料棚，充分利用阳光，并做好棚西北方向的防风工作，以提高棚内温度。下午或傍晚做好保暖工作，不要让冷空气进入，有条件的还可以通入电热加温，以保持一定的温度。在品种选择上，应选择耐寒性较强、花梗生长较快而易开花的品种，如“黄宜春”、“鸡白红”等。

月季花花朵越开越小怎么办

在 11～12 月份间，将老化的茎秆全部剪去，每株在嫁接口以上保留 3～4 根一至二年生的粗壮茎秆，并在其离地面 20～25 厘米处保留 2～3 个饱满腋芽，以上部分剪除，并在每株月季花下埋施饼肥 150～250 克，这样就可望在第二年开出硕大的花朵。

月季为何只长枝条而不开花

①栽培环境不良。环境通风不好，过于荫蔽，光照不足，影响

花芽分化。②营养不良。土壤贫瘠或盆土长期没换，肥力不足，营养缺乏，尤其是缺乏磷肥，影响花芽分化，因而不能正常开花。③水分不足。水分不足一方面会引起营养不良，另一方面在夏季会引起高温灼伤，叶片萎蔫，影响秋季开花。④未及时修剪。修剪不及时，植株分枝过多，养分分散，也易影响花芽形成。⑤早春遭受冻害。我国长江中下游一带早春常有“倒春寒”，反复几次。春天天气变暖，月季进入腋芽萌动、花芽分化、新梢生长期，一旦遭受晚霜或寒流冻害，花芽生长受阻，就不能孕蕾开花。新梢冻坏和枯萎，影响春花率。

怎样让一株月季开出多色花

采用嫁接方法可让一株月季开出不同颜色的花朵：①接穗切取。选择花型、花期、叶形、叶色、生长势相近的颜色不一的品种为嫁接材料。在腋芽将要萌动时，挑选生长良好的所需品种，在植株上剪取枝条，用嫁接刀在饱满芽眼下 1 厘米处横向斜切一刀，再在芽眼上方 1 厘米处往下斜切一刀至木质部，取下接芽，含在嘴里，使其不失水分。②砧木处理。在砧木上选择半木质化、分布均匀的光滑侧枝，从下而上开两条竖刀，刀间距依据接芽大小而定，长度为 2~3 厘米，齐竖刀上方再横切一刀，剥开两竖刀间树皮，往下剥离，然后割去皮块。③嫁接。把接芽按照芽的方向紧贴切开砧木处，迅速用塑料薄膜带自上而下扎紧，且使芽眼露出。用同样方法，在砧木其他枝条上嫁接所需色泽的月季腋芽。接芽成活后解去绑扎，进行精心养护，便能培育出一株能开多种花色的月季花了。

怎样使月季植株矮壮花大

每年春夏季，月季通常自土际以下发出土生枝（俗称犟条），即未来的主枝，此时应注意养护，不可强修剪。待土生枝生长强健壮实，即可不分季节随时将残老枝条剪去，以新枝代替老枝，调整树

势，使植株更新复壮，生长强壮的土生枝便能孕蕾，开出硕大的花朵。秋后再将当年生的土生枝重剪，来春即可旺发强壮枝条。这样周而复始，不断用新发土生枝更替老枝，才能不断续发强健新枝，从而使月季植株常葆矮壮、花大、花勤。

怎样给盆栽月季科学浇水

月季生长期长，每年开花次数多，每开 1 次花都要耗去大量的养料和水分，所以比其他花卉需要更多的水分。另外，月季盆栽以后，盆土更易干燥，造成缺水萎蔫。从月季生长的生理特点来看，腋芽萌动前需水量较少，要适当控水；腋芽萌动到抽芽发新梢时，需水量日趋增多。当新梢长到 3～5 厘米时，肥和水双管齐下，以促使发枝快。花蕾露色到开花期是整个生育期需水量高峰，花谢后水分又逐渐减少。春、夏、秋三季在萌芽抽条时期，如果天晴可以隔天浇水，夏天高温季节应早晚各浇 1 次水，并增加空气湿度。冬季每隔 5 天浇 1 次水。平时可利用浇水，每周冲洗叶面 1 次，以去除灰尘。由于经常浇水，盆面土容易板结，最好 10 天松 1 次土。

月季施肥应注意些什么

月季花性喜肥，一年发芽、开花数次。只有保证充足的肥水供应，才能保证月季植株健壮，开花丰硕。月季施肥以有机肥为主，如黄豆饼、菜子饼、鱼杂肥，或鸡、鸭、猪、牛粪等和人粪尿均可作为追肥，但必须经发酵、腐熟后方可使用。发酵时间一般夏季 1 个多月，冬季半年左右。当植株有明显的病虫害，吸收能力差时，不要施肥。盆栽月季施肥要勤，生长期 4 月中旬至 5 月初和 8 月中旬以后，在出蕾前 5～7 天施肥 1 次，肥水比为 20%。花谢后，每 5～6 天施 1 次肥，肥浓度 10% 左右。10 月份后，约 10 天施 1 次基肥，进入冬天停止施肥。地栽月季，施肥浓度适当增加，冬季结合松土施入基肥（已腐熟的厩肥或饼肥）。春季发芽后追施液肥，一般每15天追肥1次，开花前后每周追施1次。施肥时注意不要让肥沾到叶与花瓣上，否则容易发黄枯焦。

怎样配制盆栽月季培养土

盆栽月季生长的好坏与其盆土性质有着密切的关系。盆栽月季宜选用团粒结构良好的土壤，它需具有透气、排水性能良好的特点和保水保肥的能力。pH以6.5~7最为适宜，强酸性或强碱性的土壤均不能长出良好的月季来。根据以上特点，配制月季培养土，可选用熟土，经过晒、捣碎、筛，去除石块、杂根，拌入部分砻糠灰，一般熟土和砻糠灰的比例为2:1。由于月季好肥，也可用熟土1份拌入厩肥土和砻糠灰各1份，如无砻糠灰，可用草木灰和少量煤球灰来代替。厩肥土一定要经过堆积腐熟发酵，并晒过后才能使用。花店购买的山泥因酸性强且价格高，一般不宜栽种月季。

盆栽月季春季为何易死亡

造成月季死亡的主要原因是：①秋季过早地搬入室内或放入地下室，月季植株未经自然休眠。到第二年春天受体内机制失调的影响，长势弱，抵挡不住寒潮、大风等自然特殊气候的侵袭。②越冬时，室内或地下室内温度过高，未经出室植株已发芽展叶，出室后新生幼株不能适应早春多变化的天气和温度。故月季越冬时温度宜保持在0~5℃，出室不宜太早。③春天换盆过晚，芽已开始萌动生长，换盆时又不注意护好土坨，导致换盆后新芽枯萎死亡而影响整个植株。所以应在芽萌动前及时换盆。④换盆时根部修剪过重，根的吸收能力不能及时恢复。或换盆后养护不当，1次浇水过多，或急于促长施浓肥，造成根部呼吸不畅，腐烂或被浓肥烧根，都易导致植株死亡。⑤冬季过后，易受湿、温度的影响，春季易发白粉病。若管理不当或不及时处理，也容易造成植株死亡。

盆栽月季应怎样科学修剪

每年需修剪3次:①在月季休眠期间进行重剪,选择春夏季节长出的粗壮花枝,从基部向上保留2~3个芽,其余全部剪去。修剪时一般弱枝强剪,强枝弱剪,留外侧芽,使枝条高度一致,分布均匀,开花整齐。②月季是在新枝上开花的,所以每次开花后必须修剪,促使早生新枝,开第2次花。在花枝基部上面10厘米左右,剪去上部枝条及残花,减少养分的消耗,增强新枝长势。③生长期间,对着生内向的花芽、过密的幼芽应及时摘除,以均花势。非聚花品种,顶端出现多蕾时,只留主蕾1个,其余均摘除。由不定芽萌发的徒长枝和从砧木上萌发的芽,也要及时抹掉,以免消耗养料。

怎样进行月季水插繁殖

月季水插繁殖可以一年四季进行,但春秋季发根率最高。水插繁殖的插条应选当年生的健壮、充实的枝条,每段2~3个芽,长为10~15厘米,去掉下部叶片。插条的下切口应在离下芽2毫米处,剪口平切或呈马蹄形。扦插容器可用玻璃缸或玻璃瓶,容器内盛自来水,深约6厘米,然后用1~2厘米厚的泡沫塑料作为浮体,上面开出小洞,将插穗嵌入,下端伸出3~4厘米,放置室外半阴处,水温最好保持在15~25℃。水要保持清洁,每隔2~4天添水或换水1次。约20天后伤口愈合,1个月后伤口处会逐渐长出须根。待根长至2~3厘米时,可移至盆内种植。

瓶插月季花应怎样保鲜

①浸水。从花店买回的月季如萎软,应先放入水中浸2~3小时,待枝叶吸足水复原后再插入花瓶。②水中剪切。根据瓶插要求剪切时,可将花梗下端放在水中进行,以免空气进入导管,阻隔水分的流通。换水时也应采用此法保养。③换水。瓶插月季宜用

雨水或氯气挥发后的自来水。平时要勤换水，一般在 20℃以下 2~3 天换水 1 次；25℃以上时，每天换水 1 次。④化学保鲜剂。除保鲜剂外，还可使用浓度 0.1％的食盐水、高锰酸钾、硝酸钾以及阿司匹林，都起保鲜作用。⑤热处理。将月季花梗下端所剪的斜面口，放在乙醇灯或蜡烛的火头上略烧焦，然后放在凉水中漂净再插花瓶。⑥室外夜露。将月季插花在晚上移置室外夜露，使月季花朵减少水分的蒸发，并得露水滋润，保持鲜艳。

家庭水插月季应注意些什么

①要选好枝条。枝条不要过嫩或过老，因为嫩枝容易腐烂，老枝导管疏导缓慢，也不易成活。应选择茎皮颜色深尚未完全木质化的枝条。②插瓶前准备。将选好的枝条在芽眼处用利刃斜切，使其形成马蹄形，以利于日后生根。然后再剪去 2/3 的叶片，直接插入瓶中。③正确换水。瓶插月季花枝死亡，主要是换水不当所造成。正确换水方法是：只需换其中 1/3~1/2 水，或将水晒一下，使水温与原瓶内水温度近似，这样有利于枝条生长。

六 月 雪

初夏时节，六月雪以繁密的小白花开满山林田野的偏阴之处，因它开花在初夏六月，再以满树繁花如白雪皑皑而得名。

六月雪为半常绿小灌木，又名“白马骨”、“满天星”。由于它枝多叶茂，树冠如伞，夏季浓荫蔽日，它的

六月雪

白花犹如雪片样的冰凉，所以民间又称“冰凉树”，是一种常见的观花花木。花有单瓣、重瓣两种，重瓣者洁白，花期6~7月份，产于我国东南部和中部各省。地栽可高达1米。它矮干虬枝，树肤苍润，枝叶扶疏，根系发达，生性极强健，对土壤要求不严，容易攀扎造型，故常有盘根错节、老态横生的树桩盆栽出现。野生于溪边、林缘或灌木丛中，为阳性树种，也能耐阴。

【观赏与应用】 六月雪树形纤巧，枝秀节密。绿莹莹的圆叶，星星点点，玲珑清雅，宛如一片浮云。仲夏时节，绿叶丛中素雅脱俗的小花，竞相开放，近看宛如星星在闪烁，故名“满天星”；远眺好似青山顶上错落的云层，散发出阵阵凉意，使人感觉心情气爽。由于其植株矮小、叶细、枝密、干粗、根露，具有很高的观赏价值，是制作树桩盆景的好材料。置于室内四季常青、悬根露爪、攀枝错节、苍古素雅，给人以十分幽雅的自然美和形态美的享受。六月雪适宜于花坛、路边及花篱、庭院边种植。

六月雪全株可入药。性凉、味微苦、辛，有清热利湿、祛风解毒之功。主治感冒，咳嗽，牙痛，急性扁桃体炎，急、慢性肝炎，肠炎，痢疾，小儿疳积，高血压，头痛等。鲜叶捣烂还可治蛇咬伤。

【栽培方法】 六月雪适应性极强，一般用田园土与山土即可。它因怕烈日暴晒，所以在生长时应放在树荫处或蔽阴的地方，否则强光会影响其生长。另外，要少施肥，一般只需在入冬前和开花后施1次腐熟的饼肥水即可，否则肥太足会使叶子大发枝旺，影响观赏。在生长期追施1~2次稀薄肥即可。浇水要掌握“间干间湿，不干不浇”的原则。在雨季要防止盆中积水，若雨水太多，可将盆侧放排水，夏季高温时要不断向叶面喷水，以增加空中湿度，有利于开花。六月雪的萌枝率极强，主干及根部往往会萌发出许多新枝，要及时除去多余的新枝，以免消耗养分，扰乱树形的正常发育。六月雪以每年在5~6月份进行摘去嫩梢、7月份后摘除新发梢为好，这可使得其主要枝条的形态不走样。修剪时注意必须将云平剪平。

六月雪可以从林间山野之地挖取进行上盆。一般可在梅雨时节取株态优美，有大树形的多年生枝，将下切口剪成马蹄形，插入蛭石或砂中，罩膜保温，注意喷水，约 40 天便可生根，此时移栽稍加缚扎修剪即成树桩毛坯。扦插后需遮荫，注意浇水保持苗床湿润，成活率高。六月雪盆景在管理上浇水要适量，盆土不能太湿，否则易烂根。2 ~3 年换盆 1 次，可在春、秋季进行。

六月雪性喜温暖湿润的气候，畏烈日、喜半阴、怕积水、能耐寒、抗性较强。适宜种植于喷水良好、肥沃、湿润、疏松的土壤。室内盆栽时，要注意保持盆土湿润，放置在 10 度以上、有阳光的地方，否则枝条生长细弱、叶片黄绿、种植下部叶片脱落。因枝叶茂密，生长期间要注意整形，一般整成单干型。

【繁殖方法】 六月雪可用扦插、分株、压条法繁殖。硬枝条扦插以春季 4 月份进行，嫩枝扦插在 6 月份梅雨季节进行。扦插时要遮荫，以沙床扦插成活率高。大树型多年生枝也可扦插，把切口剪成呈马蹄形，插入蛭石或沙中。用塑料膜罩住，多喷水，1 个多月便可生根。

【点　评】 六月雪是制作盆景或地栽观赏的灌木，开花密集，成活率高，观赏价值也很高，尤其制成树桩小盆景或桩景十分典雅古朴，适宜与红枫置于案头上交相辉映。

专家疑难问题解答

六月雪为何会烂根枯死

有两个原因：一是天热时，因六月雪土质一般易干燥，盛夏浇水不足就会枯干萎蔫。要注意盛夏多浇水。另外，冬天不宜浇水太多，因冬天休眠，如水分太多太冷即会受冻烂萎，所以冬天要少浇水。二是施肥宜薄肥，少施浓肥。六月雪要造型好，需多加修剪整枝。

火　棘

火棘树干挺拔，枝条扶疏，密叶萋萋，花朵娟秀，玉洁素雅。入秋果实红艳，光灿夺目，与翠叶相映成趣，是我国古典园林中常见的观绿观果植物。

火棘又叫火把果、救兵粮，为蔷薇科火棘属常绿灌木，花朵白色，果实橘红色或深红色，扁圆形，直径约 0.6 厘米。花期 5～7 月份。火棘为温带树种，我国云南、四川、江西、湖北等省野生火棘漫山遍野。它曾由我国引种去法国、日本等欧亚各国。

【观赏价值】 春夏之间，火棘枝头密聚小花，洁白一片。花后结果，果实扁球形，初时青绿色，秋后成熟，满树橙红至火红色。果实红艳欲滴，经久不凋。作室内陈设，翠叶红果，赛似满枝珊瑚，灿烂夺目，饶有情趣。它以刚健的株丛，枝翠顶红，给大自然添彩。火棘常在园中作绿篱，在假山旁、水池边作衬绿，更能显示它翠绿的身姿。火棘作绿篱，与其他绿树，如白花夹竹桃、落叶木质藤本凌霄等群植，攀缘于篱墙，则白花鲜丽，紫葳红艳，如火如荼，相映成趣。盆栽火棘，可选择树桩造景，通过修剪选型，可做成既可观叶又可观果的树桩盆景，颇有野趣。

【栽培技术】 火棘喜阳光充足、温暖湿润的气候，也稍耐阴，不择土壤。在南方可以露地种植，北方作盆栽和观果盆景。火棘管理粗放，对肥水要求不严，只需在初春开花前，追施氮、磷肥 1～2 次即可。盛夏天晴，盆土干了就浇水，因盆土过干极易导致叶黄而脱落。不论地植或盆栽，平时都要注意修剪，剪去徒长枝等破坏树形的枝条，以保持树形美观及多着花朵。

【繁殖方法】 火棘以扦插和播种法繁殖，移栽必须带土。

(1) 扦插:用新梢木质化后的枝条于初春扦插,成活较快。

(2) 播种:秋播或春播均可,方法与一般花木同。育苗需精心管理,保持土壤湿润、通风透气,在生长期间要施用稀释 10 倍的腐熟人畜粪,并勤浇水。

【点　评】 火棘在成长为树后,很容易抽生出强生长枝,需要疏剪和短截。

专家疑难问题解答

怎样使火棘红果满枝

火棘喜温暖向阳、气候湿润的环境。对土壤选择性不强,在土层深厚、肥沃的土壤中更能茁壮成长。移栽宜在春季进行,由于根系分枝少,植株需带土球,枝梢需要重剪。栽前需在定植穴内施足基肥,栽后应浇足水,以后待天气干旱时再予浇水。植株萌芽力强,耐修剪,每年冬季需进行 1 次短截,修剪控制树形。盆栽需保持盆土湿润,并应经常剪去徒长枝、过密枝,保持树形优美。花前需增施 1~2 次磷钾肥,能使花繁艳丽、红果满枝。

怎样使火棘果多色艳

①光照。露地种植,应选择阳光充足、排水性好、土层厚的地方;盆栽应将盆放在阳光充足之处。②修剪。每年春季应进行强修剪,以促进多发侧枝、矮化株形。③肥水。生长期每月施 1 次液态有机肥。盆土保持湿润,但不能积水。开花前施 1~2 次磷、钾肥。④越冬。北方应在 10 月上旬入室,放在朝南向阳的房间。⑤移栽。移栽的最佳时间在早春。

怎样使火棘多开花

养护技术要点:①火棘花芽的分化在上一年 10~11 月份生

长的短枝(坐果枝)上,因而在每年1次的秋季修剪时,应保留当年生长的短枝,剪除营养枝。②火棘喜光照充足,生长期由春至深秋,因而它的放置地点应尽力达到直射光照条件,这样才能使其多吸收光线、多萌芽、多开花。③火棘生长期长,在春至深秋的生长过程中都需要大量的肥料作生长后盾,才能正常开花结果,特别是在花期更应施磷、钾类腐熟肥。在挂果期以施钾肥为主,以起保果作用。盆内水分以偏干为主,忌潮涝,过湿烂根。不应使用速效化肥。④盆栽火棘宜每年深秋换盆1次,剪除盆边的老根,施足底肥(宜用菜饼粉),按常规法换盆。这样来年必会花繁果红。⑤在火棘开花期,应避雨水落在花上,否则易把花粉冲去不能授粉。在花期应将火棘盆景放置于室外,这样通过蜜蜂、蝴蝶的采蜜能给雄蕊、雌蕊进行自然授粉。如条件有限,宜采用人工授粉。

火棘盆景养护有哪些要点

①光照。火棘盆景喜光,正常生长期间应放置在露天或未封闭阳台光照处,光照时间越长越好。②施肥。火棘盆景对肥料的适应性强,一般使用芝麻、菜子饼肥、鸡粪肥和农用氮磷钾多元素复合肥为好。施肥时需注意:有机肥一定要浸泡腐熟,按50倍比例稀释浇入。复合肥要严格限制用量,按盆土的0.1%均匀撒在盆土表面,通过浇水,慢慢稀释到根部吸收。3~5月份是需肥量最多的时期,每隔10天需施肥1次;6~8月份高温期,15天施1次有机肥;9~11月份每10天施1次肥。③浇水。火棘盆景需水量大,盆土要见干见湿,生长期一般每天需浇1次透水;春秋季节2~3天浇1次水。总之,不干不浇,浇必浇足。④换盆。火棘盆景年年开花结果,消耗盆土养分特别快,需要勤换盆土,可根据用盆的深浅、大小,每隔1~2年换1次土,保持盆土有充分的营养,才能年年挂果。

天　门　冬

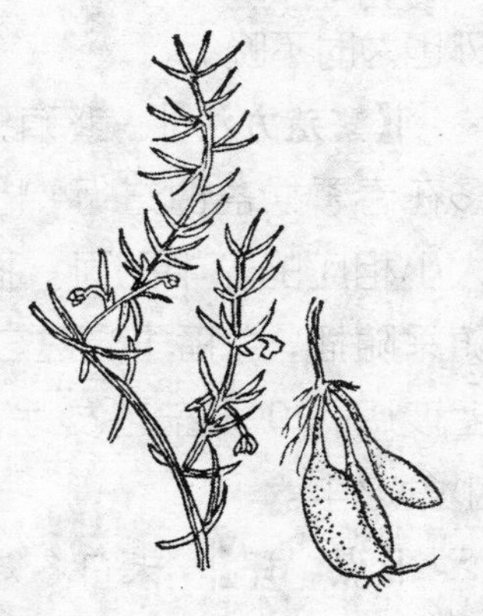

天门冬

在夏季，有一种开花为淡红色或白色的草本植物，它浆果为鲜红色，状如珊瑚珠，十分鲜艳，红的果与绿的叶相衬甚是美丽，它就是在立体绿化中极有名的天门冬。

天门冬也叫武竹、天冬草，通俗的名字为“悦景山草”。它属百合科多年生常绿草本植物。它根为块状根，呈肉质纺锤状，白色，呈半透明状，茎丛生，基部常木质化，分枝多为稠密。花小，白色，略带香味。果红色，光亮，经久不落。它的栽培变种有狐尾武竹，分枝多，叶状枝密集排列呈圆筒形，如狐尾，极为雅致。天门冬原产于非洲南部。

【观赏与应用】 天门冬为常见的观叶花卉，养管方便，生长旺盛，室内可悬吊于窗台、客厅、会场上，也可作切花的陪衬材料。

【栽培方法】 天门冬喜欢温暖、湿润的气候，适生于疏松、肥沃、排水良好的砂质土壤中，喜欢较充足的阳光，不需要大肥大水，11 月初就应该移入室内，室温保持在 10～15℃为宜。

天门冬春季出室以后，需放在阳光充足处，每隔 2～3 天浇 1 次足水。如遇空气干燥，需每天向盆栽天门冬和周围喷水，以满足它的水分和空气潮湿的需要。入夏后，需遮荫，每天浇 1 次水，在高温炎热时，更需经常向叶面、枝条及周边喷雾，以制造较高的空气湿度来防暑降温。天门冬因肉质根，怕水涝易烂根。平时浇水

不宜多，雨季要少淋雨，在 5~8 月份的旺盛期，需每隔半个月施肥 1 次，以施腐熟的豆饼水为主。若能每月追施 1 次尿素等无机肥，则长势会更盛。每盆用量为 1~2 克，不可过多施。天门冬原属非洲热带植物，爱暖畏寒，所以到了 10 月中、下旬，若气温降到 6℃ 左右时，就应移入室内养护，避免冻害。开春时，若气温尚低，不可急于移出室外，可待到 4 月中旬，气温达到 10℃左右时再移出室外也为时不晚。

【繁殖方法】 繁殖天门冬可用分株或播种。分株繁殖大多在春季换盆时进行，将母株分成数小丛带根的植株，种植于大小相应的盆中即可。播种一般在 3~4 月份，待种子成熟后，随采随播，点播于浅盆之中，株、行距约 1 厘米，覆以薄土，盖上玻璃，20 天左右发芽，待苗长高至 5~8 厘米时，可栽植于小盆之中。

【点　评】 天门冬是一种作为“青头”点缀种植的多年生草本植物，其叶子茂密，也可悬吊在室内外荫蔽之处种植，分枝多，且开小白花，结红果，是一种观叶、观果草本花卉。现在也是净化空气的观叶植物之一，以茂密的叶子来吸收电辐射及有害有毒气体，是健康植物之一，值得推广。

专家疑难问题解答

天门冬叶子为何会发黄，甚至会烂掉

主要是水太多，浇水过度使肉、茎、根腐烂所致。种植天门冬要掌握浇水不能太多，不能过多晒太阳，还需保暖；冬季需移入室内保温，有时还要施些硫酸亚铁与磷钾肥，这样才能使天门冬花多、叶绿、果多。

玉 簪

"临风玉一簪,含情待何人?含情不自展,未展情更真。"诗中所描述的就是花蕾形似古代妇女插在发髻上之头簪,所以得名玉簪。相传,王母娘娘有1次在天宫大宴群仙,仙女飞琼醉乘紫云环绕的天车,头上戴的玉簪落到人间,化为地下美丽的簪形白花,人称白玉簪。一般在夏秋季8~9月份开出,白色或紫色的厚实花朵,秋季抽茎、一葶数蕾,初开蕊黄,盛开花白,香气幽雅,一花始谢,另花继开,暮开朝闭,昼夜不绝。花期7~9月份,果熟期9~10月份。花开白色至淡紫色,玉簪有重瓣变种。同属观花,观叶的有紫萼,还有狭叶玉簪,又名日本紫萼等。另外,还有不少好看的品种,但以花开白色的观赏价值较高,所以白色为代表介绍。种植也多见开白色的玉簪花。

玉 簪

玉簪为百合科玉簪属多年生宿根草本植物,又名白萼花、白鹤仙、小芭蕉、金销草、化骨莲,原产于我国和日本。现世界各地都有栽培,玉簪花后能结出长约4厘米的圆柱形蒴果。玉簪在2 000年前的汉代就有栽培,据《广群芳谱》载:"汉武帝宠妃李夫人,取玉簪搔头,后宫人皆效之,玉簪花之名取此。"这证明我国栽培玉簪历史十分悠久。

【观赏价值与应用】 玉簪花叶皆美,多植于林缘或庭院,为中国古典庭院中的重要花卉之一。它配植于山石之中,十分雅致;也可盆栽观赏,用于布置厅堂、居室,清新雅致。同时,玉簪还是重要的切花材料。剪取其初开的花茎配以碧玉般的新叶作切花配置，可装饰成洁白、素雅的瓶花，清香宜人，有雅静舒适之感。

玉簪的花、根、叶均可药用，一年四季均可采集，夏季采花，秋后采根。其花味甘清凉，有小毒，主治咽喉肿痛、小便短少。

玉簪的鲜花含有芳香油，可用于提取芳香浸膏，供调和香水及香精用。玉簪的幼茎可食，4～6月份间采摘幼嫩茎叶，沸水焯烫后，换清水浸泡，炒食、生食、做汤均可。

【栽培技术】 玉簪性强健，耐寒冷，特别喜欢阴湿的环境，对土壤要求不严，在生长期间要经常保持土壤湿润。春季或5～6月份追肥1～2次，要随时将基部的黄叶摘除，以保持干青叶绿。夏季切忌阳光直射，否则叶片会发黄，出现焦斑。莳养玉簪时，不要浇水过多、过勤。如排水不畅，会导致根系缺氧而烂根。

【繁殖方法】 玉簪常用播种方法繁殖。秋天果实成熟后晒干储藏，翌春3～4月份播于浅盆中。实生苗需培育2～3年才可开花。

【病虫害防治】 玉簪主要会受蛞蝓等病虫害危害。预防治疗方法，请参阅书后《家庭养花病虫害防治一览表》。

【点　评】 玉簪叶子冬季会枯萎，但地下茎能安全越冬，可以分株，种在地下或盆中。种植时发现叶子焦黄，大多是光照过度或浇水施肥过足或过少引起。

专家疑难问题解答

玉簪栽培有哪些要领

①定植季节。春天在展叶2～3片，即可以进行定植，可按2～3芽为1丛；秋天可在叶片枯萎以后定植。盆土可用泥炭和田园土等份混合。②盆土。玉簪在生长期，尤其在盛夏期间，盆土应保持湿润，并经常向叶片喷雾水，但需严防盆内积水，以免肉质根烂根。深秋尤应严格控制水分，冬季盆土稍带湿润即可，并放在向阳

处。③防止烈日暴晒。夏末可将玉簪放在北房间，11 月份以后应将玉簪放朝南向阳处。④病虫害防治。主要虫害是斜纹野蛾，可在清晨人工捕捉（均在叶片上）。

种植玉簪需注意些什么

①种植地选择。因玉簪喜阴，宜种植在树林下、建筑物北侧，或不受阳光直射的荫蔽处，切忌种植在向阳处。②水分。玉簪喜湿润，不耐干旱，生长期间要注意浇水，但又不能过量而积水。③肥料。在发芽期要追施以氮肥为主的肥料；在孕蕾期需施以磷肥为主的液肥。④病虫害防治。夏季应防止蜗牛及蛞蝓的危害，应注意及时喷施相关的药剂。

怎样使玉簪生长茂盛，叶绿花艳丽

玉簪如在强光直射下，或过量施肥或浇水过多，都会造成植株早衰、叶黄而失去观赏价值。因此，不论露地栽种还是盆栽，以选适生的环境为先决条件，忌强光、浓肥、大水；肥水管理要勤，掌握薄肥水勤施的原则，浇水要看墒情，只要保持土壤湿润即可。盆栽的玉簪，在高温夏季应放置在遮荫棚下或北阳台，如空气湿度低、温度高，还需向叶面喷水降温和提高小环境的湿度。

怎样预防玉簪叶片枯黄

预防措施：①栽培环境。玉簪宜种植在无阳光直射的荫蔽高燥环境。盆栽的在夏季要放于遮荫度为 80％以上的地方。不然叶片因受强光直射，而使叶片变薄，叶色由绿变成黄白色，甚至叶片发黄，叶缘枯焦。②栽培基质。露地种植时应选用土层深厚、排水良好的砂质壤土，或掺加培养土为好；盆栽的宜选用疏松、肥沃的培养土。种植基质排水不良，会引起积水而造成根系腐烂，叶片发黄。③适量浇水施肥。玉簪生长期间浇水不宜过量，以保持土壤湿润即可。夏天气温高，浇水要及时，空气干燥时还需对叶片进

行喷水，以免叶尖、叶缘出现干焦现象。每次施肥后需喷洒 1 次清水，防止液肥沾在枝叶上。

石 竹

石 竹

在鲜花盛开季节，石竹以茎枝纤细、花朵婀娜多姿、绚丽斑斓而令人刮目相看。

石竹又名绣竹、洛阳花、竹节花、草石竹、五彩石竹、散头石竹。为石竹科石竹属多年生草本花卉。花有红、粉红、白色、紫红和杂色，有香气。花期为 4～5 月份，果实成熟为 6 月份，全国大部分地区都有栽培。

石竹同属种有 300 多种。常见的栽培品种有：①须苞石竹，又名美国石竹、五彩石竹、十洋锦，花瓣红色，有白色斑点，也有暗红、淡红、紫色和白色花瓣，还有重瓣品种。原产欧洲、亚洲，美国栽培甚盛。因由美国传入我国，故又称美国石竹。②麝香石竹，即香石竹，别名康乃馨，花瓣颜色鲜艳而特殊，有白色、肉红、水红、大红、黄色、紫色、杂色，或近乎黑色，是很有价值的重要切花。③繁花石竹，花呈蓝绿色，花型多种多样，单瓣或重瓣，因其艳丽如锦，丰富多彩而最受人们欢迎。其他还有羽瓣石竹、少女石竹等。

石竹是我国著名的观赏花卉之一，栽培历史悠久，古代诗人对其多有赞赏。唐代两位大诗人李白和杜甫均留有吟咏石竹的佳句传世。诗仙说“石竹绣罗衣”，诗圣则云“麝香眠石竹”。可见早在 1 200 年前的唐代，石竹即广为栽培，供人观赏了。石竹广泛分布于我国东北、华北、西北和长江流域各省。

【观赏价值与应用】 石竹在我国各地的庭院、花园、花坛、花盆中随处可见，是一种普遍栽培的草花。它姿容姣美，多花善开，深受人们喜爱。尤其它花色鲜艳，花姿美丽，历代文人对此赞叹不已。在海外，美国人誉石竹花为“母爱花”，以花常开不败象征母亲的高尚品德。在每年5月第二个星期天的母亲节，人们的胸前都佩戴一朵心爱的石竹花，寄托对母亲的孝敬之心。

石竹常生于僻静幽谷，且暮春时才开花，一般不为人们所重视。石竹花期长，色彩艳丽，常用作古代女子绣衣上的图案。石竹花是公园、花坛、花境、花厢中很好的衬景。盆栽石竹，萋萋枝丛，有极美的装饰效果。

【栽培技术】 石竹能耐寒，也能耐干旱，性喜阳光充足、通风、凉爽的环境。石竹也怕热，忌水涝，要求排水良好腐殖质丰富、保肥力强的土壤。土壤的pH在6~6.5之间，不能长期连作，除施足基肥外，还要勤施追肥。通常每周要追施1次稀薄的豆饼、骨粉肥，也需加一些石灰和草木灰，才能使茎粗壮。田间种植要排灌自如，防止烂根。生长期间，以20~30天追肥1次，并适当摘心，促其分枝，使开花繁茂。夏季注意排水，9月份以后加强肥水管理，这样在10月份初可以再次开花。

石竹的植株较为软弱，定植后的幼苗要用尼龙绳拉成网格。如果株距为20厘米，每格也为20厘米，使每株幼苗固定在一个网格之内，以防倒伏，影响开花。

盆栽石竹要施足豆饼肥，每盆可种3株，当苗长至15厘米时，宜剪去顶芽，再剪去后长出的腋芽，使养分集中供给，开花时花会很大。

【繁殖方法】 主要以播种和扦插法进行繁殖。

（1）扦插：在10月份至翌年春季3月进行。剪取老熟枝条8厘米左右作接穗，插于砂床或苗床。插后遮光灌溉，经20天左右长根后再定植。寒冷地区要在温室才能扦插。

（2）播种：播种于9月下旬至10月份进行。以无菌土为基

质，然后将种子播在盆内，放在温暖处，约 10 天便可出苗。出苗后见阳光，通风，不能多浇水，防止徒长。当苗长至 3～4 厘米时，可进行移植。

【病虫害防治】 石竹主要会受立枯病、褐星病、红蜘蛛、蚜虫等病虫害危害。预防治疗方法，请参阅书后《家庭养花病虫害防治一览表》。

【点　评】 种石竹要注意选用排水良好、腐殖质丰富、保肥性强、微酸性的好土，不能用重黏土及排水不良的土壤，粗砂土也不能使用，以免引起根部腐烂。

石　楠

在绚丽多彩的秋季，石楠别具一格，红色果实加上绿色的秋叶，十分美丽。

石楠也称千年红、扇骨木，是蔷薇科石楠属常绿灌木或小乔木。高可达 4～6 米，叶片革质，复伞房花序顶生，花朵直径达 0.6～0.8 厘米，花色白色。果实为球形，呈红色。5～7 月份开花，10 月份果实成熟。它原产于江苏、浙江、江西、湖北、四川、云南等省，生于海拔 1 000～2 500 米的杂木林中，一般丘陵及平原地区均有分布。我国现有石楠 40 多种，南京地区曾将野生石楠引种栽培，生长均良好，耐寒力十分强，果实从 11 月上旬到 11 月中旬一直保持鲜艳颜色。

【观赏价值】 石楠树冠圆整，春季嫩叶刚萌发时鲜红夺目，十分耀眼，颇为美观。常种植于庭院、路旁、街头交叉点。树冠还可修剪造型，木材可制车轮及器具柄，种子可榨油做肥皂，根可提栲胶，果也可作酿酒的原料。干叶可药用，有利尿、解热、镇痛的作用。

石楠对有害气体有中等或较强的抗性，在大气污染严重地区也可以栽种。石楠也可作果树的砧木，如嫁接枇杷，它是理想的母本砧木。

【栽培技术】 石楠喜温暖、湿润及阳光充足，由于生长缓慢及本身树姿端整，一般不再作修剪。石楠种植粗放，可种在湿润肥沃的砂质土壤中。

【繁殖方法】 石楠繁殖可采用播种、扦插方法。

（1）播种：石楠种子细小，每千克净种子达 16 万粒。播种土地应精耕细作，一般可在春天 3~4 月份撒播或条播，覆土深度 1 厘米。播种后，苗床最好覆盖稻草等物，既可保护种子免受雨水冲击流失，同时可以保持苗床土壤湿度，以促进种子发芽。发芽后即去掉覆盖物。

（2）扦插：在 6 月份梅雨季节进行。取 15~20 厘米当年生枝条，扦插在肥沃、疏松的土中即可成活，插枝上宜留 2 片叶子。

【病虫害防治】 石楠主要会受刺蛾、大蓑蛾（皮虫）等病虫害危害。预防治疗方法，请参阅书后《家庭养花病虫害防治一览表》。

【点　评】 *石楠的移植应在春季 3~4 月份进行，石楠冬天越冬需保持 15℃以上温度。温度过低会使其受伤，要进行防冻管理。*

石　蒜

石蒜以花朵色彩鲜艳而柔和，花形优美奇特而多变成为地被植物中的一朵奇葩。它原产我国，分布于长江流域及西南各省区阴湿山坡草丛或岩石缝中。

石蒜是石蒜科石蒜属多年生草本植物，石蒜也叫龙爪花、东方蜘蛛百合、蟑螂花、平地一声雷，主要栽培品种有夏水仙、忽地笑、

长筒石蒜，多生于山野阴湿处丛林下或河岸边。花期9~10月份，花有纯白、乳白、浅丁香紫、深红、玫瑰红、麦秆黄、深黄、橙黄、橙红等色。果期10~11月份，果实为蒴果。石蒜先花后叶，花谢后，10月上旬叶自地下鳞茎抽生，形似细带。光端纯圆，色深绿，经冬不凋，葱绿可爱。

【观赏价值与应用】 石蒜花色艳丽，形态雅致，极适宜做庭院地被布置，也可成丛栽植，配饰于花境、草坪为围。因其叶片稀疏，尤其花开之时无叶，为避免地面裸露，应与垂盆草及其他夏季枝叶繁茂、耐阴的草本花卉配植。石蒜在国外被人称作"魔术花"，是因为其开花时无叶陪伴，花葶突然从地面冒出，尤其一片片、一丛丛地放花，花朵异常美丽，所以也称为"平地一声雷"。石蒜盆栽也十分别致。尤其它冬季绿叶葱翠，不畏霜寒，夏秋红花怒放，十分艳丽，布置在草地边或绿疏林下，点缀于岩石缝间或配置于多年生混合花境中，均可构成秋天佳景。石蒜鳞茎含多种生物碱，有毒，但可入药，有催吐作用。

【栽培技术】 石蒜喜欢半阴、潮湿及深厚的土壤。栽培石蒜一般不需施肥，在一般园土中也能生长。若土壤贫瘠可在穴内加些肥土，若土壤排水不畅，可适当加进黄沙，以利排水。在生长地栽的，在春季抽生花茎之前，如天气干旱，需充分浇水，以利花茎出土。盆栽的，冬季盆土保持湿润，5月份叶枯，即进入休眠期，应少浇水，以免鳞茎腐烂。花茎初抽出时可略施水，促使花大。在种植石蒜时可以将发酵透的豆饼、麻酱渣作基肥，掺入土中，用量为5%左右；这样可使不需肥多的石蒜在生长时期，可不再另外施肥了。

石蒜有夏季休眠习性。8月份叶前抽生花茎，9月份开花，国庆节前凋萎。夏季天气多阴雨天及气温较低时，会提前在8月下旬开花。9月下旬花茎凋谢前，叶子萌发并迅速生长。

【繁殖方法】 石蒜繁殖可用鳞茎分株，在春秋两季进行。一般4~5年便可掘起，分栽1次。

【点　评】 石蒜有毒，食其鳞茎后会引起恶心、呕吐、头晕、水泻(泻出物混杂有白色腥臭黏液)、舌硬直、心动过缓、手足冰冷、烦躁、血压下降等中毒症状,所以以外用为主,不能内服。

专家疑难问题解答

石蒜应怎样进行家庭盆栽

石蒜性喜阴湿凉爽环境,较耐寒,要求土质疏松、肥沃及排水良好的砂质壤土。盆栽时,培养土用腐叶土2份、园土2份、河沙1份混合配制而成,同时加入少量的骨粉作基肥。夏季休眠期浇水要少,以保持盆土稍干,春秋季需经常保持盆土湿润。生长季节每半月追施1次稀薄饼肥水。花后及时剪去残花梗,减少养分的流失。石蒜喜半阴,在夏季避免阳光直射,春秋季置半阴处养护。华北地区冬季入冷室越冬,越冬期间严格控制浇水,停止施肥。繁殖以分球为主,每隔3~4年分球1次,春秋两季均可进行。

石　榴

仲夏时节,石榴花以“风翻火艳欲烧天”之美色彩把万绿成阴的夏日点缀得灿红似火。它是人类引种栽培最早的果树和花木之一。在公元前2世纪传入中国,距今已有2 000多年的历史。据西晋张华《博物志》载:汉代张骞出使西域得其种以归,故名安石榴。石榴移居中华,千百年来为大众喜爱,南北各地普遍栽培,现已

石　榴

有60多个品种，分观赏、食用、巨型、微型若干品类。

石榴为石榴科石榴属落叶小乔木或灌木。石榴又名安石榴，又称若榴、澳丹、丹若，在热带为常绿树。栽培品种有果石榴和花石榴。果石榴植株高大，着花较少，每年只开1次，花期也短，但结果率较高。花石榴植株较小，着花多，一年可开几次花，花期长，果小而少。花石榴多数为复瓣花，一般不结实，以花取胜。如重台石榴，中心花瓣密集，隆突异起，层叠如台，花形硕大，蕊珠如火，最惹人喜爱。白色的如千瓣白，重瓣白色大花，花期特长，5~7月份均可开花。有一种细叶柔条的火石榴，灌木盆栽，高不过50~60厘米，花赤似火，十分鲜艳。四季开花的月季石榴，花季主要在夏、秋两季。有一种"并蒂莲"，枝梢生花两朵并蒂而开，引人入胜。玛瑙石榴，花重瓣，底色红，嵌黄白色条斑。果石榴有甜、酸、苦3味。酸苦的石榴一般作药材。食用石榴优良品种很多，其中以陕西临潼石榴为国内外市场上畅销的时鲜果品。它以果大、皮薄、肉厚、汁多、味甜醇而著称。石榴在我国以新疆叶城的最有名，另外安徽怀远的水晶石榴和南京的大石榴均为好品种。

【观赏价值与应用】 石榴为花果并赏的花木，其花自夏初至深秋连绵不断，火红耀眼，构成一片如火如荼的夏景。宋人王安石赞道："万绿丛中红一点，动人春色不须多。"石榴被誉为农历五月"花中盟主"。

石榴多子，我国世俗多以其作礼品，祝子孙发达。石榴花给人们以热情奔放之感，果被誉为"繁荣、昌盛、和睦、团结、吉庆"的佳兆。西班牙和比利时把石榴花定为国花，均寓有吉祥富贵之意。

石榴花浓红娇艳，浓得如鲛泪欲滴，艳得如朝曦映露，色相非凡，自成一格。石榴的树干苍劲古朴，枝虬叶细，花果可赏悦，根又多盘曲，为庭园的观赏花木，是制作盆景的好材料。我国唐代诗人白居易有《石榴树》诗句："春芽细粒千灯焰，夏蕊浓焚百和香。"清代康熙咏盆景石榴花的诗云："小树枝头一点红，嫣然六月杂荷风。攒青叶里珊瑚朵，疑是移银金碧丛。"这些是对小品盆玩石榴的赞辞。

石榴对二氧化硫、氯气的抗性较强，每千克干叶可净化6.33克二氧化硫，且叶片不受损害。石榴浑身是宝，果实、根皮、果皮均有抗菌、抗病毒作用，尤对金黄色葡萄球菌、铜绿假单胞菌、变形杆菌及多种致病性真菌有抑制作用。

过多服用石榴根皮，容易中毒，可引起头痛、眩晕、呕吐、腹痛、腹泻、失眠、惊厥等症，急救可用生绿豆水兑食用醋口服。

【栽培技术】 石榴喜阳光充足的温暖气候，但有一定的耐寒能力。喜肥沃湿润而排水良好的灰质土壤，耐旱，耐瘠薄，生长速度中等，寿命较长，可达200年以上。

石榴宜种在石灰质土壤中，一般冬季施1次重肥。观赏品种在5~10月份，每周可施1次含磷丰富的肥料。开花期间不宜施氮肥，并注意不让雨淋，不然会落蕾落花。另外，石榴不耐寒，故盆栽换盆应在春季萌芽时进行。石榴极耐修剪，可在发芽前进行修剪，以保持树形美观。在换盆时还应剪去枯枝、病枝、杂乱枝。石榴播种只用于果石榴。可取出种子，经选净、阴干后用沙层埋至翌年谷雨前后播种。地栽石榴要挑选阳光好、排水畅通的砂质壤土，土壤要肥沃，在栽培前要施足基肥，并在种植中不断除去根蘖，使株形为半圆形。在秋末结果时多施肥，使果大色艳。要使石榴多开花结果的技术要点为：

（1）让它多晒阳光。光照好对它生长健壮起很重要作用，即使在烈日下也可直晒，而且越晒花会越多，果会越大，花果色会更鲜艳。

（2）栽培石榴的土壤要保持湿润，但不能积水成涝，太涝会使花果掉落。若土太干，花果会干瘪。

（3）要给石榴充足的养分，特别在生长旺季，每月需追施磷钾肥。在花蕾孕蕾时，可多施磷肥。

（4）要适当修剪，尤在春、夏生长旺季要多修剪；特别剪去病虫枝、徒长细弱枝，以利多开花。

（5）要使果实多，必须进入人工授粉。可用毛笔在花朵上互

相涂沫，以使授粉，效果显著。

【繁殖方法】 石榴多以扦插、分株、嫁接法繁殖，也可直接播种。

（1）扦插：冬春取硬枝，夏秋可取嫩枝。硬枝剪取二年生枝条约30厘米，经埋藏砂中1个月产生愈伤组织后，插入土中10～15厘米，保持湿润7天左右便可生根。

（2）分株法：4月份可取根部萌发的蘖枝，连根分株，挖取后定植。

（3）嫁接法：用切接方法。以3～4年石榴做砧木接穗，基部10～15厘米处。

（4）播种法：最为简单的一种繁殖法。从果石榴中取出健康的种子，清洗后晾干，用砂埋，至翌年谷雨前后种植。约需精心培育6年以上，才能形成美丽的形态。

【病虫害防治】 石榴主要会受根腐病、煤烟病、大蓑蛾、蚜虫、红蜘蛛、天牛等病虫害危害。预防治疗方法，请参阅书后《家庭养花病虫害防治一览表》。

【点　评】 盆土太干，或太湿，都会导致石榴花苞和果实脱落，所以要保持盆土湿润。在结果后要减少水分并停止施肥，这样才能使花多果多。

专家疑难问题解答

怎样挑选甜石榴品种

挑选诀窍：①在冬春休眠落叶期，认真仔细观察石榴的枝条，如枝条脆嫩一折即断者，多为甜石榴；枝条绵软，弯折不断者多为酸石榴。②生长期观察叶片形状，叶面宽而短者为甜石榴，窄而长者为酸石榴。③结果期观察果实形状。若果形端正，果皮光亮而果嘴外张的多为酸石榴；而果形不规整，果皮粗糙和果嘴闭合的多为甜石榴。

栽培石榴为何只开花不结果

栽培石榴不结果，主要原因：①栽培管理措施不当。供肥失调，氮肥过量，磷钾肥不足；浇水过多，土壤过湿或积水；修剪过量，损伤了过多的结果花枝；遮荫严重，光照不足。以上这些都是造成石榴只开花不结果的因素。②品种选择不当。把只能观赏的花石榴当作果石榴来栽培。石榴的品种很多，有的种类雌雄蕊变成了花瓣，形成瓣数极多的重瓣花，有的只能结出直径仅2～3 厘米的小果实。

石榴有花蕾不开花怎么办

石榴性喜阳光，好肥。石榴有了花蕾而不能开放，除了盆土过干或过湿造成花蕾干瘪枯萎之外，主要是肥料不足之故。因此，当石榴见有花蕾后，必须及时追肥，每月施 1～2 次。另外，如果将已有花蕾的盆栽石榴长久放在室内，因缺乏阳光和空气，它的花蕾也会枯萎而开不出花来。

怎样使盆栽大果石榴花多果大

关键栽培技术：①每年开春，在树木即将萌新芽时，需进行翻盆换土，并施足基肥，用中深盆种植。②放置在通风良好、光照充足的地方养护。阳光充足是果大的关键因素。③适时修剪，保持树冠树形，促使花多果大。修剪可分3 个阶段进行：a. 春季萌芽前剪枝。根据需要选留挂果枝，其他枝条可根据树形重剪。b. 挂果期剪枝。结果枝开花结果后，应控制其他枝条的生长，使养分集中供应挂果枝，以促进果实生长。c. 果后剪枝。9 月中旬，果实成熟，应将果实全部摘掉，再按造型设计进行修剪，摘心、打顶，除去全部老叶，为来年开花结果蓄足养分。④疏花限果。疏掉雄性不结果花、花托小的花；保留雌性结果花、花托大的花。每株树一般少的保留 2～3 个果实，多则留6～8 个果实。这样才能果大美观，生长良好。⑤

加强肥水管理和及时防治病虫害，以确保石榴树茁壮生长。

盆栽石榴为何落花、落蕾不结果

①光照不足。生长季节需有充足的光照才能生长健壮。②浇水不当。要浇则要浇足、浇透。浇水过频，盆土过湿，影响开花、结果。③施肥欠妥。平时少施氮肥多施磷肥，15 天施 1 次经腐熟的液肥；开花前喷施 0.1%~0.2%磷酸二氢钾 1~2 次；果实形成后需追施混合液肥。④忌积水。若花被雨淋，易造成烂花；盆土浸泡过久，易落花、落蕾。⑤修剪。植株需及时进行修剪，抹去顶芽，既可抑制植株徒长，又可促生新侧枝。

怎样提高石榴的坐果率

①光照。石榴属阳性植物，喜阳光充足。②施肥。应严格控制氮肥的用量，适当增加磷、钾肥用量。③浇水。石榴耐旱不耐涝，叶片一出现萎蔫时，1 次浇透水，这对开花、坐果十分有益。④修剪。早春将枯枝、纤细枝全部剪去；对茂密的植株进行合理必要的修剪。2~3 年生的植株，留果 5~6 个为好；5~10 年生的植株可留果 10~15 个。

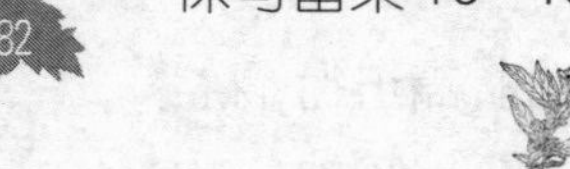

怎样防止石榴果实开裂

石榴果实开裂后降低食用果的商品质量，缩短观赏果的欣赏时间。造成果实开裂的原因：①果实成熟期浇水过量。②果实成熟期施用了浓度较高的速效化肥。③食用石榴成熟过度，没及时采收。防止方法：果实成熟期应控制浇水的次数和水量；少施或不施速效化肥；适时采收食用石榴。

盆栽石榴多长时间换盆好

石榴换盆的时间没有统一的要求，如果植株长大，容器过小，可以考虑进行 1 次翻盆换土。一般每隔 2~3 年换 1 次即可，时间可安排在春季萌芽前进行。

石榴整形修剪有哪些要点

合理修剪可使石榴树形美观，花繁果硕。石榴花着生在前一年结果母枝的顶芽及其下面附近几个侧芽萌发抽生的短小新枝上。石榴的这一开花结果习性，决定了在冬季修剪时：①不能将所有的结果母枝短截，应以疏剪为主。②修剪中应注意掌握方法，约3年的枝条需进行1次更新，即将前3年发的老枝短缩，促其另生新枝。③对基部萌生的徒长枝，如需更新或填补空档，应在生长期进行摘心，促进基部腋芽充分发育。

怎样使石榴当年扦插，当年挂果

欲使石榴当年扦插、当年挂果，应采取以下技术措施：在6月中、下旬，当石榴新生枝条已呈半木质化，枝条上有花蕾出现时，截取带有花蕾的枝梢，随即插于盛有砻糠灰的盆中，置荫蔽处养护2周左右。当生有少量新根时，移至盛有砻糠灰与培养土各半的盆中，先置阴凉处放2~3天，再转到半阴处过度3~4天，最后放在阳光处直晒。再过10~15天，当小苗生长健壮，根也长多了，可进行定植，一株一盆，盆径以10~12厘米为宜，按盆栽石榴要求进行养护，到时就可开花结果了。

石 菖 蒲

在我国每年过端午节，许多家庭都喜欢将菖蒲、艾和大蒜合为一束“驱邪草”。菖蒲的叶子如剑形，好像钟馗的宝剑，钟馗就是传说中执剑斩魔的打鬼英雄，所以菖蒲就成驱鬼草了。

在端午节用的是水菖蒲，它生于水边，农民用它来编扎蒲包。而这里介绍的是石菖蒲，即为天南星科多年生常绿宿根草本植物，它全株有香气。常见的菖蒲有水菖蒲和石菖蒲与石菖蒲的变种——钱蒲，又名山菖蒲、九节菖蒲等。它开花在4～5月份，产于我国。主要分布于长江流域以南各省与西藏，日本也有菖蒲生长。它生于山涧潮湿的岩石上或山谷湿润土壤中，稍耐寒。菖蒲无论以泥、砂、石、水栽都可以。尤其植于瓦罐或石盂，注入清水，而以斑斓碎石养之，置于几案，赏其潇洒清雅之姿色。菖蒲作盆玩，在我国宋代就开始了。苏轼有诗："烂斑碎石养菖蒲，一勺清泉半石盂"。石菖蒲历来被文人雅士所喜爱，尤放在案几上，挂以古画，十分幽趣。

【观赏与应用】 园林中常作地被植物用，尤其作花坛、径旁的镶边材料。石菖蒲、钱蒲，由于它们叶丛矮细短小，人们都喜欢作为小品，置之案头赏玩，嗅之可清心畅气，经久仍苍翠依然。宋方岳所作《次韵菖蒲》中曰："瓦盆犹带涧声寒，亦有诗情几研间。抱石小龙鳞甲老，夜窗云气古斑斑。"就呈现出盆栽菖蒲古朴清雅的夜景图。它以山涧石隙中的菖蒲在潺潺流水声中，十分清雅幽姿而被人赞叹，勾勒出美丽的画面。菖蒲的叶子、根、茎可供药用，具有豁痰开窍，辟秽宣气，温胃除风的功效。石菖蒲的花，常被人剪作为切花入瓶赏养，很有情趣。

【栽培方法】 石菖蒲性喜阴凉、湿润，宜种于砂质土壤或腐殖质土壤。常用山土盆栽，也可以水植，更可寄植在有吸水性的玲珑攀石之上，年深日久，则越生越密。水栽：蓄水宜浅不宜深，叶子尤其不应触入水中，否则容易焦黄。钱蒲喜阴湿，耐寒，常种于砂质土壤中，也有种于棕皮之中的。繁殖可以用根茎，在春季3～4月份间，将钱蒲全株全部挖起，抖去泥土，每丛叶带根拆开，剪去老叶残根，每株留叶长约2厘米，用镊子夹住，植于小盆中。栽后灌透水，放于阴处，不使淋雨。淋雨则泥泞玷污，容易焦叶烂根。生长期内要注意松土和浇水，经常保持湿润，切忌干旱。有利于产生分蘖和抽生花梗，应在4～5月份松土施肥。秋后剪去基部部分老叶，用堆肥培植，来年萌蘖多，花梗旺盛。石菖蒲管理，前人有“春迟出，夏不惜，秋水深，冬藏密”的说法，即解释为：春天出房，剪叶易净，切不爱惜，秋天干燥浇透水，冬天避冰害。这是笔者实践多年的经验，可借鉴使用。

【繁殖方法】 在芒种至梅雨期间，可剪取带延蔓根、茎分栽即可，十分方便。

【点　评】 菖蒲盆玩十分有趣，尤其金钱菖蒲，叶小而种于微盆内，小朱砂盆内一栽，绿叶四溢，芳香幽幽，玩于手掌之中，顿时妙趣横生，是一盆栽精品，入夏青青叶片，凉意顿生。

专家疑难问题解答

菖蒲为何会烂掉或焦黄

水浇得太多、太湿，或栽得太深所至。尤其是叶子，不能浸入水中是关键，如不太湿、遮荫也不会焦黄。

代　代　花

代代花绿叶婆娑，盆果悬垂，不仅有芳香迷人的鲜花，还有累累的丰收硕果。代代花以香气芬芳浓厚来窨制花茶而享有盛名。

代代花

代代花属芸香科柑桔属常绿灌木或小乔木。春末夏初开花，果实圆形，初呈深绿色，成熟后显橘黄色，不脱落，至翌年春夏又变成青绿色，故有“回青橙”之称。如养护得

法，果实可宿存到第三年，故名“代代”。

代代花原产于我国东南、华北及长江中下游各城市，常温室盆栽观赏。代代是酸橙的变种，未成熟的果实可作枳实枳壳入药。

【观赏价值与应用】 代代花夏季开花时，瓣质肥厚似玉的小白花，犹如繁星点点，缀满枝头，清香芬芳，引来蜂鸣蝶舞。在“菊残犹有傲霜枝”的晚秋，代代花橙红的果实压满枝头，在碧枝绿叶映衬下，更是妖妍夺目。寒冬腊月，代代花放置于案头，会给人以清雅、别致的感觉。代代花是著名的观果植物，可供于案头，可装饰厅堂、会场，顿生浓郁的节日吉祥气氛。代代花的叶、花、果皮均含有芳香油，可作食品、化妆品的香精。

【栽培技术】 代代花喜温暖湿润的气候，喜光照，也需肥料。适宜生长在富含有机质的微酸性疏松土壤中。它不耐涝，冬季需入室越冬。若温度低于 3℃，叶片会卷曲或脱落，影响翌年结果。

代代花由于根系发达，所以每年春季应多翻土 1 次（盆栽的需翻盆）。代代花开花前需施磷肥 1～2 次，当花苞开至绿豆大时，要施 1 次薄的腐熟的有机肥，以后再施 2～3 次有机肥。在花开后，即停止施肥，待果实结出时，再经 15～20 天追肥 1 次，促进果实长大。另外，要进行修剪，在春天发芽前，进行 1 次强修剪，剪去病枝、瘦弱枝、重叠枝，促使芽梢萌发。

【繁殖方法】 代代花繁殖主要采用扦插和嫁接方法。

（1）扦插法：5 月下旬，剪取 10 厘米左右的上半年长出的健壮枝，剪去下部叶片，插入培养土中，注意保湿润，2 个月左右便可生根。插活的枝条一般需经 3～4 年培育才能开花。

（2）嫁接法：清明前后，用香橼等柑橘类作为砧木，用代代枝进行切接或靠接。

【病虫害防治】 代代花主要会受糠片介壳虫、红蜡介壳虫等病虫害危害。预防治疗方法，请参阅书后《家庭养花病虫害防治一览表》。

【点　评】 若遇寒冷天气应用稻草包扎保暖，盆栽的应移入室内保暖。保暖时应防止闷热、不通风，以免枝叶脱落。

专家疑难问题解答

盆栽代代花养护有哪些要点

①盆土宜用田园土、黄泥、砻糠灰按3∶1∶1的比例混合配制，盆底宜放经腐熟的有机基肥。②栽后浇透水，置蔽荫处养护。③平时需保持盆土湿润，夏季需注意遮荫，忌盆土积水。④生长期每10天施1次腐熟的稀薄肥水；花芽分化期增施1次速效磷肥；花后喷洒0.4%尿素加5~10毫克/升2,4-D混合液，以提高坐果率。⑤入冬前移入室内阳光充足处，室温不可低于0℃，并经常用温水浇洗叶面，保持室内通风。⑥每隔1~2年在早春需翻盆换土，并进行修根、整枝、施基肥。

怎样让代代花果同存

需掌握以下栽培技术：①适施水肥。冬季施基肥，春季施催芽肥，着花挂果时应停止施肥。待果实坐稳后，勤施以磷钾肥为主的薄肥水，以促果实增大。平时浇水应避免过干或过湿，夏季浇水应充足，并应经常向枝叶上喷水。②合理修剪。代代花都着生在当年枝梢上，为保证在粗壮新梢上着花挂果，要在每年早春，将上年生的粗壮枝条进行重剪，使基部多萌发新枝。③疏花疏果。花期时适当疏花以节约养分，挂果数量不宜过多，以有叶花枝结果为主，无叶花枝应剪除。代代花期长，果实可挂2~3年，隔年花果同存，几代果实同挂，因而得名“代代”。

盆栽代代花不结果怎么办

①冬季室内温度过高，休眠不足消耗了较多养分。②冬季浇

水过多，部分根系受伤致使叶片发黄脱落。③修剪过轻，使植株开花后没有充足的养分供应结果。挽救措施：①每隔 1～2 年需及时翻盆换土。②合理修剪，促发新枝萌发。③秋凉后逐渐减少浇水，冬季室温以不结冰为度，盆土宜偏干些。按照以上要点精心养护，来年就能开花结果。

怎样使代代花不落花、不落果

需掌握以下养护技术：①换盆修剪。一般每隔 1～2 年需换盆 1 次，换盆在早春进行。换盆时要结合修剪，只需保留侧枝基部的 2～3 个芽，截去其余部分，促发粗壮新枝，以利花丰果壮。②勤施肥料。一般每隔 10 天左右施 1 次肥。开花时停止施肥，以免落花。开花前后忌施氮肥，多施磷钾肥，防止落花及提高果实品质。秋季减少施肥，避免促发秋梢而与果实争夺养分。③合理浇水。盆土过干过潮，都会引起落花落果。雨季用砖块将盆底垫起，以利积水排出，防止烂根。夏季浇水要充足，并经常向枝叶喷水。④疏花疏果。开花结果过多时，可适当进行疏花疏果，以免过多消耗养分，从而提高坐果率及果实品质。一般每根大枝上留 1～2 个果实，每株最多选留 3～5 个果实，这样有利于果实生长正常。⑤适当遮荫。代代最适温度为 18～22℃，过阴会使枝叶徒长，开花结果量减少，甚至不结果。如在 35℃以上的高温天气，中午应适当遮荫，可提高结果率。⑥充分休眠。代代有一定的抗寒能力，入室后保持在 0℃以上可安全越冬，这样能使植株充分休眠。

盆栽代代花搬入室内为何会落叶落果

①室温低于 4℃时，会引起落叶落果。②盆土过干、过湿、过肥容易落叶落果。③一旦入室，采光度、空气湿度、通风等均明显下降，环境急剧变化容易引起落叶落果。

白　及

在中国古典园林的岩石配置中，白及花朵井然有序，在苍翠叶片映衬下，非常雅致。

白及为白及属兰科多年生草本鳞茎植物，又名凉姜、紫兰、双肾草等，产于我国中南部至西南各省，广泛分布于长江流域一带，朝鲜、日本也有生长。它具有肥厚多汁的假鳞茎，茎粗壮，直立。高约30厘米，顶生稀疏总状花序，有花3~8朵。花朵玫瑰紫色，花瓣不整齐，其中一较大者为唇形状。花期4月份，蒴果纺锤状，长约3.5厘米，有6条纵棱。果期7~9月份。同属植物有小白及，茎纤细、叶狭，条状披针形，花序有1~6朵，花较小，花色淡紫；花序有3~8朵，花较大，淡黄色或白色。另外，还有黄花白及等。

白　及

【观赏价值与应用】 白及亭亭玉立，花、茎、叶都能入景，尤作盆栽与垂盆草一起相映成趣。园林观赏常把白及种在林缘边岩石园中作自然布置，野趣万分。白及作盆栽可观花，在花后又可观叶，其叶翠绿，潇洒飘逸，可持续到翌年初夏。果实圆柱形，也可形成另一种风景。白及其假鳞茎也可作药用，具有收敛止血、生肌等功效。

【栽培技术】 白及自然生长在山林、丛林中，喜欢温暖、阴湿环境，忌阳光直晒，半阴地栽培也能开花结实。白及适宜于排水良好、富含腐殖质的砂质壤土中生长。

白及在生长期间需保持土壤湿润，管理较为粗放，宜在花径、岩石边丛植。它在开花后到8月中旬应施1次饼肥和少量过磷酸钙,盆栽白及管理与地栽相同,但必须在10月份换盆换土,增加营养。室温应在5~10℃左右,盆栽要保持空气湿润,可多向叶面喷水。这样可使块根壮实,来年叶茂花盛。开花后可再施些过磷酸钙,使块茎长得有力健壮。

【繁殖方法】 白及可用分株法繁殖。春季在新叶萌发前掘起老株,把大的母株进行切割,切割分开假鳞茎进行分植,每棵老株可分3~5株。株上需带有芽,种于施过基肥的土壤中,种植深度为3~5厘米。株距20厘米左右,约20天便可出芽、展叶。

【点 评】 白及也可盆栽,每年10月份需换盆。室温宜保持5~10℃,空气需保持湿润。

白 玉 兰

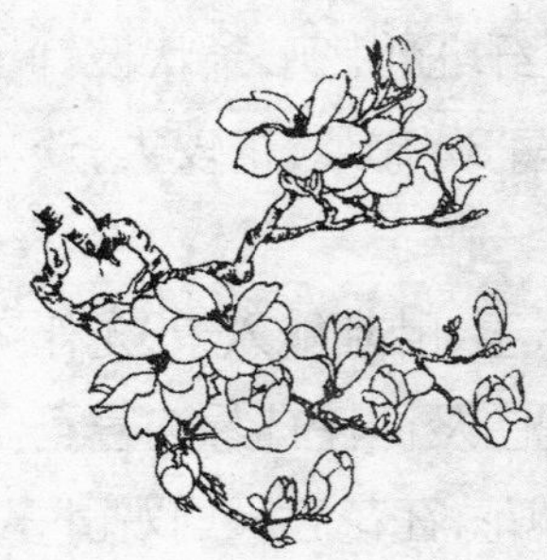

白玉兰

白玉兰是我国著名的观赏植物,尤其它"色白微碧,香味似兰",所以无论庭院种植还是瓶插,都十分受人青睐。古人将它与海棠、牡丹、桂花并列,誉称"玉堂富贵"。人们都认为它是"玉树"、"雪山"。

白玉兰为长寿树种,高可达15米,寿命可达千年以上。白玉兰为木兰科木兰属落叶乔木,别名:木兰、玉树等。花先叶开放,花瓣9片,色白微碧,清香似兰,故名玉兰。它原产于我国的浙江、安徽、山西、湖南、湖北、贵州、广东等省海拔500~1 000米的山地阔叶林中,今庐山、黄山仍多野生。白玉兰在我国的栽培中长达2 500年。南朝梁代任昉《述异记》载:"木兰川在浔阳江中,多木兰树，昔吴王阖闾植木兰于此，用构宫殿也。”白玉兰对温度十分敏感，各地常将白玉兰作为物候观察的重要依据。由于白玉兰的花期伴随着纬度的升高而逐步推迟，故北京与广州相比，花期相距达4~5个月。白玉兰的花还有其独特的习性：昼开夜闭。午后至黄昏前是其花朵的盛放期，花姿怒放，状如玉立，而午前开放如鸽腾飞。果实成熟在8~9月份。

【观赏价值与应用】 白玉兰花大而香，早春先叶开放时，犹如千百只玉杯竖立枝头，洁白美丽，花后枝叶繁茂，绿树成阴。初秋果实成熟时，红色种子半露，恰如粒粒宝石。它多植于堂前，或点缀中庭。在园林绿地中孤植或丛植时，若有深色针叶树作背景，则更能形成春光明媚的景色。它也可作为切花材料。白玉兰大批种植可成为“玉兰院”、“玉兰区”等壮观景致。在我国庭院中，也有将白玉兰与紫玉兰配植的，花开时节，紫白两色相间，交相辉映。白玉兰与松树搭配，下置山石数块，更有古趣天成之感。白玉兰与修竹作背景或与蓝天碧水相掩映，更显明丽洁净。白玉兰抗烟能力强，适宜于城市和工矿区栽植。

白玉兰古时多在亭、台、楼、阁前栽植，现多与建筑物或岩石相配。在公园草坪中孤植、丛植或散植，均有良好效果。尤与迎春、红梅翠柏相配合，实为春天齐繁之景观。

白玉兰的果实在秋天非常艳丽，聚合成圆筒状，红色至淡红褐色。果成熟后裂开，种子具鲜红色，如玛瑙般莹亮。白玉兰花瓣肥厚，可以煎食，俗称玉兰片。可选刚落的新鲜花瓣，洗净，用白糖面糊拖后油氽，可成香脆可口的油氽玉兰片。

【栽培技术】 白玉兰性喜温暖湿润，稍耐阴，也耐寒，成年树则喜光，适于在酸性或碱性（pH为5~8）、富含腐殖质而排水良好的土壤中生长，喜肥，不耐积水，也不耐干旱。根肉质。种植白玉兰应选高燥处，栽种白玉兰应带土球，栽前挖大穴，重施基肥，适当深栽。白玉兰在生长期间酌情施1~2次液肥。定植后每年花开前后，萌动前10天或花刚谢而叶未展时为移栽适宜期。夏季是白玉兰生长与花芽分化的季节，高温干旱不仅影响其生长，且会导致花芽萎缩或脱落，影响翌年开花，故应及时灌溉。整形修剪可保持树姿优美，有利于通风透光，促使花芽分化与翌年花朵硕大鲜艳。栽培白玉兰的技术要诀为：春防旱、夏防涝、秋忌湿、冬防寒。

白玉兰的移植期在秋季落叶后或早春开花前，2～4 年生小苗不必带土移植，大树移植需带土。花前应多施磷肥。

【繁殖方法】 可用播种、嫁接等方法繁殖。

（1）白玉兰繁殖以播种为主，种子于 9 月中下旬采收后秋播或将种子除去外种皮，洗净后放于湿沙层于翌年 2～3 月份播种。一年生苗高 30 厘米左右。

（2）嫁接：以辛夷为砧木，于秋季在离开地面 12 厘米处剪去上部，用劈接法嫁接。用利刀在砧木横切面中央垂直向下切深约 3 厘米，再用有芽的接穗插入砧木中，注意将两者的外侧形成层对准后紧接，然后要扎紧。

【病虫害防治】 白玉兰主要会受根腐病、立枯病、大蓑蛾、红蜘蛛等病虫害危害。预防治疗方法，请参阅书后《家庭养花病虫害防治一览表》。

【点　评】 白玉兰移栽不能伤根，最好以大苗带土球移栽。春季萌动前 10 天为最适宜移栽期。要使开花多，应多施磷肥。

专家疑难问题解答

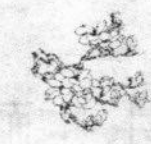

怎样使玉兰花花繁树壮

种植玉兰花的最佳时间是早春萌芽前 10 天或者展叶前 10 天。种植时先要选择避风、向阳、土壤肥沃疏松、排水良好的地方，然后施足腐熟的有机肥，注意不要伤及根系，种好后填土压紧，浇足水。种植后的主要养护要点是：①浇水。玉兰花为肉质根，露地栽培移植成活后不用浇水，盆栽玉兰花在生长开花期需保持土壤稍湿润，入秋后要减少浇水，冬季一般不需浇水，在土壤过干时浇一点水即可。②施肥。一般在生长期需施腐熟的有机肥 2 次，即早春 1 次和 5~6 月份间 1 次。新种植的玉兰花不必施肥，等到秋季落叶后或第 2 年早春再施肥。③修剪。玉兰花的枝杆少，伤口愈合能力差，一般不需修剪，只是在花谢后修剪去那些枯枝、病虫枝与徒长枝。

怎样使玉兰花提前开花

玉兰花花芽分化在前一年的 5~6 月份间，第 2 年的早春开花。因此，欲使玉兰花提前开花，必须采取下述方法：①加温。此法适用于盆栽玉兰和设施栽培的玉兰。将已休眠的玉兰进行适当的加温催花，温度保持在 20℃左右，一般 5~6 周后可开花。用这种方法可让玉兰在元旦至春节开花。②摘叶。适用于露地栽培和盆栽的玉兰花等。在 7~8 月份间把玉兰的叶片全部摘除，可以使玉兰花提前到当年 10 月份开花。如气温稳定，计算好摘叶时间，可以在国庆节准确无误地开花。此外，将盆栽玉兰在 2 月份未萌芽时放入 5℃左右的低温室里，到 6 月初再移到室外凉爽处，可以将花期推迟到“七一”前后开花。

盆栽白玉兰不开花怎么办

①盆栽白玉兰如果是嫁接苗，一般要到 3 年以上树龄才能孕蕾开花。②如果盆栽容器过小，有碍根系生长，也难孕蕾开花。③盆栽白玉兰性喜阳，故应放在阳光充足处，忌蔽荫，否则枝叶虽生长良好，但因光照不足，也影响孕蕾和开花。④盆栽白玉兰要加强水肥管理。根据白玉兰生长规律，应采取以下水肥措施：a. 上盆时盆底应施入基肥。b. 花后的 4 月份应施入氮、磷结合的肥料 1~2 次，以促进新枝叶生长。c. 6~8 月份在孕蕾和现蕾时，应再次施入以氮、磷结合的肥料 2~3 次。花前再追肥 1 次。经过上述管理，一般都能开花；反之，如施肥不合理，磷肥不足，氮肥过多，会出

现只长枝叶不孕蕾开花的现象。

盆栽白玉兰夏季枯叶怎么办

叶枯主要原因:①盆土过干。盆土过干出现枯叶是从树身基部开始逐步延伸至顶部的。②浇水过多,使盆土积水。这种枯黄的表现是从树身上端开始向下延伸,先从叶尖开始枯焦,然后扩大到全叶,最后脱落。③土壤问题。种植白玉兰最好采用疏松、肥沃、富含有机质的偏酸性土壤(微碱性土也可)。如果用重碱性土种植或施入浓度过高的化肥,就会引起叶片枯黄。查明原因后对症下药,就能防治白玉兰枯叶脱落。

冬 珊 瑚

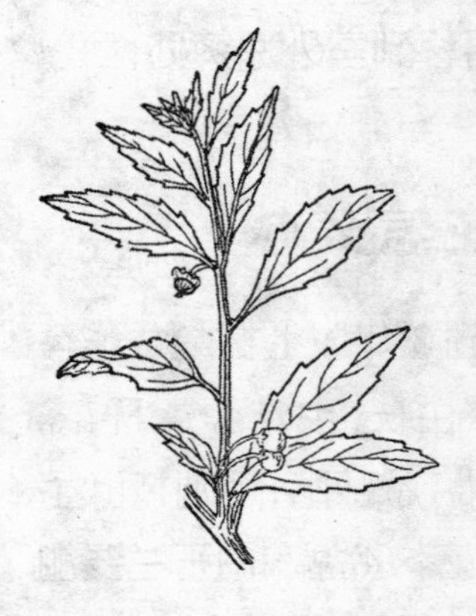

冬 珊 瑚

冬珊瑚是一种冬季放在室内欣赏的观果花卉。它有着深绿色的叶片,绿色叶丛中会结出一颗颗鲜红的果实,万绿丛中一点红,富有生机,不少人视它为吉祥果。作为春节的喜庆花卉,人们很喜欢用它来点缀节日气氛。

冬珊瑚也叫珊瑚樱、寿星果、辣头等,为茄科茄属的常绿小灌木。它原产于欧亚大陆热带亚热带地区,株高 60 ~ 100 厘米,夏秋开出白花,后陆续结成绿色浆果,入冬即转为红色或橘红色,似珊瑚点缀在绿叶上,经久不凋。

【观赏价值与应用】 冬珊瑚以红色或橘红色果实多且果实寿命长达 6 个月而著名,可置于厅室内或阳台上美化环境,成片盆栽放在阳台上十分耀目。因其果实长得酷似樱桃，又称珊瑚樱。果实有毒，不能食用。果实入药有止痛作用。

【栽培技术】 冬珊瑚喜光照充足、温暖潮湿的环境，宜种植于排水良好的疏松砂质土壤。幼苗期要摘心，才能多生侧枝和新枝。盆土要保持充分湿润，夏季高温季节易被强烈光照灼伤，应遮荫或移到蔽阴处，并经常向植株及盆周围喷水，以增加空气湿度。在大雨及暴风吹袭时要进行避风躲雨，以免损坏枝条和果实。

开花孕蕾时，要保持充足水分，但不能积水，水太多会烂根落花，果实减少而失去观赏价值。栽培过程中要注意适当施肥，尤在开花前多施磷肥，特别在刚结果实时，要多施磷、钾肥使果实饱满和牢固。

冬季应加强保暖，遇霜降入室保暖，置于有阳光处。开春后再出房，经过修剪留下粗枝条，可促使新芽、新枝萌发再结果。老株春季萌新植时要修剪，留 3 个侧枝可使树冠造型优美。但 3 年后因植株老化要重新栽培。

【繁殖方法】 多用播种法繁殖。

冬珊瑚种子成熟转红时采集，采后去皮用水洗净，在室内通风处用布袋收藏，保持干燥，翌年春季播种。一般在清明时节将种子播入盆内，浇透水，置于室外稍有阳光的半阴处，很快便会出苗，苗长到 6 厘米时可以移栽定植。

【病虫害防治】 冬珊瑚主要会受炭疽病等病虫害危害。预防治疗方法，请参阅书后《家庭养花病虫害防治一览表》。

【点　评】 冬珊瑚越冬后，第二年春季萌动前先进行修剪，剪去弱小枝，留下强壮枝，重新翻盆，上土施肥，这样就会长得叶茂果多。

专家疑难问题解答

怎样养护盆栽冬珊瑚

冬珊瑚每年春季 3 月份播种，子叶展开后需分苗 1 次，苗长高

至6~8厘米时便可上盆;长至15厘米时需多次摘心,以增加其分枝,并保持丰满株形;生长旺盛期需给予足够的水肥和阳光;9月份盛花期应停止施肥,少浇水,以提高结果率。如果实大如绿豆时,又需勤施肥、多浇水,入冬后应移入室内养护。

怎样使冬珊瑚多开花多结果

在生长期间每隔半个月需施1次稀薄饼肥液,经常保持盆土湿润。开花期间停止施肥,同时适当控制浇水,这样就能促使冬珊瑚多开花多结果。如从孕蕾至幼果期追施2~3次速效性磷肥,会使冬珊瑚果大色艳。

瓜子黄杨

瓜子黄杨是园林中十分美丽的常绿灌木,可造型为球形或绿篱。瓜子黄杨也是优美的树桩盆景材料。黄杨又名瓜子黄杨、豆瓣黄杨,属黄杨科黄杨属常绿灌木或小乔木。树冠呈倒卵状,春天4月份开黄色小花。同属品种在园林中常见的还有雀舌黄杨、细叶黄杨等。

【观赏价值与应用】 瓜子黄杨在园林布置中广为应用,尤其点缀庭院时多用作绿篱或大型花坛镶边,也可剪成球形及各种动物造型。黄杨枝干白灰,叶子有光亮,花密集而有淡香,又耐修剪,因此庭院造景少不了它。黄杨在南方可作为绿篱,尤作矮绿篱。极耐修剪,可作造型装饰,颇具特色。黄杨制作盆景可通过缚、扎、剪制成蟠曲式、枯朽式来欣赏。

【栽培技术】 瓜子黄杨为亚热带树种,适宜于湿润、半阴环境,忌暴晒。太阳直射叶片会发黄,也怕低温。它喜欢腐殖质较多的砂质土壤。另外,浇水不宜过多而且要防止积水,但又不能太干旱,否则长势不佳。开花期间要及时摘去太多的花,防止花多消耗养料造成长势不良。要勤修剪,使其多萌枝且造型优美。生长期内要施肥,以施磷钾肥为主。若遇冬天严寒,地栽的要在低温时用塑料薄膜或稻草包扎过冬。

【繁殖方法】 黄杨的繁殖以播种和扦插多见。

(1) 播种:在春季3~4月份进行条播或撒播。种子要隔年才能发芽,所以用湿沙储藏大致上要1年左右才能播种。

(2) 扦插:在每年梅雨季节进行。用半嫩枝扦插较好,插条长度15厘米,顶留2~3片叶子,摘除下部叶片。插于土中深度为1/2~2/3。第一次要浇足水,扦插后要注意遮荫,日遮夜揭,保持土壤经常湿润。大约2个月后便会生根。

【病虫害防治】 瓜子黄杨主要会受矢尖蚧、墨缘螟等病虫害危害。预防治疗方法,请参阅书后《家庭养花病虫害防治一览表》。

【点　评】 移植瓜子黄杨时在穴底最好放一层基肥,上面铺一层疏松的土,再把植株种下。填土踏实,灌足水后再覆盖土面。

丝　兰

在中秋月圆时节,丝兰以白球若银铃的串状花朵与丹桂同时飘香,它的剑状叶丛尤其别致,犹如威武的卫士。

丝兰也叫凤尾兰、菠萝花,为百合科丝兰属常绿灌木。它原产于北美地区,靠丝兰蛾、长嘴蜂传粉接种,也是典型的虫媒植物,可高达5米。叶密集,螺旋状排列于茎上。夏、秋开花,花白色,果为干蒴果。圆锥花序。丝兰在我国长江流域一带和华北地区均有栽培,长江以南地区,人们布置庭院时普遍选择丝兰。

【观赏价值与应用】 丝兰体态刚健、四季常青、花朵艳丽，可栽于庭院、假山旁或岩石园中。若用玲珑石块靠接左右，有丘壑之美，种于花坛中心，也极为美观。

丝兰是一种生长快、适应性极强、有多种用途的经济植物和优良绿化植物。丝兰对有毒烟气，尤其是二氧化硫、氟化氢、氯气和氨气有很强的抗性。据测定，栽种在氟严重污染地区的丝兰，2 年后叶片含氟量高于非污染区 250 倍；在重污染区，1 000 克干叶能吸收 260 毫克氟。在二氧化硫污染区生长 4 年的丝兰叶片，吸硫量为 0. 044%。

【栽培技术】 丝兰耐寒、耐旱、耐湿、耐阴。在生长期内它所需光照 35~45 勒克斯。丝兰宜种在半阴的环境，以砂质土壤为宜。在生长季节应给予充足的水分和肥料，不能太干，也不能积水。丝兰幼株近于无茎，地栽每叶可长达 13~80 厘米，叶面还覆盖白粉。

丝兰也可盆栽，可在早春或初秋分割根际萌蘖，在 20~23℃温度条件下极易生根；也可将茎切割成段，植于湿润的砂粒之中，放在阴湿之处，待其滋生幼根，再放在盆中培养。盆栽丝兰要放置在温暖的、稍有光线的阴处，保持湿润，才能长势良好。如发现茎株断面有胶黏状分泌液流出，应随即抹去。

丝兰也可以水养，可用盆水栽。选用白色瓷盆，取材以“怪、瘦、奇”为好，每隔一周必须换水，防止烂根污染水质，导致植株死亡。新芽萌发时，可结合植株形态加以修剪，去老烂根，使其更有韵味。

【繁殖方法】 可用分株法、扦插法或埋茎法。

（1）分株法：在春秋两季挖掘母株地下茎生长出来的幼苗移栽。

（2）扦插法：取地上茎或地下茎，剥掉叶片，切成 10 厘米长的小段，粗茎可再纵切成小块，6~7 月份间定距插入苗床育苗。为防止茎块腐烂，扦插前用 5%的赛力生溶液消毒 10 分钟（也有催芽作用），地下茎再生力强，分块要小些。

（3）埋茎法：与扦插法大致相同。取地上茎或地下茎，切成小段，直接埋入土中，覆土10厘米。浇水后需遮荫，待成活后再移栽。

叶　子　花

在观赏花卉中，因叶子色彩绚丽而十分有观赏价值的要算叶子花了，它苞片美丽，观赏期长的优点，极受青睐。

叶子花也叫三角花、三角梅、九重葛红苞藤等，为常绿攀缘灌木。在我国南方可在室外栽种，在北方宜在温室栽培。叶子花原产巴西，我国各地均有栽培。

叶子花各地称呼不一，在香港、广东地区称“杜鹃”，是有刺的意思，而且开花似杜鹃一样美丽，所以称此名。在17世纪中叶，法国植物学家弗利贝克斯跟随船长蒲坚维尔进行远航考察时，在巴西岸上发现了叶子花的植株，确定它属于紫茉莉科中的一个新属。嗣后，为了纪念那位船长出海的功勋，遂用他的名字作为叶子花的命名，中文译为“室巾”。20世纪80年代，在珠江三角洲一带被推广起来，常见的叶子花大多是叶绿花红的品种。近年来，从国外引进一种叫“斑叶叶子花”，可在同一株上分别开出红、白两色的花朵，每片叶子又有绿色与黄色的斑纹，比一般叶子花漂亮得多。

叶子花开花的盛期为6～10月份。叶子花的主要观赏部分为苞片，颜色非常鲜艳，有紫、橙黄、砖红等颜色。

【观赏与应用】 叶子花苞片大，色彩鲜艳，极为美丽，观赏期长，宜作庭院种植或盆栽观赏。叶子花还有医用价值，具清热解毒、散淤消肿之功效。

【栽培方法】 叶子花喜温暖湿润、阳光充足的环境，不耐寒。冬季室温不能低于20℃，若室温不稳定，会造成落叶。叶子花喜光照充足，不择土壤，但以排水良好、矿物质丰富的土壤为好。叶子花耐贫瘠、耐碱、耐干旱，忌积水，耐修剪。夏季高温时，对叶子花应勤浇水，早晚各浇1次，每次都要浇透，冬季见表土干时再浇水，一般为2~3天浇1次。浇水的同时要往植株上喷些水，以保持湿度。夏季植株生长旺盛时应对过密的枝条进行修剪，以防植株徒长。对影响株型的枝条应剪除顶端，使株型更优美。

栽植叶子花应以春季为宜，应选阳光充足、向阳的地方，在温带需在室内盆栽，最适宜温度为15~30℃，室内需通风，以免落花。叶子花因生长强健，少发生病虫害。应注意排水，以免发生腐烂病。

【繁殖方法】 叶子花的繁殖以育苗为主。6月份选取已木质化的枝条，剪成10~15厘米小段，每段有2~3个芽，插在盛有素沙的盆中，喷水，覆盖膜于25℃条件下，经20~30天便可生根，再经40~50天就可上盆，当年就能开花。

【点　评】 叶子花是生长在南方的花，过去上海因气温及栽培条件不够，不能引种成活，只能在温室中见到。现在随着气候的异常，温室效应严重，上海的取暖条件也家家有之，栽培叶子花就多起来。叶子花生长要保暖，冬天入室保暖在15℃左右。叶子花是上海有发展前途的花，可进入千家万户，艳丽可爱。

专家疑难问题解答

怎样使叶子花色彩艳丽

叶子花栽培关键是温暖，生长温度适宜25℃左右，冬天不宜低于10℃，开花后特别要少浇水，太湿会落叶，导致形态不美，还需多摘心。开花期要多施几次磷肥及光照充足，即会花红艳丽。

百 合 花

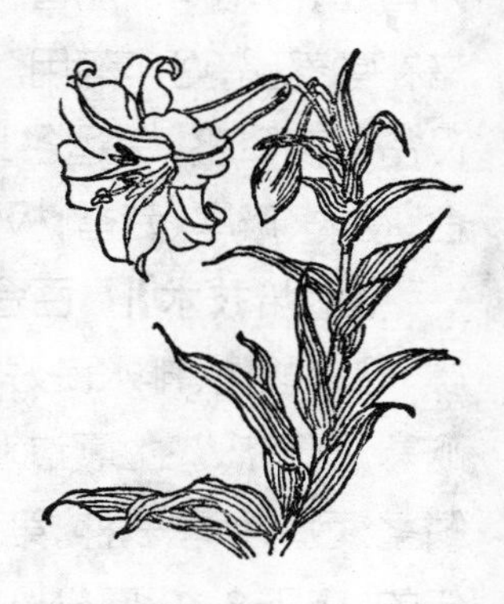
百合花

百合花是百合科百合属多年生秋根花卉，又名摩罗、中逢花、重箱等。茎高70～150厘米，地下有大型球状鳞茎，由披针形肉质鳞叶组成，鳞叶着生于鳞茎盘上，叶呈线形或披针形，互生或散生。花冠大，钟形或漏斗形，花瓣平展，也有反卷。花朵开放时，有的直立，有的横向，有的下垂，有白、乳白、橘红、黄、紫等色，并有斑点，大多有香气。盛花期为5～7月份，果熟期为8～9月份。

百合鳞茎瓣瓣紧抱，象征团结友好。20瓣鳞茎重叠累生于一起，仿佛百片合成似的，状如白莲花，故取名百合。全世界有100多种百合，主要产在北半球温带地区。我国原产30多种，大部分分布在黄河流域以南省区。我国著名的百合品种有百合、川百合、兰州百合、湖北百合、卷丹、麝香百合和王百合。

麝香百合开花时，花形如喇叭，呈蜡白色，茎部带绿，香味浓烈。人们常把它作为纯洁、光明、自由、幸福的象征。仲夏之际，麝香百合点缀在林间草地上，宁静而和谐，是盆花、切花的珍品。在我国华东、华南地区有栽培。

王百合，也叫峨眉百合，是20世纪在川西北山谷石隙中发现的，花形如喇叭，花芳香、黄色。

台湾百合，花顶生1～4朵，多者7～8朵，喇叭形，芳香，花期在6月上旬至7月上旬。

卷丹百合也叫虎皮百合，这是食用百合。花为橙红色，内有紫黑色斑点，花丝细长，顶生暗紫色花药，在江苏分布较多。

【观赏价值与应用】 百合花不但可作切花、盆花观赏，也可布置成专类花园，或与蔓长春藤等地被植物配置成绵绵绿毯。某些中高类品种，可片植于疏林下或空地上做点缀。有些百合含有芳香油，可用作食品香料。许多百合还含有淀粉、脂肪、蛋白质，是滋补营养品，可作药用。美国已大规模进行百合切花生产，用冷藏设备贮存鳞茎，空运各地，分批栽种。新培育出的四倍体麝香百合，花大、瓣厚、芳香，极受人们的欢迎。

【栽培技术】 百合性喜冷凉、湿润气候，要求土壤富含腐殖质、微带酸性、排水良好，要求半阴环境。百合花原产于高山林下，耐寒、不耐热。土壤过湿易烂根，适半阴，忌连作。一般用完整的鳞茎繁殖，秋季栽种，第二年开花。如在同一个地方连续栽种4~5年的，应于8~9月份间带根移栽。注意勿种在土壤潮湿的地方，以免鳞茎腐烂。有些地区大量育苗，也可用鳞片繁殖。从鳞茎上剥下鳞片，于9月份插入土床，相距3~5厘米，床土不可过湿。另外，百合栽种要注意通风，以免烂鳞茎。

百合的栽培管理过程中要抓好除草、施肥等技术措施。

（1）除草。秋季鳞茎种后至第2年春天出土前中耕除草1~2次。出苗后，拔除杂草不要中耕，以避免伤害营养鳞茎。

（2）追肥。要多施肥，以腐熟的有机肥为基肥。出苗后，需追肥1~2次。追肥后进行培土，以防肥料流失。

（3）盖草。为保持土温的相对稳定，保持土壤湿度和抑制杂草，可用稻草薄铺土面，也可用腐叶、泥炭进行覆盖。

（4）排灌。梅雨和暴雨时节要及时排水，防止地下鳞茎膨大和腐烂，干旱时要注意抗旱。

百合栽培方法因种类不同而略有差别。一般在花后2个月左右，约9月份间掘出鳞茎重新栽植，不能太迟，以免根发不足影响来年开花。可每3~4年分植1次，栽前需深翻土地，施足腐熟基肥。百合宜深栽，栽培深度依品种与鳞茎大小而定，一般为鳞茎高度的5~6倍。土质黏重的可稍浅，疏松的宜稍深。4月中旬抽芽和开花前后各追肥1次。入冬不耐寒品种掘出后，需将鳞茎储存在潮湿的砂土中。

【繁殖方法】 百合多用分球法繁殖。用母球(老的球茎)上生出的子球繁殖，可在秋季10月份把球挖起，把子球剥离母球，并与湿润的砂混合后储藏，到翌年春季3~4月份种植。种时宜深一些，约10厘米，防止倒伏。一般2~3年小球长大后就能开花。

【病虫害防治】 百合主要会受软腐病、叶枯病、刺足根螨等病虫害危害。预防治疗方法，请参阅书后《家庭养花病虫害防治一览表》。

【点　评】 9~10月份栽在温室地畦或盆中，尽量保持低温，11~12月份室温为10℃。新芽抽出后需光照充足，升温到15℃以上，80~90天后便可开花。

专家疑难问题解答

麝香百合栽培有哪些要点

①麝香百合喜凉爽湿润气候，生长适温10~25℃。②培养土宜用泥炭、细沙、田园土配制。③每周施2次营养液，每次施用100毫升，pH为5.5。④植株长到7.5厘米时，用50×10^{-6}浓度的矮壮素和比久(B9)及多效唑喷施，能有效地控制植株高度，起到矮化作用。

怎样使麝香百合花大香更浓

①种植地的选择。种植地应选择阳光充足、疏松肥沃、排水良好的微酸性土壤。②种植时间。一般地区都可在秋季10~11月上旬种植。③土壤的准备。种植前需进行深翻土壤，施入腐熟的

有机肥,并混合耙整土地。④种植行距。种植株行距以15厘米×20厘米为佳。⑤冬季防护。华北地区露地种植麝香百合,在冬季要设立风障和覆盖稻草等物才可安全越冬。⑥施肥。一年应施3次肥,春季发芽后的追肥(常用饼肥),现蕾前的追肥(液肥),花后施肥以磷、钾肥为主。⑦其他。在春季气候干旱时浇2~3次水,每次施肥浇水后需进行中耕锄草;花谢后等到茎叶枯黄时挖出鳞茎并阴干,储藏在湿沙中。

怎样使麝香百合提前开花

①低温储藏。一般地区在夏季(8月中旬后)将开花种球放在5℃左右的低温中储藏4~6周。②种植。在9~10月份将低温储藏的种球取出,按常规种植的要求种植在温室中。③温度。日间温度保持在20℃左右,晚间温度维持在15℃左右。④光照。出苗后给予足够的光照。⑤湿度。种植后土壤要保持适当的湿度,出苗后浇水要适量。⑥施肥。在生长期(抽薹期和现蕾期)各施1次稀薄的腐熟有机液肥,或喷施以磷钾肥为主的液肥。按这些要求,经过4个月培育就可以开花了。

怎样使百合春节开花或周年开花

①种球选择。要挑选生长充实、无病虫害的大球。想在春节开花的,需在9月份底以前种植在高而大的长形花盆中。②温度与光照。种植后将盆放在冷室内,保持低温。11~12月份室温要控制在10℃左右。新芽露出后立即移到具有散射光的地方,而室温提高到15℃以上,这样春节就能开花。若估计春节开花有困难,在现蕾后把温度提高到20℃以上,同时夜间补光5个小时。采取这些措施后,可提早半个月开花。③冷藏处理。如果想使百合周年供花,应将较大的健壮鳞茎储藏在2~5℃的冷库或冷藏箱内,然后分期分批取出种植,这样就可达到周年有花。

夹竹桃

夹竹桃是初夏开花的美丽花卉。它色彩绮丽，犹如桃花，叶如长竹叶，集桃竹之长为一体，是园林中最常见的观绿观花植物。

夹竹桃落户我国已久，而且大约在15世纪以后，就与佛教关系十分密切，早在佛教传入我国之初，夹竹桃已遍植寺庙了。在佛典上，夹竹桃被称作“歌罗昆罗树”。夹竹桃为夹竹桃科属常绿灌木或小乔木，又名柳叶桃、笔桃，叶革质狭长，花期为6~9月份，果实成熟12月份。

夹竹桃常见品种有：白花夹竹桃，花为白色；重瓣夹竹桃，花为红色。

夹竹桃在夏秋之交生机勃勃。万物孕果、繁花暂凋的时候，它迎着烈日绽放，送来阵阵芳香，使酷暑中的人们感受到几分清新的凉意。

夹竹桃原产印度和伊朗，现在我国各省区均有栽培。

【观赏价值与应用】 夹竹桃夏秋开花，紫红或白色，繁花团簇，非常美观，加之绿叶碧翠，四季常青，植于庭院，悦目赏心。它十分适宜于建筑物两旁、公园、绿地、路旁、池畔、草坪边缘群植或孤植。尤其可贵的是它能在6~8月份炎热季节开花，甚至至9月份花仍长开不败。它能在毒气、粉尘弥漫的恶劣环境中顽强生长，能顶住炎炎似火的烈日而昂首怒放。高高的枝头，盛开的花朵如一片片云霞，或如一团团白雪，鲜艳斑斓。闲园空地植上一丛，扶疏摇荡，抖花散芳，使庭院生机盎然。在假山、水边种植，陪衬效果颇佳。作切花入室，能保持一周。盆栽修剪得宜，株态矮壮，横枝成丛，颇能体现明代唐顺之“桃竹旧传分碧海，竹桃今见映朱栏。

春至芳香能共远，秋来花叶不同残。疏英灼灼分丛发，密蕊菲菲对节攒。不信千年将结子，错疑竹实待栖鸾”的诗意。它还有抗二氧化硫、氯气、氟化氢等有害气体的能力。皮可作纤维，为优良混合原料，种子含油，叶可作药用。

盆栽夹竹桃不宜放在居室内，因夹竹桃叶含有夹竹桃苷，有毒，皮肤沾染夹竹桃汁液时，会发生瘙痒、红肿等变态（过敏）反应。如误食其叶，也会中毒，产生呕吐、腹痛、头晕欲睡等症状。

【栽培技术】 夹竹桃适应性强，喜阳光，喜温暖湿润的气候，畏水涝，对土壤要求不严，耐寒力不强。在长江以北地区需在5℃以上温室过冬。长江流域幼苗如露地越冬，需加稻草包扎保护。盆栽的，在向阳的室内一般可以安全越冬。

夹竹桃整修一般采取“三叉九顶”。作独干培养的苗，需选苗龄3～5年、相当粗壮的植株，于早春新芽萌发前，在距地面50～150厘米（高矮根据需要）处截断主枝，其余的齐地面截断。春天，主枝剪口处生满新芽，等到芽长3厘米时，留3个等大、等距的芽加以培育，其余一概剔除，这就是所谓“三叉”。当年过冬，看成长情况，三叉可各留15～30厘米截头。至第2年春天，每叉再育成3个新枝，就成9个顶。

夹竹桃树形丰满，病虫害很少，管理简单。夏季适当多浇水，每隔15天施1次薄肥，以促进生长。经常用清洁水冲洗枝叶，保持枝叶新鲜。经过2～3年后花势渐衰，需再进行大修，形成新的“三叉九顶”，以保持旺盛的花势。若是盆栽，修剪后最好暂时地栽一段时间，待恢复元气，入秋后再移入盆中，第2年就花蕾繁茂。树干过老者，可从基部剪除，使其萌芽，培养新干。

【繁殖方法】 主要采用扦插法繁殖。

可于6月份梅雨季节用硬枝扦插。剪取一年生粗壮枝条，长15～20厘米，去除叶片，浸于清水中2～3天，取出扦插于砂质土壤中，保持湿润。约15天能成活，再移植于地上。

【病虫害防治】 夹竹桃主要会受黑斑病等病虫害危害。预防治疗方法，请参阅书后《家庭养花病虫害防治一览表》。

【点　评】 夹竹桃是一种很好的净化空气的植物，社会上一直有它会致癌的误传，这是不科学的。

专家疑难问题解答

怎样使夹竹桃花一株多色

一般夹竹桃花朵有白色、黄色、粉色。在南方一带，夹竹桃开白花较多。若想让夹竹桃一株开出多种颜色的花，可选择 2 年生的植株做砧木，在当年的 5～9 月份进行嫁接。若用劈接法，接穗可选用一年生植株，把顶端剪下，8 厘米左右，两侧削到木质部，再将砧木劈开 3 厘米，将接穗插进去，用线扎紧，然后用无毒透明的塑料袋套好扎紧，经过 18 天左右揭去塑料袋。如成活割断绑线。嫁接成活的接穗，经精心养护后，可在一株植株上开出多种不同颜色的花。

怎样科学整形修剪夹竹桃

夹竹桃是三叶轮生，属典型的三叉分枝，每年应修剪 1 次，在茎节上萌发出 3 根新枝。人们常利用这一分枝特性，进行修剪整形，使之成为每株主杆上保留 3 根主枝，各主枝上再保留 3 个分枝，即“三叉九顶”树冠。具体方法：当主杆长到一定高度时需打顶，即可从主杆上长出 3 根分枝，待主枝长到约 20 厘米时再打顶，使其萌发新枝。每根主枝上再保留 3 根分枝，每根分枝只需保留 20～30 厘米，上部枝条应全部剪除。夹竹桃如果多年不修剪，枝条就会徒长，老叶脱落，下部空虚，花叶集中在很高的顶端，花少叶稀，树形十分难看，严重影响观赏。

怎样矮化盆栽夹竹桃

①水插育苗。在夏秋间剪取 1 年以上的花后带叶叉枝，将基

部浸在清水中，每3天换水1次，2周后开始发根。当根白嫩时即可移栽到花盆中。②控水缩肥。翌年换盆，切忌施入尿素化肥或高氮素。以后要少肥、控水，做到干而不燥。浇水宜浇“黎明水”，忌灌晚水。③摘心健枝。及早摘心，可使每一枝头萌发3个开花枝。④适时换盆。2~3年后应及时换入大盆，并施入骨粉等磷钾肥。⑤环剥控长。移入大盆后1~2年，需在干基离盆土10~15厘米处进行环状剥皮。⑥整枝缩型。秋末要剪短长枝，缩小树冠，促使来年萌发低干位的后备花枝。⑦更新修剪。夹竹桃生长5~6年后，需进行1次大修剪，把环剥口上方的老枝全部剪除，再把下方的枝条绑顺整理，使之形成新的多干式的树冠。

怎样水插繁殖夹竹桃

从母株上剪取生长健壮的1年生枝条30~40厘米，在枝条下端从中间将其劈开，深度为4~6厘米，浸入清水中。每1~2天换水1次，以免高温造成腐烂变质。2~3周后待长出白色须根达5厘米时，便可移入花盆，然后进行正常管理养护。

向日葵

葵花清晨笑迎朝阳，中午仰望红日，傍晚凝视夕辉，是人们极熟悉的植物。唐代李涉赞云：“此花莫遣俗人看，新染鹅黄色未干。好逐秋风天上去，紫阳宫女要头冠。”向日葵为菊科向日葵属1年生草本植物，株高1~3米，花期夏季，果熟秋季。其头状花序径可达35厘米，单生于茎顶。向日葵又称花盘或葵盘，花盘外缘有2~3层苞叶，边缘为2~3层舌状花，花黄色，多为无性花，花期为夏秋两季。

葵花原产美洲，传入我国已久，它与太阳依恋不舍，从东到西，始终追随着太阳，犹如一往情深的恋人。古人早就注意到向日葵的这种特性，并将它和信仰联系在一起。《淮南子》云："圣人之于道，犹葵之与日。"向日葵随太阳旋转，在很早时候就是个不解之谜，以后经过科学家们的不断研究，终于在向日葵花盘下面的茎部发现了一种奇妙的"植物生长素"。这种植物生长素具有两个特点：一是它喜欢背光，一遇到阳光照射，背光部分的生长素比向阳部分的多；二是能够刺激细胞生长，加速细胞分裂、繁殖。当阳光照射时，生长刺激素转移到茎的背光面，刺激细胞迅速繁殖，因此向日葵花盘的背光面比阳光面生长得快，而使花盘朝着太阳弯曲。

【观赏价值与应用】 向日葵既可赏叶也可赏花，以向日葵金黄色的轮状花和花盘随太阳旋转而得名。宋代司马光赋诗"四月清和雨乍晴，南山当户转分明。更无柳絮因风起，惟有葵花向日倾"。赞美了向日葵虽不像暗香浮动的梅花，不像窈窕温馨的芍药，不像玲珑俏丽的石竹，但它有自己的性格，尤其有金玉般的花盘，永远向阳的深情，给人以高尚品格的熏陶。墨西哥、秘鲁都是向日葵的故乡，后来从美洲引入欧洲，受到俄罗斯人民的欣赏，被选为国花。在西欧，把向日葵栽种在庭院里，当作一种观赏植物。向日葵的茎叶还是牲口的青饲料，其花能制葵花滴剂，是一种治疟疾的药剂。养蜂的人也喜欢向日葵，因为向日葵花含蜜量丰富。向日葵还可制糕点饼食，制肥皂、涂料、油漆等。

【栽培技术】 种植向日葵可用深厚、疏松、肥沃的砂质土壤。当幼苗长到30 厘米时，可以每 2 ~3 星期追施 1 次腐熟的豆饼粉末水。要使它生长旺盛，可用硫酸钾、磷酸二氢钾适量，也可和氮肥混合后溶进水中，进行根外追肥。喷水不要太湿，也不要使土壤太干，如太湿、太干均会使植株生长不良。喜欢温热和湿润肥沃的土壤，尤以深厚、疏松、肥沃的砂质土壤生长良好。

【繁殖方法】 向日葵繁殖以播种为主，在 3 月下旬至 5 月中旬进行。

当植株长高到约150厘米时应摘除一部分老叶子，以减少养分消耗。

【点　评】 种植向日葵要注意播种后出苗时，不能碰伤子叶。如伤害子叶，幼苗会出现生长缓慢不良状况。

竹　子

“宁可食无肉，不可居无竹。”宋朝大诗人苏东坡爱竹可说到了入迷的程度。竹子是庭院中常见的植物，四季常青，不畏寒暑，苍翠可爱。

竹子是禾本科竹亚科植物，但高却可达数丈，粗如大水瓶。亚洲是世界上产竹最多的地区，我国又是其中主要的产竹国。据统计，我国有竹250多种，主要分布于长江以南、西南及华南等地。竹因其茎、叶、色、姿不同，可分为许多种。我国现存最早的竹子的专著为晋朝的《竹谱》，成书于5世纪50年代左右。我国是世界上利用竹子最早的国家，远在3 000多年前的殷商时代，中华民族的祖先就已用竹造箭矢和用具。前几年发掘的孙子、孙膑兵法书简，已成无价之宝。竹纸也是我国一大创造，最初出现在1 700多年前的晋代，到了明代，福建的竹纸制造业就极为兴盛。我国的竹子种类繁多，大多数可供庭院栽植，主要品种有：①凤尾竹，以其矮而细的竹竿和小型叶而有别于其他品种。②佛肚竹，竹竿部分节间短缩而膨胀，富有观赏价值，盆栽更美丽。③黄间碧玉竹，竹黄色，具有宽窄不等的绿色条纹，有很高的观赏价值。④大佛肚竹，杆丛生，其下部节间短缩而膨胀，似佛肚，可盆栽。⑤方竹，杆下部近方形，茎上生有直而短的气生根和优美的枝叶。⑥人面竹，又称罗汉竹，新杆绿色，老杆渐变成灰绿色，杆下部数节间常畸形缩短而使

节间肿胀如人面。其他还有斑竹、龟甲竹、花竹、紫竹、菲黄竹、青皮竹、淡竹等众多品种。

【观赏价值与应用】 竹，无论地栽、盆栽都能显示潇洒的风韵。尤其在春芳初歇或新绿转归的初夏时节，新篁解箨，翠筱娟娟，令人悦目清心；严冬季节，苍翠如故，生机勃勃，展现出另一番傲霜斗雪的景色。

竹子，形态各异，高可达数丈，低竟不盈尺。另外，它还有雄奇娟秀的姿态美。无论在山里还是在平原，竹都能扎下根来，显示了旺盛的生命力。竹还可做盆景，缩龙成寸，聚景于钵。它以奇数为配景之章法，纳小竹三五于一盆，扶疏葱茏二三簇，高低错落，新篁耸翠三五杆，若再缀以苔藓，旁嵌灵石，则幽趣万分。

用竹做原料可制成各种用具、家具、农具和工艺品，如竹席、竹床、竹睡椅、竹帘、竹靠垫、竹凳、竹筷、竹篓、竹筐、竹担、竹扇。竹子还可制造人造毛、醋酸纤维、硝化纤维，加工竹材的废料可制成竹丝板和纤维板。

竹笋，清脆鲜美，是宴席的佳肴。竹笋的营养也十分丰富。含糖类2%~4%，脂肪0.2%~0.3%，蛋白质2.5%~3%，还有多种维生素、磷、钙等。竹子上还能生长可食真菌竹荪，其味鲜如嫩鸡。

【栽培技术】 竹类大多数喜欢温暖湿润的气候，生长适宜温度为12~24℃。在1月份平均气温若在-5~12℃，极端最低气温在-18~20℃左右，年降水量一般在1 100~2 000毫米的环境中，都可生长。另外，竹子对水分的要求比气温及土壤都高，所以种竹要适宜它需水的特性，同时要求排水畅通的地方，否则竹子长不好。

竹子喜欢以水量充足、土层肥沃而深厚，微酸性土壤。

竹子喜肥，地栽竹在冬季要施一些河泥、厩肥、土杂肥，使它有足够的肥料满足它生长的需要，在生长时可施化肥等速效肥料。

把竹作盆栽，要注意肥不宜过多，要少，否则它生长迅速，竿粗叶大影响美观。

盛夏，竹子要求湿润，所以应向叶面及周围多喷水，使叶子免受阳光及炎热灼发生叶片焦黄。每隔几年，必须对种竹之地进行挖除老兜工作，以促使新竹鞭生长良好和旺盛。

盆栽的小竹经受不住寒冻侵袭，因此要入室防冻害。

【繁殖方法】 竹子的繁殖一般最宜在4～5月份幼笋出土时，带竹鞭分植，再移放阴凉处，保持土壤微润，约待20天，见新叶透出，即为成活。

【点　评】 竹叶往往会发黄，这主要由肥过浓、水过多引起。

专家疑难问题解答

怎样使盆栽竹长得青翠

①温度与水分。盆竹要勤浇水，保持盆土湿润，但忌积水，生长时期及高温季节还应经常向枝叶和盆四周喷水。冬季需入室养护。②施肥与光照。盆栽竹生长期每半个月需施1次腐熟的稀薄液肥。宜放在通风良好、有一定光照的地方。③修剪与换盆。要及时剪去徒长枝、重叠枝、过密枝。每年春分前后需翻盆。

怎样使盆竹保持矮化

①上盆时必须选用浅盆，因竹子属浅根植株，栽植宜浅不宜深。用浅盆栽种可限制根系生长，有效地促进植株矮化。②上盆时必须施足磷、钾基肥，少施氮肥，平时盆土保持湿润为宜，适当扣水控肥，以免肥水过多导致徒长。③注意光照和通风管理。盆竹喜在温暖、通风和光线好的地方生长，反之生长不良。④加强盆竹修剪。竹笋出土后要及时剥壳，剥到适当高度再剪短笋尖，促进横向枝条生长。此外，勿忘及时剪除徒长枝、重叠枝和过密枝，以有效地限制株形的变化。⑤结合科学管理。在盆竹生长期可用矮壮素喷洒叶面，也能有效地促进株形矮化。

使盆竹矮化有哪些方法

①矮壮素。当竹笋高出土面20厘米时，将多效唑或比久（B9）0.1%~0.2%，用注射器注入竹筒腔内，每次注射1~2节，每节3~5滴，每1~2天注射1次，一般处理3~5次。②剥箨法。待竹笋出土约20厘米时，先剥去竹笋基部1~2片竹箨。随着竹笋的生长逐步向上剥，生长期间早晚各剥1次，生长后期1天或隔天剥1次。③埋根茎法。在11月份至翌年3月，截取30厘米长的竹子根茎，埋于盆，上覆10~15厘米厚的土层，浇透水，置于室内养护。

竹子开花了怎么办

①砍去已开花的竹、挖去老鞭。②加强肥水管理。③平时加强松土、施肥、覆土、灌水，挖除地下老鞭，防治病虫害，创造竹子生长的最适条件来防止竹子开花。

竹子长得细弱、生长不好怎么办

挽救措施：①种植时间。种植竹子没有固定的时间，只要下雨就可以移植，但是以每年春季的2~3月之间挖取2年生为最好，多带些土。②土壤。选择排水良好、含有丰富腐殖质的酸性土壤。种植在庭院里的竹子，可以在表土铺上一层杂草，再加上10厘米厚的新土，以促使其生长。③浇水。竹子性喜湿润，种好后遇到天旱时要注意浇水，间隔时间为4天左右。④整修。对已经有7年以上竹龄的老竹要及时砍去，有利于新笋的不断生长。⑤盆栽。将竹子用于盆栽时要选用浅盆，在梅雨季节上盆最好，种植时多带些土，注意排水，避免烂根。种植后放置在阴处，1个月后再慢慢接受阳光的照射。

怎样盆栽凤尾竹

凤尾竹应在春暖后上盆。把丛生的竹子挖出，每7~8根为一

丛，留基部 10 厘米左右，剪除上部枝条，分别栽于泥盆。凤尾竹耐寒力稍差，冬季应移入室内保暖。夏季则不宜暴晒，需放在荫棚下养护。生长旺盛时期应勤浇水，保持盆土湿润，但忌积水，以免造成烂根。每年生长时期还需追施 2～3 次肥料，以保证良好的生长，同时应短截生长过长的枝竿。

合　欢

在夏季的花木中，合欢树花如绒缨，日开夜闭显得十分奇特。

合欢是豆科合欢属的落叶乔木，又称夜合欢、马缨花、绒花树、芙蓉树。它产于我国黄河、长江、珠江流域一带以及日本、印度等地，现在我国南方广泛栽种。合欢的叶片对光照和气温变化极敏感，晚上低温重露，小叶双合；早上日出温暖，两叶又自然张开，故名合欢。合欢“叶纤密、圆而绿，似槐而小，相对生”，更特别的是叶“至暮而合”。因此，合欢别称夜合花。它的花丝细长，花浮泛于树冠之上，如马缨。花期 6～8 月份，种子小，成熟在9～10 月份。另外，它粗枝小叶，细密有致，入夏绿阴清幽，绒花吐艳，是热带、温带著名的观赏绿阴树。

合欢树在我国已有 1 000 多年的栽培历史，唐代诗人白居易曾以“白露滴不死，凉风吹更鲜”来赞美合欢树。合欢为速生树种。开花时由繁密丝状花瓣变成美丽的缨族。花色有桃红、淡粉红，花有微香。另外，有产于我国珠江流域及长江地区的山合欢，其花初开为白色，后转为黄色，也十分具观赏价值。

【观赏价值与应用】　合欢花美叶秀，宜作庭院树。《花镜》云：“合欢一名蠲忿，人家宅第园池间皆宜植之，能令人消忿。”合欢不但花色美丽，而且清香袭人，宋代韩琦的《中书东厅夜合》吟道："合欢枝老拂檐牙，红白开成蘸晕花。最是清香合蠲忿，累旬风松入窗纱。"

合欢是园林、宅院、池畔的最佳花木之一，也是护路、护堤的树木。其树干是制作高档家具的优良木材；其叶的汁有去污作用，能洗衣；树皮可浸水作驱虫药剂，还是作人造纤维的原料；根上有固氮菌，可改良土壤。合欢抗有害气体的能力很强，能净化空气，保护环境。

合欢制成盆景，极少开花。但近代国外已育成一种专作观花的姬合欢，株干不高，仍能开花，纤叶朵朵，玲珑娟秀，分外妩媚。合欢切花瓶插也十分有趣，特别可看到它绽开花苞的情景。合欢单植或对植，别具情趣，显示出它那翠叶、长缨花、清秀潇洒的风姿。合欢丛植在一起，独成一景，如果周围配以假山、剑石等，可构成一幅宁静、和谐的庭院美景。合欢是庭院绿化点缀风景的观赏佳树，植于宅院中、公园内、房屋前、道路旁，可以列植于池畔、水滨、河岸、溪旁、瀑口，取其树态偏斜，自然潇洒。据中国古药书记载，合欢树皮是一味良药，能安五脏、合心志、令人欢乐无忧，久服可轻身明目，可消肿止痛。合欢树皮可作强壮兴奋、利尿镇痛以及驱虫的药剂，树皮纤维还可作人造棉的原料，树叶可以洗涤衣服。

合欢树木材坚实，心部黄灰褐色，边部黄白色，纹理通直，结构细密，经久耐用，是做扁担的好材料，有的可制作家具、农具。

【栽培技术】 合欢树喜欢阳光充足的环境，以及湿润、肥沃、排水良好的土壤，耐寒也耐旱，但畏水湿。若种植在砂质土壤中，植株生长将更好。它的根系复生力特强，虽遭严重损伤，仍能迅速恢复生长。9~10 月份合欢果实成熟，荚果、种子细薄。植株生长到一定高度要进行合理修剪，特别要剪去病枝、交叉枝和徒长细弱枝。它的根具有根瘤菌，有改良土壤之效。

【繁殖方法】 合欢用种子繁殖，可在清明前后播种。播前，种子要浸泡8~10 小时，然后取出播种，覆土 3 厘米，约 10 天发芽。幼苗成长快，一年生树苗高可达 1 米。若冬季施以基肥，翌年

着花将更茂盛。

【病虫害防治】 合欢主要会受天牛等病虫害危害。预防治疗方法,请参阅书后《家庭养花病虫害防治一览表》。

【点　评】 合欢的移植,要在芽萌动时进行,这样成活率会很高。

红　叶　李

红叶李是园林观赏植物中以“红叶”而闻名的观叶花木,它嫩叶鲜红,十分艳丽,一向以庭院种植为多。

红叶李为蔷薇科李属落叶小乔木,又名载叶李或紫叶李,高可达8米。它的幼枝、花柄、叶子、果实都呈暗红色,3~4月份开花,单朵花为水红色,果实为球形粉红色。

【观赏价值】 红叶李嫩枝暗红色,老叶为紫红色,春、秋两季叶色鲜艳美丽,故园林中常作风景树,与常绿树相配或种在白粉墙前,也可种植于草坪角隅、建筑物前、大门边、广场旁。

【栽培技术】 红叶李由于根系较浅,较耐湿,因此可以在黏质性土壤中生长。红叶李树冠多直立性长的枝条,因此萌枝力很强,生长也较快。种植红叶李最适宜在湿润肥沃的中碱性或偏酸性土壤,如种在较阴地方,叶色会由于缺光,而不鲜艳。在栽培过程中,每年春季2~3月份间需施腐熟的豆饼或菜子饼,以促进生长及色彩鲜艳。同时要注意剪除生长过快而长出的砧木蘖芽,再对长枝作适当的修整,使之形成圆形的树冠,树冠姿态美观耐赏。

【繁殖方法】 大多用嫁接法繁殖。

春季3~4月中旬,嫁接红叶李可用山桃、山杏作砧木进行嫁接,成活率较高。但对接穗的影响各不相同,山桃作砧木嫁接的,

新萌生的枝条老叶面多为绿紫色，枝条以紫绿色为多，叶面上会有一块块紫色斑点。长势也特别旺盛，但不耐涝，怕积水，雨季及积水时要排水。山杏作砧木嫁接的红叶李，叶面多呈鲜红色，有较强的耐寒和耐涝性，但长势不及山桃作砧木的旺盛。

【点　评】红叶李在冬季应予以强修剪，特别修剪各层主枝时，要注意留下适量的侧枝，使其错落有致，便于通风透光。

专家疑难问题解答

怎样科学盆栽红叶李

需掌握关键栽培技术：①宜用扦插苗，不宜用嫁接苗。因为红叶李长势比山杏快，用嫁接苗会形成上粗下细，影响树型美观，而且山杏色浅，红叶李茎皮色深，颜色有差异。②树冠从小培养。小苗发芽前从基部剪去上部枝条；待新芽萌发长至 20 厘米时需打顶，以促发新枝。然后选留一枝理想枝条，其余全部剪去。待新枝长到一定高度时再打顶留枝，反复多次，直至形成低矮、美观的主杆。对主杆上的侧枝，选留几根枝条，用同样的方法打顶，形成几组侧枝加以整形，便能形成理想的姿态。③控制肥水。盆土宜干些，以防止徒长。④整枝修形。及时剪除徒长枝、病枝、枯枝。

红　枫

在秋天的园林中，绿树上挂满色彩斑斓的彩叶，最为漂亮的要算红得像火的枫叶了。自古以来，赞美红叶的诗词如张继的“月落乌啼霜满天，江枫渔火对愁眠”；杜牧的“停车坐爱枫林晚，霜叶红

红　枫

于二月花”，一直成为千古吟诵的绝句。

红枫属槭树科槭属落叶灌木或小乔木，品种甚多。按叶形有三角、五角、掌状、爪叶、鸡爪、丝条状；按色泽分有春芽初绽的猩红、终年红、春秋二头红，也有全年黄绿璀璨如金者，更有绿叶上镶嵌浓淡黄斑晕者。红枫单叶对生，掌状深裂，叶终年红色，是观叶佳品。花紫色，果形奇特，带两翅，棕黄色。

【观赏价值】 红枫树姿优美，叶形秀丽，色彩绯然，有的春天枝梢上萌发出鲜红悦目的红叶，夏日叶色略带紫色，秋末叶色更红。三角槭、鸡爪槭等是最好的观叶花木，也是制作盆景的良好材料。槭树叶也可作插花的配叶，十分耀目。红枫制成盆景，可成独干、双干、悬崖、卧干等式，小的枫树苗还可制成丛林式。

【栽培技术】 红枫要求排水通畅的土壤，梅雨季节要及时排除积水，否则会落叶。入秋土壤要保持偏干，以免其叶徒长。盆栽小红枫可在盛夏 8 月份摘除全部老叶，增加少些氮肥，放在半阴处养护，经过 20 天便会萌发新的小叶，叶色十分好看。

槭树科栽培品种有鸡爪槭，高可达 13 米。树冠伞形，树姿雅丽，嫩叶呈青绿色，入秋艳红，花期在 4 月份。翅果 10 月份成熟，棕黄色。其他的种有三角枫、五角枫、樟叶槭、丫角槭、细叶鸡爪槭等。红枫及其他枫树生性强健，对土质并不苛求，栽植在高燥向阳处为宜，在朝风及阳光西晒处不宜。另外，盛夏时忌烈日暴晒和干旱，否则叶片易枯焦。施肥多在冬季进行，如在春季或早秋时施肥，容易引起新枝徒长，或叶片过大，影响各部分行姿比例协调。但盆栽后宜偏阴，要给予充足的水分，若不给水分叶缘易焦，甚至枯萎、脱落。尤其是微型盆栽，更易引起叶缘焦黄而脱落。

红枫喜欢温暖、湿润、凉爽环境，较耐阴，忌烈日强晒。上海夏季气温高，光照强，所栽红枫应移到阴处或进行遮荫，否则叶色会减退，叶片会卷缩。

种植红枫的土壤要求排水通畅的中性或微酸性土壤，梅雨时节要及时排除积水，以免过分潮湿造成落叶。

若要种好红枫树，也需要施好肥，施以20%腐熟的豆饼水为主，在冬天落叶及春天萌发时都要施磷、钾混合肥。到了秋天停止施肥，施1~2次肥即可。红枫的种植宜在通风处，保持凉爽，红枫的修剪也十分需要，特别出现枯叶时，应及时修剪掉，其次要剪去重叠、细长、瘦弱枝。

【繁殖方法】 大多采用嫁接法进行。

一般以青枫作砧木，在春季5~6月份在萌芽时进行芽接，成活率很高。

【病虫害防治】 红枫主要会受红蜡介壳虫、吹绵介壳虫等病虫害危害。预防治疗方法，请参阅书后《家庭养花病虫害防治一览表》。

【点　评】 在盛夏8月份要摘除老叶，这样叶色会更鲜艳。为使红枫重新萌发新叶，应摘去枯叶并及时施肥，肥料可用氮磷钾混合肥料及磷酸二氢钾，每月施肥1~2次。

专家疑难问题解答

怎样使鸡爪槭叶色更火红

①培养土用腐叶土、田园土和少量河沙配制，用腐熟饼肥作基肥。②生长期应保持盆土湿润。③春季萌芽开始，每月施1次饼肥水，9月份起改施磷钾肥。④春秋季应充分接受光照，夏季应避免强阳光直射。⑤11月中、下旬移入室内，室温保持在0℃以上，盆土略微干燥些，能安全过冬。

怎样让鸡爪槭树姿幽雅

鸡爪槭树冠开张成伞形，夏季叶绿色，秋天逐渐变成黄、红色。

性喜庇荫湿润环境，不耐积水。栽植时间宜在早春萌芽前带土球移栽。盆栽宜选较大而深的容器栽培，盆土可用堆肥土及20%河沙混匀配制。生长期应保持土壤干湿相间，每月需施用1次腐熟液肥。成年树应控制氮肥的用量，宜增施磷钾肥。炎夏季节应有适当的遮荫，避开强光暴晒。鸡爪槭新枝萌发能力不强，宜采取轻剪的方法，在冬季落叶后剪除病虫枝及部分过密枝即可。

怎样使红枫红叶鲜艳

红枫茎秆挺拔，枝条细瘦，叶形秀丽娇嫩，终年红色。春天新叶萌发红艳悦目；夏日随着叶片老熟，叶色逐渐变深而略带紫色；秋末变为紫红色，是观叶佳品。红枫性喜温暖湿润环境，喜阳光，较耐阴，忌烈日暴晒，在高温强阳光下，植株会出现叶片卷缩，红色减退，叶尖发焦，严重时叶片全部脱落。盆栽红枫可用山泥，也可在山泥中加1/3园土和5%砻糠灰，使培养土呈酸性。红枫对水肥要求不高，在生长期间盆土可略湿润一些，但排水要畅，不能积水。盛夏要适当遮荫，防止烈日暴晒。秋季宜保持土壤略偏干些，以免引起秋梢徒长。冬季温度低，要控水，盆土偏干为好，以防水湿烂根。春秋需各施1~2次20%腐熟饼肥水，中途间隔施2~3次磷钾肥，如0.5%~1%硫酸钾溶液或草木灰浸出液，有利于红色花青素的合成，使红枫叶片更艳。家庭盆栽红枫，春秋季节宜放在阳台或庭院中观赏，夏季移至半阴处。冬季应放在0℃以上不结冰的地方，保持盆土干燥，就能安全越冬。盆栽一般每隔1~2年在初春芽未萌发前翻盆换土1次，这样能使红枫枝茂叶更红。

怎样防止红枫叶由红变绿

应采取以下措施：①摘叶。把变绿的叶片全部摘去，随变随摘。②追肥。换盆时施足基肥，生长季节，每隔10天追1次肥，还可用3%的磷酸二氢钾进行根外追肥。③适量浇水。盆土水分应保持在50%左右，经常向叶面喷水，保持叶面清洁、鲜艳。④光照充足。长期荫蔽，也会使红枫叶片变绿。冬季置放在室内的红枫，必须保持6小时以上的光照。

红枫叶焦怎么办

①宜半阴环境。红枫忌太阳直晒与烈日照射，宜栽在半阴、湿润环境。②忌积水。红枫喜疏松、肥沃的土壤，较耐干旱，不耐水涝。

芭　蕉

在炎炎酷暑，芭蕉那特大的绿叶，犹如广袖，能遮烈日。芭蕉盆栽于厅室，显得雅秀高洁。尤在廊、厅、堂内，倚角置放数盆，则叶色苍翠、朝阳斜月，堪成画境。

芭　蕉

关于芭蕉名称，据考证："蕉不落叶，一叶舒则一叶焦"，故称芭蕉。芭蕉为芭蕉科芭蕉属常绿大型草本植物，又名绿天、扇仙。因其叶如巨扇，神态悠然，颇有仙风逸韵，得雅号"扇仙"；又因其花苞中积水如蜜，甚为香甜，得名"甘蕉"。

《红楼梦》载，贾宝玉奉元春之命吟咏怡红院景物，诗题为"怡红快绿"。宝玉写的诗中一句为："绿玉春犹卷"，描绘怡红院处栽植的芭蕉。宝钗看了说，元春不喜欢这个词，他改一下，宝玉一时想不出适当的词，宝钗便说"唐钱羽咏芭蕉诗头一句：冷烛无烟绿蜡干。你倒忘了不成？"宝玉于是改作"绿蜡春犹卷"。

【观赏价值】 芭蕉最适宜种于小型庭院的一角或墙边窗前。

盆栽芭蕉风姿尤显雅致，冬季置于室内，颇有“书窗绿友”之感。特别在芭蕉上用水淋滴，大有“雨打芭蕉”之韵味。

芭蕉叶，性味甘淡、寒，有清热、解毒、利尿之功效，可治肿毒初发、脚气、烫伤等病症。

【栽培技术】 盆栽芭蕉可在每年4月份发芽前，挖取母本边的半大子球，栽于口径约50厘米、高40厘米圆(方)缸中。培养土宜取疏松土壤，忌黏性土，并在底部施些肥，生长期应看苗追肥。栽种后如叶片发黄，可每月施2次氮肥，使叶片变翠绿。芭蕉管理应粗放些，不宜施过多及过浓的肥料，否则会削弱长势，影响观赏价值。盆栽芭蕉高度达到2米即成景。

盆栽芭蕉，每年春季应翻盆换土，施基肥，结合换土分殖子球。栽培过程中，不需要经常浇水，只要保持盆土湿润即可。叶面要经常喷水，保持清洁。盆栽芭蕉，不需强烈光照，只需散射光线就能长势良好。芭蕉主要是地栽，其土壤需疏松。其余可参照盆栽土样管理。

【繁殖方法】 芭蕉可用分株法繁殖。

秋末蕉叶枯萎后，剪去叶子，在根部埋上土，再用稻草包裹茎杆，翌年春天去掉稻草等包裹物，在根茎部会萌出许多小株，即可分株。

【点　评】 芭蕉生长期应随时剪去黄叶及焦枯，或有叶斑的叶子，以保持美观。同时，应不断更换种植地，以避免长期栽种后产生老化状况。

苏　铁

俗语说：“千年铁树难开花。”苏铁是一种裸子植物，也叫凤尾

风尾松、凤尾棕、铁甲

科苏铁属常绿木本植
天开花，雄花似一枝
，由无数鳞片状的雄
只灰绿色的排球，由
组成，十分奇特。铁树
蛋状的红色果实，俗称
"凤凰蛋"。

苏 铁

苏铁是一种珍贵的常绿植物，其干似鳞甲坚硬如铁，又喜铁素肥料，故称"铁"树。由于它的叶片羽状，酷似凤尾，又被称作凤尾蕉。

【观赏价值】 苏铁树形古朴，主干挺拔，四季叶子翠绿，给人以庄重、沉稳和刚强的感觉，适宜于庭院孤植、对植和丛植。苏铁经过艺术加工，还可制成盆景，或斜、或仰、或倚富有热带情趣。苏铁盆栽，枝叶清秀雅致，潇洒自然而富有独特神采。苏铁的寿命一般有200~300年，有长寿树之称。苏铁在植物中享有"活花石"之美誉，早在2亿7千年前古生代二叠纪的爬行动物时代就出现在地球上了。1亿8千年前的中生代侏罗纪是苏铁的全盛时期，覆盖南半球的广大地区。后因火山喷发、冰川等自然灾害的影响，大部分苏铁在地球上消失了，只存在于我国、日本等热带、亚热带地区。

我国曾在金沙江河谷发现了数十万株天然生长的苏铁树，它几乎年年开花，蔚为壮观。

1984年6月，北京定陵博物馆的院子内，有一株年逾花甲的苏铁雌株，曾开了一朵花大如圆碟的花，开花时间长达280天，实属稀罕。

近年来，市场上出现了一种美洲铁，也叫墨西哥铁树，原产于墨西哥，我国近年引进栽培。它是名贵稀有的观叶植物，株型优美，叶片排列有序，常年青翠，给人以刚毅坚强之感。

【栽培技术】 苏铁喜欢温暖、湿润和阳光充足的气候，栽种用土以腐殖质较多的砂质土壤为好。也耐半阴，忌夏季烈日暴晒；耐旱、不喜欢大水，浇水过多会烂根。生长适温为24～27℃之间。我国江南地区稍加保温措施就能安全越冬，在温度低于0℃时即会受冻害。

苏铁喜欢铁肥，在换盆和种植过程中应施硫酸亚铁或矾肥水，使叶翠绿有生气。为防新叶徒长，可控制肥水和氮肥。尤在新叶生长前一个阶段，可停止施肥，并控制浇水量。苏铁在5～9月份是生长期，此时要施些腐殖的有机肥，浓度要稀释3倍。另外，在新叶生长过程中，应将花盆放在阳光充足处。为防止树干长偏，需多次换盆。若要叶子反卷，可用铅丝或绳子将叶拉弯，弯成半圆形。春季苏铁新叶展开后，应将枯黄叶片剪除。苏铁修剪也需合理进行，特别要适当剪去茎下部的老枝叶，以减少养料的消耗。南方运来的铁树，如发现已开花，应随时剪去。如果任其开花，二三年内不生新叶。苏铁每年仅长一轮叶丛，新叶展开成熟时，需将下部老叶剪除，以保持其姿态整洁古雅。

【繁殖方法】 以分蘖法为主。

苏铁分蘖多在早春3～4月份进行。可从母株的根部或茎秆上萌生的二三年的蘖芽（大小不一样），切割时要尽量不伤害茎和皮部分。切口稍干后，再浸在水中2天左右，种植时在盆内栽，盆底要放小石子或砂，以利排水畅通。砂和小石子大致要有2～3厘米高，再把切下的铁树分蘖株植于土中，土以培养土和素净黄沙各半混合，种植深度为分蘖的1/2，常保持湿润，以利发根。分蘖后，放在阴处养护，温度可保持在28℃左右，一般2～3个月即可成活。

苏铁也有用切干扦插。可将铁树茎部切成20厘米的枝干，埋进砂质土中，土要保持湿润，但不能太湿，否则会腐烂。大致2～3个月后，在茎秆的周围，会发新芽，再植在盆中。

【病虫害防治】 苏铁主要会受介壳虫等病虫害危害。预防治疗方法，请参阅书后《家庭养花病虫害防治一览表》。

【点　评】 种植苏铁往往会出现叶子枯焦，原因是盆土干湿不均。特别是盆土过干，春天叶片就会发黄，所以冬天要适当浇水，盆土不能太干。

专家疑难问题解答

怎样培育出多头苏铁

①在春季新芽萌动前，将一棵茎秆 8～10 厘米的苏铁剪去所有叶片，用快刀从偏心处一刀劈开，但不要损伤髓心。在原盆中控水 4～5 天，用手拍松泥土，把连在两个劈片上的根须慢慢扒开，剪掉弱须。劈面向上平放在浅盆中，浇透水，正常管理。翌春，带髓心的劈片会在顶端发出幼仔，并长出羽叶。第 3 年，两侧将各长出一个幼仔，成为多头苏铁的雏形。②在春季新芽萌动前，剪光所有叶片，用快刀在顶端髓心处横切一刀，深约1/3，切断顶端羽叶生长点，之后正常管理，宁干勿湿。第 2 年，虽长不出新叶，但茎秆却逐渐膨胀发粗，形成一个圆球。第 3 年，植株顶端会发出一串新叶，每簇叶中长出一个幼仔的外壳，从顶端延伸至两侧。之后，幼仔外壳脱落，长出多个头来。③选一棵长有 3～4 个幼仔的苏铁，不管大小，把羽叶统统剪掉，幼仔向上，横栽于地中或浅盆中(尾部向阳)。第 2 年春天，不仅顶端能长出 4～6 片羽叶，其他 3～4 个幼仔也能长出 2～3 片小叶，并逐渐加粗长高。这样就形成了头部、尾部都能长成羽叶的多头铁树了。

怎样使苏铁叶绿茂盛

要想使苏铁多长叶，应在春季将枯黄的老叶剪掉，使养分集中，加速新叶的萌发及生长。平时需注重肥水管理。苏铁萌动时，应放在室外有阳光处，土壤需保持一定的湿润度。翻盆时应施入腐熟的基肥，5～9 月份期间每月需追施 1 次复合肥，或每隔 10 天喷施 1 次含铁的营养液，这样就能促使苏铁多长叶片，甚至一年中可 2 次长出新叶。

苏铁叶片发黄有哪些原因

主要原因：①部分老叶发黄。夏、秋、冬季都可能出现，主要是土壤干湿不均所引起，尤其是过干而断过水，更容易出现老叶发黄现象。若遭严重介壳虫危害，因叶绿素被吸尽也会发黄。土壤中缺少氮素也会使老叶发黄。②全部叶片都发黄。在夏、秋季多为盆土过干所致，也可能是有严重的病虫害。盆栽苏铁冬天放在室外受冻害，土壤中养分缺乏也会使全部叶片发黄。③新叶发黄。主要是因为土壤中缺少有效铁，及时喷施硫酸亚铁或柠檬酸铁，可使叶片逐渐恢复。

苏铁出现半绿半黄叶片怎么办

原因：冬天防寒保暖不当。如果放置在屋檐下或门口，一半在露天，受到霜冻，冻坏了叶片和根部；另一半在屋檐下或门口的暖和处，霜打不到，因此出现上述现象。挽救办法：①剪去部分枯叶，5 月份起放置在室外露天，让其恢复生机，促使长新根、发新叶。②从盆中磕出，修剪去全部叶片，切除根部的腐烂部分，重新上盆种植，放置在室外露天，保持盆土略干。随着切除部分伤口的愈合，就会长出新根，发出新叶。

苏铁叶片发白怎么办

将植株从盆中磕出，抖去宿土，剪去腐烂、损伤的根系，以及发白的叶片，重新上盆放在半阴处，温度宜保持在 27～30℃，以喷水方式供水，待服盆后再放到室外阳光充足处萌发新叶。

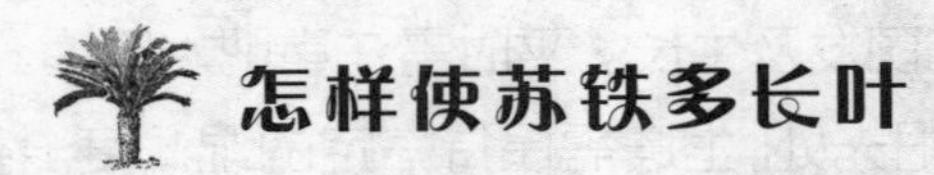

怎样使苏铁多长叶

①4 月下旬出室前，应将枯黄老叶剪掉，使苏铁养分集中，加

速新叶萌发生长。②在 5~9 月份生长期间，应注意多施肥，勤施肥。具体做法是：每月施 1 次稀释后的硫酸亚铁的饼肥。苏铁偏爱铁元素，可将铁锈撒在植株旁，而后随浇水渗入盆土中供苏铁吸收。③苏铁开花一般很少见，一旦现蕾，其代谢作用增强，此时应多施复合肥，以免叶片变黄枯萎。④浇水应注意见干见湿，使盆土保持中等湿度即可。

怎样使苏铁叶片短而壮

①采光充足。苏铁一年四季都需要阳光，冬季应将它放在朝南向阳房间。②浇水适宜。开春苏铁进入生长期，浇水量是平时的 1/2，切忌过多，待新叶长出才可正常浇水。③喷施矮壮素和硫酸亚铁。生长期间每周对叶面喷 1 次矮壮素；早春用硫酸亚铁浇根，调节盆土 pH 值。

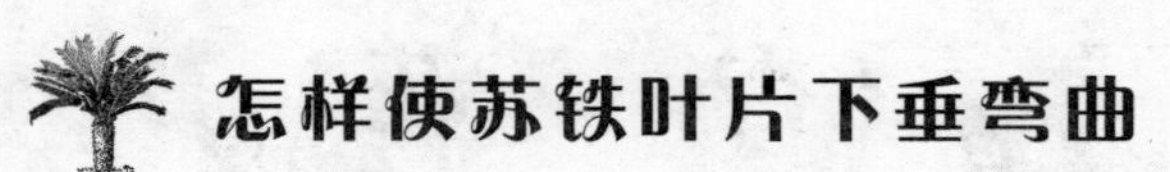

怎样使苏铁叶片下垂弯曲

常见的苏铁叶片有两种：一种叶片是直生稍弯的，另一种是弯曲下垂似绵羊角（俗称羊角铁）。一般来说，苏铁在长新叶时，通过太阳暴晒，盆土略干时，叶片的弯曲度大些；反之，光照不足，叶片就直生徒长。如从幼叶时就开始用铅丝等方法弯扎，就能使叶片弯曲下垂。

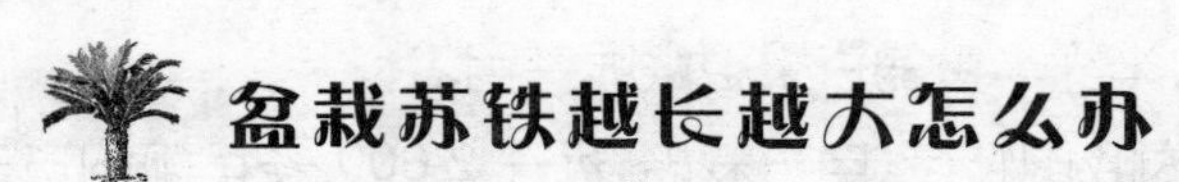

盆栽苏铁越长越大怎么办

①切茎繁殖小铁树。方法是：在原盆里切去或锯去鳞茎上端处的一半或 1/3，切口涂上木灰后晾干。忌大雨冲淋，经过精心管养后，在夏秋高温时，苏铁切口下端的边缘处，会陆续长出小铁树（子鳞茎），待其长到鸡蛋那么大时，摘下上盆种植，或在原盆内作多头铁培养。②被切去或锯去的另一段带叶的铁树鳞茎，切口处涂上木灰晾干后，可在砂土中另行培植，使之发根。采取这种繁殖和培植方法，宜在 5 月份间进行，快者 1~2 年，慢者 2~3 年才能

获成功。

铁树烂根怎么办

栽培铁树时，常因土壤板结、施肥过量、浇水过多等而造成铁树叶片枯萎，根系腐烂。若不及时抢救，便会全株死亡。挽救措施：将铁树从花盆中磕出，剪去枯叶和烂根，根部用 800~1 000 倍液的百菌清或托布津等杀菌液浸泡半小时进行消毒，晾干待上盆。上盆应选一个干净的花盆，用无病菌污染的素沙栽种，并浇 1 次清水，随即把它放置于雨水淋不到的凉爽通风处。经常注意浇水保温，让其恢复生机，以利来年初夏生根发叶。对于叶片全部枯死、茎秆受损不大的铁树，剪去枯叶后，更换新的培养土，注意浇水保持土壤湿润，置半阴处管理即可。

杏　花

每年 3~4 月阳春三月，杏花与白玉兰竞相吐艳，但见它娇红俏丽，明媚耀眼，翠叶扶疏，沐风蔚霞，十分壮观。在万木葱茏的红花绿丛中，半红半黄的杏果更耀眼夺目。

杏树为我国特产，自古栽培，远在 2 600 多年前的古书上就有记载，如公元前 685 年成书的《管子》中就有“五沃之土，其土宜杏”的说法。唐朝诗人王维的“屋上春鸠鸣，村边杏花白”，南宋大诗人陆游的“小楼一夜听春雨，深巷明朝卖杏花”，与南宋晚期诗人叶绍翁的“春色满园关不住，一枝红杏出墙来”等，更是描绘春色的绝句，令人对杏花的美丽赞叹不已。

杏树为蔷薇科梅属落叶乔木，4 月中旬开花，花色淡红，4 月下旬晚春时节为落花期，故有“春深杏花乱”之说。6~7 月份杏子上市，成熟果肉呈暗黄色，汁多，味香甜。

杏树种类很多，黄而圆者为金杏，扁而青者为木杏，熟时白色微黄者为白杏，甘而有沙者为沙杏，黄而带酢者为梅杏，青而带黄者为柰杏。

杏树分布于我国华北、西北、东北、西南及长江下游各省。杏树10年即进入盛果期，可延续40~50年，寿命长者可达200~300年以上，我国约有1 500多个杏树品种。

【观赏价值与应用】 杏树高大，开花繁茂，杏花色彩鲜艳明亮，是城市园林中的观赏花树，与桃、梅相配，景色秀丽典雅，丛植或成片植于水边，更有韵味。与其他花卉相比，杏花有三大优点：即花早、花变、花繁。杏花早春先叶后花，享有“北梅”之称。当百花尚未开放时，已“一树春风属杏花”。杏花还有“娇容三变”之术。含苞初放之时，花色纯红；争艳怒放时，渐变淡红；待到花落时，又由淡红转白。古往今来，众多诗人都爱吟咏杏花。北宋诗人宋祁在《玉楼春》一词中的“红杏枝头春意闹”，十分脍炙人口，名噪古今。只因这一“闹”字写活了杏花，为时人所争咏，所以得了个“红杏尚书”的桂冠。杏果色泽悦目，香气扑鼻，果肉鲜甜糯软。杏树种仁可入药。

【栽培技术】 杏树一般可在春、秋两季进行种植。它对土壤要求不十分严格，可在排水畅通、土壤深厚的砂质土中种植。也可在轻盐碱土中栽培。很不耐涝，它很不喜欢湿度很高的环境。

杏树春天种植宜在发枝萌叶前，秋天可在落叶后种植。栽培管理较为粗放，但花后幼小果实膨大时应施麻酱渣、豆饼水等基肥。在生长过程中注意雨多时进行中耕除草保墒。修剪时以整成疏散分层形成自然圆头形，使树保持均称、自然、美观。

【繁殖方法】 杏树繁殖一般常用播种法及嫁接法两种。

（1）播种：春秋两季可用种子播种。春天在3~4月份把种子浸在清水中8~10小时，然后放在沙床催芽。待茎根外露时种在营养篓内。于当年夏天定植。定植时，翻土后，按7厘米×7厘米

株行距离定坎，挖坎宽100厘米，深60~70厘米，并在坎处用草皮泥（带泥的草皮）20千克，拌土种植，每年施腐熟透的豆饼肥作基肥3次左右。

（2）嫁接：用山桃作砧木，常在6~7月份用“T”形芽接，也可在翌年春天用枝接法，枝条采用当年已萌发的。

【病虫害防治】 杏树主要会受山楂粉蝶等病虫害危害。预防治疗方法，请参阅书后《家庭养花病虫害防治一览表》。

【点　评】 与其他花卉相比杏花有3大特点：花期早、花多变、花繁茂。为使杏树多开花，要注意施肥，尤其生长期要施好肥。杏树寿命很长，最长可达200~300多年。

杜　鹃

杜　鹃

杜鹃是我国闻名于世的三大名花之一。似暮春南国，漫山遍野的杜鹃，竞相怒放，漫山红遍。它奏响了春天的乐章，激发起人们美好的遐思。

杜鹃古称山榴花，属杜鹃花科杜鹃花属，又名映山红、山鹃。在所有观赏花木之中，杜鹃称得上花、叶并美，地栽、盆栽皆可。全世界有900多种，我国就有600多个品种，大量分布于云南、四川和西藏等省、自治区的横断山脉一带，这儿是杜鹃的发祥地和分布中心。

杜鹃较早的记载见于齐梁陶弘景的《本草经集注》（公元492年）中：“羊踯躅，羊食其叶，踯躅而死，故名。”唐代诗人白居易对杜鹃倍加赞赏：“九江三月杜鹃来，一声催得一枝开。江城上佐闲无事,山下斸得厅前栽。”自六朝、唐,至明、清,有关杜鹃花的诗、词、散文和各类谱志很多。从诗文中证明,自唐代起人们就已经把野生的杜鹃栽培到庭院中。

【观赏价值】 在园艺栽培上,杜鹃分为东鹃、西鹃、毛鹃、夏鹃 4 个类型。

东鹃:即东洋鹃,又称石岩、朱砂杜鹃,来自日本,其主要特征是体型矮小,分枝散乱,叶薄色淡,毛少有光亮。4 月开花,花朵很小,一般口径在 2~4 厘米左右。传统品种有新天地、雪月、碧止、日之出和能在春秋两季开花的“四季之誉”等。

西鹃:最早在西欧的荷兰、比利时育成,故称西洋鹃,多数为进口品种。其特点是花叶同发,花大而鲜艳,多重瓣,颜色变化多端,叶片厚且有光泽,株形较矮。有皇冠、四海波、天女舞、白凤等品种。

毛鹃:俗称毛叶杜鹃,其特征为体型高大,可达 2~3 米,健壮,适应能力强,小苗是嫁接西鹃的优良砧木。主要特征是幼枝密披棕色刚毛,花大、单瓣、宽漏斗状,少有重瓣。花色有红、紫、粉、白及少量复色,栽培最多的有玉蝴蝶、琉球红、玉玲等品种。

夏鹃:原产于印度和日本,于 5 月下旬至 6 月份开花,故称夏鹃。其主要特征是枝叶纤细、分枝稠密、树冠丰满,花宽漏斗状,花色、花瓣同西洋鹃一样丰富多变,花有单瓣、重瓣之分,是制作盆景的好材料,有五宝绿珠、大红袍、紫辰殿等品种。

【栽培技术】 杜鹃喜阴凉、怕高热、喜半阴、怕强光、喜排水通畅和通风凉爽的环境。它喜欢酸性土壤,忌碱性土壤。

杜鹃可以地栽和盆栽,一般野生杜鹃、毛鹃、东鹃、夏鹃都可以盆栽,也可以在蔽阴条件下地栽。西洋杜鹃宜以盆栽以便于细腻管理。各类杜鹃均可用黑山土做培养土,黑山土(培养土)先摊开暴晒数日,过筛后分层装盆,以利排水。黑山泥的 pH 最好调制在 4~5.5 之间。

盆栽的西洋鹃,多用紫砂盆,选疏松的肥土。盆栽位置应放在

向阳地方，最好每年能换1次盆，使其生长良好。换盆时，既要清除宿土，又要好好保护根系，浇透水后放至半阴处，等新叶萌发再浇水。杜鹃浇水很重要，水多会造成落叶，但一旦盆内缺水，花叶就会枯萎，花期也会短。所以夏天特别要给予它充足的水分，每天1~2次，要检查盆土，见干就浇，太湿需排水或放在阴凉处晾干。种杜鹃还要给予杜鹃一定的肥料，多用稀矾肥水、草汁、饼肥，每周施1次。土壤酸度不够可用硫酸亚铁调节，杜鹃施肥忌用尿素浓施。花开后，每隔1周施以氮肥为主的肥料3~4次，以补充开花消耗的养料。冬天，杜鹃要注意防寒。

【繁殖方法】 杜鹃一般用扦插与嫁接法繁殖，很少用种子播种繁殖。

（1）扦插：在6~7月份间选当年生新枝带节摘下，去掉基部作插穗，插穗长度8~10厘米左右，插在疏松、富有有机质的酸性土壤中。气温一直保持在25~30℃，适当遮荫，1~2个月后便可生根。

（2）嫁接：在春季可用野生杜鹃作砧木，用切接或靠接法进行嫁接。

【病虫害防治】 杜鹃主要会受红蜘蛛、黑斑病等病虫害危害。预防治疗方法，请参阅书后《家庭养花病虫害防治一览表》。

【点　评】 杜鹃切忌种植在缺乏阳光的地方，否则会导致植株衰弱，甚至叶片枯焦发黄死亡。另外，对杜鹃施肥，勿忘加入硫酸亚铁来调节土壤的酸性。

专家疑难问题解答

怎样让杜鹃开花繁多

①生长环境。杜鹃喜凉爽、湿润气候，十分适应半阴半阳环境。忌烈日，又忌过荫。②土壤与水质。杜鹃喜排水良好、腐殖质

丰富的酸性土壤。土壤 pH 要求在 4~5.5。浇水的水质要求以不含碱性为好。如使用自来水,最好存放 1~2 日后再用。③施肥。进入盛夏后要停止施肥,使其安全越夏,有利于花芽分化;在花芽分化与孕蕾期应每隔 10 天左右施 1 次磷肥为主的肥料;在生长期要注意薄肥勤施;开花前 1 个月施 1~2 次磷肥;开花后施 1~2 次混合肥料。④病虫害防治。在高温干燥时节,红蜘蛛、军配虫对杜鹃危害严重,会使叶片发黄、脱落。褐斑病是杜鹃常见的病害。对这些病虫害要及时喷洒相关药剂进行防治。

怎样让杜鹃花在春节开花

在栽培管理上必须掌握好以下几个关键技术:①选择早花品种。早花品种有寒牡丹、白牡丹、王冠等。②低温锻炼。在春节前 70 天,将杜鹃花放在低于 10℃的温度条件下进行锻炼。③光照控制。在春节前 40 天,将整个植株用塑料袋套住,放在向阳的窗台上,每天 4 个小时的光照(阴雨天用 25 瓦的灯泡代替),夜间保持 9℃以上的温度。④保持盆土湿润。用浸盆浇灌法经常保持盆土的湿润。当杜鹃花含苞待放时,每天用与室温相近的清水喷洒叶面。⑤调节塑料袋内温度。当塑料袋内的温度升高时,松开袋口,等温度降下来时再将袋口扎紧;当杜鹃花含苞待放时,去除塑料袋,保持 9~12℃的室温。

怎样使杜鹃花延期开花

若想杜鹃在自然花期之后开花,可在花蕾尚未绽开之前,将其放入 1~3℃的低温室中培养,每天只给 3~4 小时弱光,保持盆土略湿润,一般可储藏到 9~10 月份。在需要开花的日期之前 15~20 天取出,时间宜在下午 5 时以后或在清晨 8 时以前。取出后放在荫蔽、凉爽、防风处养护,并要经常往植株上喷雾。经过 4~5 天恢复生机后,使之略见阳光,也可略施些薄肥,这样届时就能开花。

夏鹃有蕾不开花怎么办

有些人在种植夏鹃时由于管理不当，虽然孕育了不少花蕾，但到了春暖花开时，却猛长新芽而不开花。这是什么原因？这种现象称之为枯蕾。造成夏鹃枯蕾的原因是：冬季室内的温度过高，过度的枝叶生长与花蕾争夺营养，使花蕾因营养不足而开不出花。挽救方法：夏鹃具有较强的抗寒能力，在华东地区能在室外安全越冬，让其自然休眠，防止枝叶徒长。在开花前施 1 次以磷肥为主的薄肥，如过磷酸钙等，到时就能开出颜色艳丽的杜鹃花。

杜鹃花为何会落蕾与死亡

①栽培土碱性过高。杜鹃花喜酸性土，忌碱性土。我国北方土壤多偏碱性，用这种土栽培杜鹃，必然造成植株生长不良，甚至死亡。②浇水不当。杜鹃既怕干又怕涝。浇水过少，叶色变黄，严重时枯死；浇水过多，盆土过湿，易导致烂根死亡。③施肥不当。杜鹃喜薄肥怕浓肥、生肥，如果施入未经腐熟的生肥或施浓度大的化肥，均易造成“烧根”，导致植株枯萎死亡。④多年未换盆换土。根系布满盆内，并盘结在一起，缺乏养分，造成植株生长衰弱，天长日久，也会引起死亡。

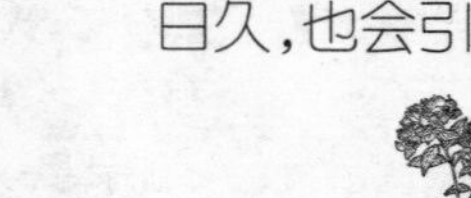

杜鹃花叶片为何会由绿变红

多数杜鹃花的生长期是从初夏到初秋，当植株进入冬季休眠前积累在叶片中的葡萄糖等养分经低温刺激后呈现红色，等到第 2 年春暖花香时，杜鹃花的叶片又从红重新转变成绿色。特别是一些小叶子的夏鹃，入秋后叶片开始发红，到了冬季叶片红得更厉害。还有一些半常绿的杜鹃花，如春鹃、夏鹃，一切养护管理都很正常，但是到了冬季叶片变红后，有一部分叶片再由红变黄而后逐渐脱落，这些都是植物正常的新陈代谢生理现象。

杜鹃施肥时应注意些什么

为了使杜鹃开花繁盛，必须重视施肥环节：①生长期间。杜鹃在生长期间喜薄肥勤施，而以稀释的腐熟饼肥水为好，一般7～10天施1次。入秋后杜鹃又1次进入生长阶段，在花芽分化与孕蕾期需增施磷钾肥料，施肥后的次日需浇1次清水。②开花期。开花前1个月需施含磷肥料；花谢后，施肥的浓度可适当增加一些。③休眠期。盛夏季节杜鹃呈半休眠阶段，必须停止施肥；10月份后杜鹃基本停止生长，这时也要停止施肥，这样有利于植株越冬。

盆栽杜鹃花为何不宜经常松土

盆栽杜鹃花乃属浅根性植物，根须细而脆嫩，松土时易损伤根须，影响生长。养护杜鹃花，可在根部土上放几块碎瓦片，以防表土冲刷；根须露在土上时，可加入一些疏松的土壤，以盖没根系为止。

连　翘

在早春二月开花的春花中，先花后叶的连翘开花很早，花为金黄色，鲜艳可爱。连翘为木犀科连翘属落叶灌木，高可达3～4米，它又名黄金条、黄杆花，4～5月份开花。连翘有不少变种，如金钟连翘，它长势强盛，长枝上2枝片叶通常由3张小叶组成的复叶，或有明显3裂，花大而美，黄色深浅不一。

【观赏价值与应用】 连翘宜栽于草坪角隅、岩石假山下、路缘和转角处。它可作花篱，种植时最宜与常绿树配植，或少量配植于榆叶梅丛间，更光彩夺目。悬垂下挂，飘飘悠悠，独树一景，在庭院中可作春景观赏。连翘根系发达，有保护堤岸之功能。果实俗称“青翘”，它性味苦，微寒，有散结消肿、清热解毒之功效。连翘的根皮也可供药用。

【栽培技术】 连翘喜光照，耐半阴，也耐寒；对土壤要求不严，在一般中性或偏酸性土壤中均能生长，忌种植在低洼处和雨后积水处。

种植连翘要注意施肥。庭院种植的，要在花开前及花开后各施1次肥；盆栽的，冬季应施基肥。另外，连翘也需修剪，特别要在生长旺盛时修去徒长枝及病枝、枯枝，以保形态美丽、生长良好。种好连翘还需注意换土，一般2~3年翻土及换土1次，以保植株健壮。

【繁殖方法】 连翘繁殖以扦插法为主。一般在梅雨时节进行，扦条成活率高。梅雨季节扦插用软枝较好，茎节处剪下长10~12厘米作插条，插后易生根。

【点　评】 连翘若与绣线菊、紫荆配植在庭院，景色将会更美。另外，连翘的扦插也可在春季进行，此时用硬枝易成活。

含　笑

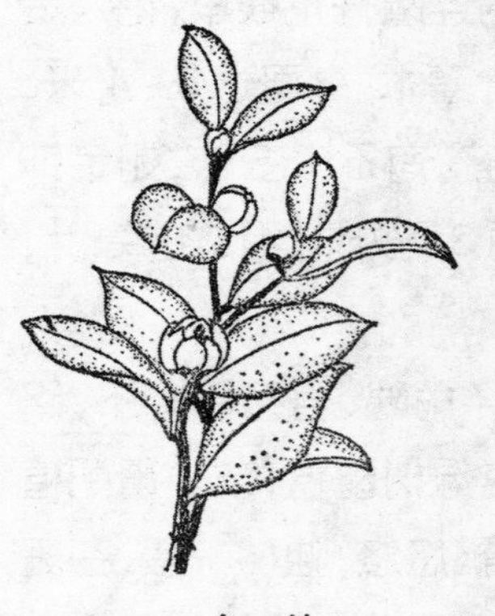

含　笑

含笑花苞温润如玉，衬上碧绿的叶片，犹如一位容颜美丽的翠衣姑娘。花冠半开微吐，好似临风莞尔，娇羞欲笑。含笑开放时正值“菖蒲节序芰荷时”，迎着晚风不时送来一阵阵既像香蕉又像甜瓜的香味，着实令人陶醉。

含笑，又名寒宵，因香味特殊，俗称酥瓜花、香蕉花，开花时要多浇水，保证花开不衰，为木兰科含笑属常绿灌木或小乔木。含笑原产于我国广东、福建及广西东南部亚热带地区，现长江流域均有栽培，高可达2米（移至北方，株形变小，盆栽常不足1米），是一种盆栽、地栽皆宜的名贵花木。含笑花瓣花为浅黄色，花边缘带紫晕，花期4~5月份。开全紫色花的含笑为名贵品种。

【观赏价值与应用】 含笑色香俱佳，使人越看越觉其妍洁，越嗅越觉其馨甜。含笑四季枝叶团簇，花叶苞润如玉，馥郁可人，是我国著名的香花之一。它适合公园、机关、学校、医院等地丛植，也可配置于草坪边缘或疏林下组成复层混交群落。于建筑入口对植两丛，窗前散植一二，室内盆栽观赏，花开时清雅芳香。

含笑花蕾可入药，夏季开花期间采摘或鲜用。在清晨太阳出来时采集花蕾，隔水蒸一下，上气即取出（不能蒸太久），晒干后备用。它性苦，主治胸肋间作痛和月经不调、闭经。含笑花还可提取芳香油，花瓣可窨制花茶。

【栽培技术】 含笑喜光，也耐半阴，不耐暴晒，喜欢温暖多湿气候，盆栽于5℃以上室温条件下越冬。6月份进入生长季节，浇水可多些，另外，应每隔7~10天浇1次淡矾肥水，以促进枝叶色浓。盆栽的可在10月份再进入室内。冬季应减少水分，温度控制在5~8℃即可。南方可露地栽培，花后摘去残花。盆栽每年需翻盆换土1次。移栽时要带土球，可在春季3~4月份选择林下土质疏松、排水良好的腐殖土栽种。含笑栽培用土可用腐叶土、泥炭土、田土等量混合，配置成微酸性、疏松、肥沃、排水良好的基质。含笑属于半阴性花卉，要求适当遮荫，因此出室后宜放在阴凉处。入夏，上午8时至下午5时用竹帘遮光，以免强光暴晒使叶色变黄，甚至灼伤。水过多，盆土过湿，易烂根落叶。

【繁殖方法】 可用扦插、嫁接等方法繁殖。

（1）扦插：取已半质化的嫩枝15~20厘米，于花开后的6月份扦插。插条插于泥炭土中，pH在6~6.5之间，放在阴处，保持

湿润，3 个月后便可生根。3~9 月份应施些酸性液肥加矾肥水等，以 20 天左右施 1 次较为适宜。

（2）嫁接：5 月份可用玉兰做砧木，进行靠接，成活率高。

【病虫害防治】 含笑主要会受煤污病、介壳虫等病虫害危害。预防治疗方法，请参阅书后《家庭养花病虫害防治一览表》。

【点 评】 含笑喜肥沃、排水良好的偏酸性土壤，所以浇水最宜用雨水，如用自来水，需在盛器中放置几天后才能用。栽培过程中应不断调节土壤的酸度，pH 在 6~6.5 之间为好。尤其在 3~9 月份，应施酸性液肥如矾肥水等，15~20 天施 1 次。

专家疑难问题解答

怎样控制含笑花期

①如要提早开花，可采取冬季加温培养。当冬季花蕾膨大后，保持 15℃的温度即可。②欲使含笑第 2 次开花，可在开花前 1 个月摘除嫩梢，再用 500~1 000 倍液的赤霉素涂抹腋芽花蕾，开始时 2 天涂抹 1 次，以后每天涂抹 1 次，这样可加快叶腋内花蕾的发育，促使花柄伸长，让原来在叶腋内的花朵挺出植株顶部，1 个月后便可开花。

含笑为何会先落叶后开花

主要原因：①在搬入温室前曾受过霜冻，因为这时叶片受了冻，而花苞尚小，又缩在叶丛中，未遭受冻害。当搬入温室后，随着室温上升，被冻过的叶片逐步脱落，而花苞仍逐渐膨大而开花。②放入温室的盆土经常过湿，盆底孔洞排水不良，或环境闷热通风不良所致。清明后，如果发现枝杆尚青带绿色，可放置室外，通过精心养护，会重新长出新叶；如基部枝条已枯焦，那就无法再长叶了。

含笑叶片发黄怎么办

防止措施：①避免夏季过度强烈光照。在春秋季要将植株放在朝南的窗前或阳台上，使其受到充足的光照；在夏季要将植株放在荫棚下养护，或搬入室内养护。②必须种植在深厚肥沃的微酸性土壤中。如果土壤的碱性过强，就会引起土壤中的磷、铁或硫等元素的缺乏，导致叶绿素发育不完全而叶片发黄。可用腐叶土、园土、砻糠灰和厩肥以2∶2∶1∶1的比例配制的培养土。③供给植株生长所需的营养及铁元素。在植株生长期间每隔20天施1次30％腐熟的饼肥水，并加入1/4硫酸亚铁。④保持盆土的湿润。在春夏季植株生长期，每天需浇1～2次水。

含笑应怎样进行修剪

含笑的株高一般为1～1.5米，分枝多而稠密，自然长成圆头形的树冠，因此一般不需要修剪。但是为了使含笑生长得更健壮，第2年开更多的花，每年需在一定的时间对植株进行适当的修剪。①修剪时间在翻盆时和花谢后。②修剪方法。在翻盆时主要对那些徒长枝、过密枝、纤弱枝、病虫枝和枯枝进行修剪，使整个树体通风透光，以利于植株更好地茁壮生长；花谢后的修剪主要是对不留种子的植株而言，及时剪去花茎，以减少养分的消耗。

牡　丹

牡丹，花大色艳，富丽堂皇，色、姿、香、韵俱佳，美不胜收，是中国的名贵花卉，享有“花中之王”的盛誉。有唐诗曰：“国色朝酣酒，天香夜袭衣。”于是“国色天香”就成为牡丹的美称。

牡 丹

牡丹的栽培约始于南北朝时期，“开花时节动京城”的诗句，记载了隋唐人赏花场面。唐宋时发展到鼎盛时期，牡丹观赏品种不断推出，培育了艳传一时的许多名贵品种，如“姚黄”、“魏紫”、“欧家碧”，世代相沿，至今仍誉为上品。全国出现许多牡丹名园，享誉国内外。

牡丹为毛茛科芍药属落叶小灌木。可高达1~2米。花期4月下旬至5月份，果实成熟9月份。牡丹原产我国西部及北部，现广为栽培。牡丹品种有800多个。牡丹花形大，花色美，花型美，花色清，所以在传统花卉中占有特殊的地位。牡丹，别名富贵花、木芍药、鹿韭，在我国已有1500多年的栽培历史。隋代已形成牡丹观赏品种，隋炀帝建西苑，广植牡丹。当时已有莫红、呈红、醉颜红、一拂黄、软条黄等品种。按其花色大致上可分为红花系、紫花系、白花系和黄花系；按花期早晚，可分为早花种、中花种和晚花种；按花瓣的多少和层次，可分为单瓣类、千层类和楼子类等；按其实用价值，又可分成药用种和观赏种。除姚黄、魏紫等名品外，豆绿、二乔、昆山夜光、青龙卧墨池等都是著名品种。

【观赏价值与应用】 百花丛中，牡丹居群芳之首，故有“花王”之称。它有“十绝”，即花朵硕大，雍容华贵；开候相宜，总领群芳，叶形奇美，碧绿千张；品种繁多，千姿百态；花朵丰富，绚丽多彩；花品高雅，劲骨刚心；株态苍奇，干枝虬曲；绝少娇气，易养好栽；花龄长久，寿逾百年；花可酿酒，根可入药。牡丹在园林中占有重要的地位，常以各种布局种植于庭院之中，无论群植、丛植、孤植或收集不同品种开辟专类牡丹园都很相宜。牡丹雍容华贵，国色天香，花大色艳，在城市各类型绿地中可广泛应用，也可在风景区建立专类牡丹园，荟萃名品，让人观赏。牡丹可作切花用，切花插瓶时，烧其切口，能延长观赏时间。因其在春季开花，与莲花、菊花、梅花并称“四季花”。评品牡丹的标准是:色艳、香浓、根系发达、生长迅速。在常见的品种中,红色的酒醉杨妃、胜丹炉,绿色的娇容三变,粉红的花二乔,紫色的神生紫,白色浓香的赵粉,黄色早花浓香的“姚黄”均是上品。

牡丹还能监测污染大气的光化学烟雾中主要有毒气体——臭氧。当臭氧在大气中的含量达到1/100万时,经3小时,牡丹叶片上便会出现斑点伤痕。污染程度不一,叶片会变成灰褐、淡黄、灰白等不同颜色。因此,牡丹已成为监测大气污染的首选植物。

牡丹皮性味苦,辛微寒,有清热、凉血、和血、消淤等功效。清热凉血宜生用,活血消淤宜酒炒用,止血应炒炭用。

【栽培技术】 牡丹栽培要注意适应它、温暖、高燥,忌炎热低温的环境。它较耐寒,可耐近 -30℃低温。它也耐干燥,在年平均相对湿度45%左右,即可正常生长。牡丹亦喜光,稍耐阴,应避免强烈的直射光,对生长、开花和延长花期有利。土壤要选疏松肥沃、中性、微酸或微碱,都能生长。牡丹为喜肥植物,要使它花大色艳,必须合理施肥。每年以3次为宜,第一次在花前施。一般在2月中下旬施。第二次为花后肥,在5月上旬用豆饼肥(腐熟透),一般可用0.2%~0.5%的磷酸二氧钾作根外追肥。第三次施肥在立冬前后。

为保证养分充分,多开花,可在开花前对花枝基部采取剪除枝芽措施,以保花大。栽植牡丹时,埋土不宜太深,过深的话,牡丹不旺发,最好和根茎交接处相齐。要注意根须在土穴中伸直,不要卷曲。为使牡丹开花多和好,也需进行修剪。待花谢后及时剪掉残余的花,以免消耗过多养分。

【繁殖方法】 多采用分株和嫁接两种方法。

(1) 分株:在9~10月份,已有5年左右的可移大丛牡丹株龄,从土中挖出后,放至阴凉的地方,约2天,茎根稍软时找出可分离的地方,用刀劈开即可移栽。移栽后要遮荫,然后浇透水。

(2) 嫁接:可选直径达2~3厘米粗的老牡丹根或芍药作钻

木，进行根接。接穗选近枯株下部一年生枝条，在 10 厘米左右，应带有 3 ~ 4 个侧芽的枝条。将接穗下端剪成楔形，把根钻顶端削平，从切口上一侧向下纵切一条长 3 ~ 4 厘米的缝口，将接穗插入裂缝处即可。

【病虫害防治】 牡丹主要会受炭疽病、叶斑病、红蜘蛛等病虫害危害。预防治疗方法，请参阅书后《家庭养花病虫害防治一览表》。

【点　评】 若夏季及秋季雨水过多，牡丹叶片会早落，并于秋季开花。实生苗要5~6 年才可开花。

专家疑难问题解答

怎样培育一株多色的牡丹盆花

要准备好用作砧木的品种，如大胡红、赵粉等实生苗，然后在 9 月初从地里掘起上盆。约两周后在其根茎上方 5 厘米处剪除上端树冠，随后采用切接法将已准备好的不同花色品种的接穗分别插入切口之内，再用胶带将切口包扎缚紧。最后填上培土，将顶芽覆盖住即可。待翌年 4 月气候回暖时，将土扒开一部分，露出顶芽，使接活的枝条向外展枝散叶，茁壮生长。经过 2 ~ 3 年的精心培育后，这盆牡丹就能开出多色而绚丽的花来。

培养牡丹有哪六忌

①忌春寒。牡丹春季易遭受晚霜与寒流的危害，在寒潮霜冻来临之前，应搭棚防寒保温。盆栽植株应移置于背风向阳处，名贵品种，可用塑料薄膜罩好。②忌烈日。牡丹在开花前最怕大风与烈日，初绽时可用白布（忌用颜色布）遮荫，这样可延长花期 1 周左右；7 ~ 8 月份中午需略遮荫。③忌水涝。牡丹为肉质根，怕水分过多，尤其怕水涝。在雨季要注意防水排涝，以防根部腐烂而枯死。

④忌落叶。牡丹易患叶斑病、褐斑病及炭疽病等，病情严重时叶片会大量脱落，如叶片上带有大量病菌时，应及时摘除烧毁。⑤忌异味。栽培牡丹应远离油漆、柏油、麝香等强烈的异味，它们对牡丹生长极为不利，轻者立时萎蔫，重者影响开花，甚至几年不开花。⑥忌手摸。牡丹生长的最适温度为 20～25℃之间，32℃以上便生长不良，而人的体温大大高于 32℃。如果经常用手去摸，牡丹会因承受不了如此的高温而生长受到影响。

牡丹宜在何时分株最好

9 月中上旬，牡丹生长趋于停止，开始进入休眠期，但根部并未完全停止生长。因此，在 10 月份前后进行牡丹分株最理想。此时根部最容易愈合，能促进新根发出，第 2 年就能开花。如果分株过晚，根部伤口难愈合，翌年发芽后，新根未生或发生很少，不能满足植株生长和开花时对水分和养分的需求，从而易导致植株萎蔫或死亡。如果分株过早，因气温较高，可能萌发新叶，消耗养分，也会影响第 2 年的生长和开花。

怎样让盆栽牡丹年年开花

①必须对盆栽牡丹经常追肥，不仅对根部施肥，还需对叶面进行喷施。②所施的肥料应以农家肥为主，以豆饼、马蹄掌、鱼骨等泡制的肥水（腐熟）为佳，再适当施些复合肥料。③在加强施肥的同时，还要加强修剪和松土，以促进毛细根的生长发育，提高其对养分的吸收。如果能做到以上这些要点，就能使牡丹年年扬芳吐艳。

牡丹不开花是什么原因

①修剪不当。牡丹萌蘖枝较为旺盛，需及时去除，否则，易使主枝长势较弱，影响正常开花，甚至不开花。②病虫危害。如受叶霉病、灰霉病、锈病、线虫病及蛴螬的危害，会影响其正常生长发

育。③春寒影响。盆栽牡丹春天过早移至室外，遭到春寒袭击，花蕾易脱落而造成不开花。④过晚分株。俗话说"春分栽牡丹，到老不开花"。由于此时气候转暖，萌发迅速，需要消耗大量水分和养分，这时分株，由于根系尚未愈合，营养流失，树势变弱，故不开花。

怎样促使牡丹花大色艳

牡丹应栽植于地势较高、土壤深厚、肥沃、排水良好的环境中，最好筑50厘米左右高的畦，避免使用黏土和生土；栽培深度以根颈处与地表齐平为宜；浇水不宜多，更不可积水，以土壤保持湿润为宜；夏季高温季节应适当遮荫；一年中重点施好3次肥，即花前施肥、花后追肥和入秋落叶后施基肥。施肥后第2天一定要浇水，并及时松土。春季发芽前可剪除新发的萌蘖，开花前摘除瘪芽，花谢后及时掐去残芽，截短过长的枝条。

怎样防止盆栽牡丹烂根和落蕾

①牡丹不宜多浇水，应见干才浇水，宁干勿湿，尤其应避免积水；暴雨期间应注意排水。②除花芽分化和孕蕾期间应施足以磷为主的氮磷钾肥外，其他时期不宜多施追肥。③选择疏松、肥沃和富含腐殖质的中性土壤。④花谢后应及时整形修剪，去除过多的枝条和残花等。⑤初春不宜过早出室，以防冷空气和寒流的侵袭；夏季适当遮荫，防止强光暴晒。

牡丹应怎样科学合理修剪

牡丹栽培2~3年后，应在秋冬季进行定干。对长势弱、发枝量少的品种，应剪除细弱枝；对长势好、枝杆多的品种，宜保留3~5枝；生长势非常旺盛的品种，可修剪成独干式。定干应视植株生长状况、不同苗龄逐年完成，切忌大剪大砍一次成形。牡丹花谢后，应摘除过多和过密的新芽，截短过长的枝条，每株保留5~8个饱满而均匀的枝条；每个枝条保留2个外侧花芽；春季应及时剪除根颈部的萌蘖条；花朵初开时，常会导致枝条弯曲，容易折断，也不美观，应进行支撑。

迎 春 花

早春，迎春花以它金黄色的小花，冲寒冒雪向人们报告春天来到的消息。碧绿的枝条上，黄灿灿的一片，充满生机。唐代诗人白居易的"金英翠萼带春寒，黄色花中有几般。凭君争向游人道，莫作蔓青花眼看"，把迎春花的色彩描绘得惟妙惟肖。

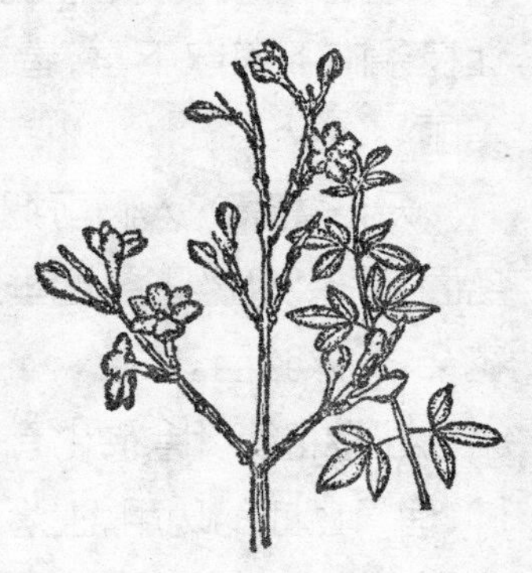

迎春花

迎春花是先开花后长叶，原产于中国，属木犀科素馨属落叶灌木，又名金腰带、金梅花、小黄花。多生于海拔 700 ~2 500 米的地区。从秦岭崖石之下，到武夷山沟壑两旁，以至海南岛鹿回头之滨，均可寻到其野生芳踪。

迎春花在我国至少有1 000 年栽培历史，唐代白居易诗《玩迎春花赠杨郎中》及宋代韩琦诗《中书东方迎春》均为赞吟迎春花之作。迎春花别名藏迎春，株高 0. 3 ~1. 2 米，密集成垫状，分布在鲁、苏、川、陕等地。开花期为 2 ~4 月份，浆果为紫黑色。

迎春花耐旱，根部萌发力很强，枝端下垂着地生根，故常成片丛生。迎春花开花在"独先而天下春"，虽然梅花早在隆冬已开，但到了春临大地，真正最先绽放的还是迎春花，故人们称它为"初春使者"。迎春花还与梅花、水仙、山茶花一起号称"雪中四友"。

【观赏价值与应用】 唐代诗人白居易有"幸与松筠相近栽，

不随桃李一时开”的诗句。它花姿虽为平常，也无香气，但能凌寒而开，冲寒冒雪，开得那样盛气，黄澄澄的一片，使人们感到春天的来到。人们常以迎春花的图案来寓意吉祥，如迎春花和飞翔的蝙蝠画在一起，名为“迎春降福”，寓意春回大地，福满人间。

迎春花露天种植能美化园林、庭院，还可美化池畔、水滨或斜坡地及悬崖。也可作切花插瓶置于几案。其枝条柔韧，容易造型，又可编出各种美丽的图案和制作小巧别致的微型盆景，是早春时节良好观赏花卉。如在庭院中栽培，最好筑一高台，将迎春种上，让枝条向下铺散下垂，春季赏花，夏季观叶。冬季绿色枝条也很美丽。

爱好盆景的人们可把它攀扎成悬崖型，使其屈曲根系裸露在盆面，虬条发出细条，四垂纷披，花叶缀满，宛如钢花四溅般的金色花朵，令人眩目。

迎春花枝叶含硬化春花苷、丁香苷、苦味质。其叶具有解毒消肿、理气止血的功用，主治咽喉肿痛、痈疖红肿、扭伤等病症。其花干涩、性平，具有清热利湿、解毒的功效，主治尿路感染、疮毒等病症。外用以鲜叶捣敷患处，或煎水坐浴。

另一种与迎春花的花、叶、枝相仿的植物，叫探春，两者容易混淆。分辨两者主要看花，迎春花先花后叶，探春先叶后花，且花不多，这是鉴别的标志。

【栽培技术】 迎春花为温带树种，喜阳光、较耐寒，但幼枝在严冬季节容易受冻，因此要注意防止受严寒。迎春花可种植在微酸性土或轻盐碱性土壤上，但以肥沃、湿润而排水良好的中性土壤里生长最好。它较耐干旱瘠薄，不耐涝。枝条接触土壤较快生出不定根，生长迅速。

迎春花自春天萌发至 5 ~6 月份夏时节，枝条生长极快。在这期间，应随时摘心，徒长枝条要及时剪去，如能控制浇水，还可取得枝短花密的良好效果。夏天还要把枝条提起，加绳扎好，不使匍地生根。秋后缩枝，要把当年生枝条剪短，每条留 6 ~9 厘米，可保证盛花。生长时节，大约每 15 天施 1 次发酵透的豆饼肥，在春天花前再施磷钾肥，促使花开多。

小品盆栽迎春桩景，由于盆域有限，枝条不宜繁多，干枝宜矮短虬曲，枝条上花朵不应过密。否则养分供给不足，植株虚弱，勉强成活，也不宜孕花，且有损美观。

【繁殖方法】 迎春花可用扦插法、分株法繁殖。

（1） 扦插法：春秋两季都可进行，以 3 月份或梅雨期最好。取当年生枝条，剪成数段，每段 15～20 厘米，插入土内 1/3。浇水遮荫，约 10 天后开始发根，此后可逐渐见阳光，秋季便可移植。

（2） 分株法：可把春季萌动的为分株对象，一小丛有 2～3 个茎即可成活。

【病虫害防治】 迎春花主要会受蚜虫等病虫害危害。预防治疗方法，请参阅书后《家庭养花病虫害防治一览表》。

【点　评】 种迎春花应每两年换盆 1 次，于春季开花后换盆，并进行修剪，清除朽根和陈土。如种在室内作盆景观赏，室内温度要保持在 13℃左右。

专家疑难问题解答

怎样使迎春枝多花繁

①选向阳、土层深厚、湿润、疏松肥沃、排水良好的地方栽植。②需多次摘心修剪，以促其萌发侧枝。③定植时应施足基肥，开花前后需各施 1 次稀薄肥，或每年秋季增施 1 次有机肥。④春天应注意经常浇水，以利迎春生长健壮。

迎春枝繁叶茂不开花怎么办

①在严寒到来之前将盆花移至朝南向阳的阳台上。②7～8 月份间，每 15～20 天施 1 次稀薄豆饼液肥，8～10 月份改为10～15天

施 1 次。③早春应对植株的内堂枝、细枝或枯枝进行修剪，对徒长枝进行短截，加强通风透光。

盆栽迎春开花越来越少怎么办

①每隔 2~3 年翻盆换土 1 次，剪去过长、过密的枯根。②每年花谢后，要进行修剪或短截枝条，使之更新长新枝。③及时增加肥料。

怎样使迎春在春节开花

迎春可分北迎春和南迎春。北迎春自然花期在 3 月份前后，要使其提前在春节开花，入冬时应将花搬入温度为 10℃的室内，不久可见花蕾萌动。距春节还有 20 天左右时，应逐渐提高室温至 20℃左右，保持盆土湿润，这样在春节前 5 天左右便能开花。南迎春应在气温 5℃以下时移入室内，当花蕾萌动膨大时需加温，保持温度在 15~25℃，15~20 天可开花。

迎春花为什么要多次摘心修剪

迎春开花的特性是花朵大多集中开放在秋季生长的新枝上，夏季以前形成的枝条着花很少，老枝基本上不能开花。因此，每年花后要把长枝条从基部剪除，促其萌发新枝，第 2 年才能多开花。为避免新枝过长，一般 5~7 月份间应摘心 2~3 次，每次摘心只需在新枝基部保留 2 对芽即可，截去顶梢；对生长健壮而分枝多的植株，7 月份以后可不再摘心；对生长细弱的植株可少摘心或不摘心。另外，每年早春花谢后需进行 1 次疏枝修剪，将枯枝、病枝及过密枝从基部剪除，使养分相对集中，这样，迎春才会株形整齐，开花繁盛。

怎样使南迎春多开花

①盆土。南迎春喜阳光充足和土层松厚肥沃、排水良好的壤土。②肥水。用堆肥与园土混合作基肥，用发酵充分的豆饼浸出

稀释液作追肥，需施 4～5 次。生长期应保持土壤湿润，春夏季应经常向叶面喷雾，以增加空气湿度。③修剪。花后需进行强修剪，对过细、过密枝也应剪掉。④越冬。北方应将盆移入室内过冬。

鸡冠花

鸡冠花枝叶婆娑，花色艳丽，因酷似雄鸡冠而得名。鸡冠花为苋科青箱属一年生草本植物，别名有红鸡冠、鸡公花、波罗奢花、鸡角枪等。株高 40～100 厘米，茎直立，花色丰富，主要有红、紫、黄、白、橙色，还有复色，花期7～10 月份。鸡冠花原产于印度和亚洲热带地区，主要品种有扫帚鸡冠、扇面鸡冠、鸳鸯鸡冠、璎珞鸡冠等。在秋季花坛中，有一种“凤尾鸡冠”红色与黄色的穗状花序很耀目。常见的鸡冠花是血红色，经培育又有了自淡黄至金黄、棕黄的黄色系列，还有自玉红至玫红、橙红、紫红的红色系列，以及黄红夹杂的洒金、二乔等复色，甚至还有白色，可说是绚丽多彩。

鸡冠花

【观赏价值与应用】 鸡冠花肉质花序硕大，色彩缤纷，可布置庭院，十分美丽。特别是经过人工培植，现多数为矮种，抗风力强，花色素被膜质保护，凋谢后永不退色，是适于庭院、公园、花坛、花境选用的优良品种。另外，鸡冠花对二氧化硫和氯气有一定的抗性，适宜作工厂绿化植物。若盆栽入室，尤显吉祥喜庆气氛。

鸡冠花花序可入药，性凉味甘，具有清热、收敛、止血、止带、止痢功用，对久痢、久带崩漏颇有疗效。它还是极好的切花材料，水养时间，可达10天。

近年来，国外科学家对鸡冠花进行深入研究，发现它含有人体所需要的21种氨基酸、12种微量元素，以及50种以上的天然酶和辅酶，被人们称为“生命能源植物”。

【栽培技术】 鸡冠花性喜炎热干燥气候，不耐寒，怕涝，喜肥沃砂质土壤和充足的阳光。鸡冠花多栽于篱笆之旁、阶砌之下，它的一片殷红可使秋园大增色泽。种植鸡冠花最关键一点，就是忌黏湿性土壤。另外，肥料不能太多，肥沃之地，反易导致疯长，有失观赏价值。种植时要及时摘除侧枝，使主枝上形成大型鸡冠。在花长大形成鸡冠时，可施以磷肥，以促进花继续长大。盆栽鸡冠花，先植于口径10厘米的盆，宜种植稍深，仅留叶子在土面上，生长前期要控制肥水，防止长得狭长失态，影响花序生长。盆栽种鸡冠花要注意花盆配套，小盆栽寿星鸡冠，大盆植凤尾鸡冠。

【繁殖方法】 鸡冠花可播种繁殖。

4～5月份播种，在17～25℃且水分充足时，7～10天即可出苗。苗生出3～4叶即可移栽定植，株距40厘米左右。鸡冠花在苗期遇干旱天气，需适当浇水，在雨季要注意防涝排水，防止植株烂根。

【病虫害防治】 鸡冠花主要会受蚜虫等病虫害危害。预防治疗方法，请参阅书后《家庭养花病虫害防治一览表》。

【点　评】 常见鸡冠花植株基部被泥水污染，既失去观赏价值，又会导致腐烂，可在盆内或地栽土面上放一些鹅卵石，防止泥水溅到植株上。

专家疑难问题解答

盆栽鸡冠花应怎样科学养护

盆栽鸡冠花时应注意：①盆土。选用肥沃、排水良好的砂质壤土或用腐叶土、园土、砂土以1:4:2的比例配制的混合介质。②上盆。可在花期直接从地栽鸡冠花中选择上盆，上盆时注意不能散坨，栽种稍深一点，叶子尽量接近盆土面。③浇水。种植后浇透水，以后适当浇水，浇水时尽量不要让下部的叶片沾上污泥。④施肥。花蕾形成后应每隔10天施1次稀薄的复合液肥。

怎样使鸡冠花色彩美丽

鸡冠花的品种繁多，株型有高、中、矮3种；形状有鸡冠状、火炬状、绒球状、羽毛状、扇面状等；花色有鲜红色、橙黄色、暗红色、紫色、白色、红黄相杂色等；叶色有深红色、翠绿色、黄绿色、红绿色等，极其好看，成为夏秋季常用的花坛用花。在栽培中如果管理养护不当，往往开花稀少，花色暗淡，影响鸡冠花的观赏价值。要使鸡冠花花大色艳，栽培养护中需注意：①种植在地势高燥、向阳、肥沃、排水良好的砂质壤土中。②生长期浇水不能过多，开花后控制浇水，天气干旱时适当浇水，阴雨天及时排水。③从苗期开始摘除全部腋芽。④等到鸡冠形成后，每隔10天施1次稀薄的复合液肥（2~3次）。

杨　梅

杨梅是色泽艳丽，甜酸适口的果品，在汉代司马相如的《上林赋》中，已把杨梅列入奇果之类。宋代诗人苏东坡有“闽广荔枝，西凉葡萄，未若吴越杨梅”的赞美，在他眼里，吴越杨梅还略胜闽广荔枝一筹。宋代有诗云：“五月杨梅已满林，初疑一颗值千金，味方问朔葡萄重，色比沪南荔枝深”。

杨梅为杨梅科常绿乔木，株冠球形。小枝粗糙，皮孔明显。花序腋生，紫红色。核果圆球形，外果皮肉质，深红、紫红、白色等。花期4月份，果熟期6~7月份。

【观赏与应用】 杨梅为优良的园林树种。根部因共生放线菌而具固氮作用，在贫瘠之地也能蓬勃生长，为荒山造林、保持水土的优良品种。另又因杨梅呈圆球形树冠，株型高大优美，四季常绿，每逢夏至时节，沉甸甸的杨梅挂满树梢，凝翠流碧，闪红烁紫，于城市公共绿地、庭院中无论群植、丛植、列植、孤植，均独具风采。它对有害气体，如氟化氢、二氧化硫、有害烟雾均有抗性。杨梅微甜可口，为有益水果，富含蛋白质、多种矿物质、维生素C、葡萄糖、果糖、柠檬酸等营养物质。树皮富含单宁，可作赤褐色染料及医疗上的收敛剂。但杨梅果期较短，不耐冷藏，故有"夏至杨梅浑身红，小暑杨梅要出虫"之谚。杨梅叶还可提取芳香油。

杨梅有明目、养心、益脾、健胃之功效。明李时珍《本草纲目》载有"杨梅能祛痰止咳；消食解酒，生津止渴；和和五脏、涤肠胃；除烦愦恶气、止痢疾、头痛等功效"。

【栽培方法】 杨梅喜温暖湿润气候，不耐寒，对土壤要求不严，在微酸性土、中性土以及微碱性土中都能适应。喜排水良好的酸性土壤，深根性，萌芽力强。杨梅不耐烈日暴晒，耐阴。移栽以3月中旬至4月上旬为宜，需带土球，多留侧根。生长旺盛期每月施1~2次腐熟透的有机液肥。冬至前在树根周围挖沟施基肥1次。

【繁殖方法】 杨梅繁殖可用播种、压条和嫁接。播种，在清明前后进行点播；压条，在生长旺季进行，将接近地面的枝条入土部分刻伤，上面盖细土，待生根后，切离母株移栽、嫁接、芽接、靠接、根接都可以，以优良品种为接穗，以普通品种为砧木。

【点　评】 杨梅是一种有名的水果，栽培容易，且有固氮作用。因此，在贫瘠之地能生长，尤对于植树造林有不可磨灭的功用,它的果实有经济价值,在净化空气功效中,它又能吸收和抵抗氟化氢、二氧化硫及烟雾除尘,因此是城市社区公共绿地中良好的观果健康树种。果实营养丰富,是一种值得推广的树种。

专家疑难问题解答

杨梅为何常落果或结果少

杨梅怕冷,在5℃左右要树身裹扎保暖材料、塑料膜或稻草等,否则太冷,生长不良少结果。另外,杨梅不宜种在烈日能直晒之地,可种植在密林之中与其他树种混交,以遮烈日,种植要注意保暖及防晒。另外要注意:需每月施1次有机液肥,使其有足够的营养,才能开花结果。

佛　　手

在我国古典名贵的室内观赏植物中,佛手以树形奇特、冠枝优雅、叶茂枝密、花开如玉,果实香气馥郁而博人喜爱。

佛手又名佛手柑、佛手橘、手橘等,属芸香科常绿小乔木或灌木。高3~4米,花开白色,花蕾带紫红色,果实有裂纹,如紧握之拳状,或开展如手指状,冬至前后果熟为黄色,十分芳香。每年可开花2~3次。春季开花所结的果称为"伏果",其先端分裂如手指状;在夏季开花所结的果称之为"秋果",其先端不开裂,呈紧握之拳

佛　手

形。柑果长 10～25 厘米。佛手花期为初夏，果期成熟为 10～12 月份。

常见的佛手栽培品种有：白花佛手，花白色，伏果多为手指状，球果为拳形；红花佛手，花红色，伏果与秋果均为拳形。

佛手原产于中国和印度，分布在我国南方各地。

【观赏与应用】 佛手果态奇异，香气幽雅袭人。可用作室内供香，佛手果实淡黄色，有浓郁的香味，老熟后呈古铜色，质坚如木，可长期保存而香不减，真所谓"古色古香"。佛手药用可健脾和胃，理气化淤，代茶泡饮，不但清香非常，而且有利于健康。佛手大片园植，秋深霜出之时，景致迷人。

佛手味辛、苦酸、性温。具有理气止痛、健胃降逆的功效。主治胸胁胀痛、食欲不振、嗳气、呕吐、胃痛之病症。

【栽培方法】 佛手喜欢温暖气候，不耐寒冷，在 4℃以下即致冻害，在通风透光环境中生长良好。有较好的抗旱能力，但在过于贫瘠的土层中难以度夏。

佛手属喜温植物，冬季要求在 5℃左右的室内越冬，－6℃会引起冻害或死亡。因此，北方只能盆栽。喜温暖湿润环境，最适生长温度为 25～30℃。北方夏季应适当遮荫。家庭种植时，暴晒易造成干叶或死亡。佛手也喜肥，一般在开花前及果实膨大期，采果后与越冬前均应施肥。为防止徒长，应少施氮肥，多施磷钾肥。原则以"薄肥多施"为好。

盆栽佛手应在 2～3 年后换 1 次盆，换盆时适当修剪部分枝条，更换新肥土，冬季天气好时，可搬至室外晒太阳或常开窗通风，可减少病虫害。

【点　评】 佛手是人们熟悉的果品，其果如"佛手"四面张开果肉，颜色橘黄而香气浓郁而被人们所喜欢，放在手中闻其香味而受人宠爱。佛手品种众多，都为拳状果，且可入药理气止痛，被人们视为"果中珍品"。

专家疑难问题解答

佛手为何不结果

许多种植者种佛手后，发现其叶茂密，就是少开花、不开花、不见其果，很愁闷。种佛手要注意保暖，不能暴晒太阳与施肥太少。佛手每年开花 2～3 次，冬天要在 8℃以上才能生长好。另外，土壤不能太湿，雨后积水要马上排尽，而且 2～3 年要翻盆换土增加营养；果前果后都要施足肥料，但不能太浓，多施磷钾肥，少施氮肥，结果后不要用手去碰捏。

苹　果

苹果是人们极喜欢的水果。苹果树系蔷薇科苹果属落叶乔木，可高达 15 米。它枝条开展，幼枝两面有绒毛，叶呈椭圆形，4～5 月份开花，花白色稍带晕红，果实淡绿色、黄色、或深红色，7～11 月份果实成熟。苹果原产于西伯利亚南部及土耳其一带，欧洲栽培历史悠久，于 18 世纪传入我国。最初在山东烟台栽培，后来又传到青岛及东北辽宁省，现在在四川、安徽、江苏等省都已栽培成功。

苹　果

【观赏价值与应用】　苹果树是优良的园林树种，山区、砂荒地都可种植。苹果树树姿优美，枝干挺拔，枝柔而坚韧，很易攀扎，也耐修剪。用它制作盆景，十分入景。现在人们喜欢把苹果作为室外盆景摆放在阳台、窗台、平台、屋顶，既改善环境，也可采果实食用。

【栽培技术】 苹果树性喜光照充足，也耐寒冷，能在室外越冬。苹果树喜欢疏松、肥沃、排水良好，又能保持水分的土壤。生长期应浇足水，高温期间每天至少浇1次水。要施足基肥，盆栽的一定要于生长期在叶面和根部追施肥料，以保证果实生长的需要。苹果的修剪十分重要，在幼株定植、截顶后，用剪口芽来培植主干（即中央枝），使树冠向上生长。此后每年进行修剪，使主干层从主干上萌生。第二层主枝再从主干层长出，第三层也同样按第一、二层修剪，使之形成上、中、下三层树冠，这样树冠很优美，高低有致。到夏末秋初再进行修剪掉交叉、重叠、徒长技。每年进行这样的修剪，可使阳光照射到树冠内的叶片，保证有充足的光合作用，保证果实生长有营养充足。春季苹果树萌动后，在新梢长到20厘米时应摘心，控制枝条增高，同时疏除新生枝。

【繁殖方法】 苹果树的繁殖以嫁接法为主。

大多数用苹果实生苗或海棠果、野海棠作砧木，砧木多以播种法繁殖，在苗圃培养1~2年即可嫁接。嫁接采用丁字形的芽接法，于8~9月份进行，也可用切接法在2~3月份间树汁还没流动时进行。

【病虫害防治】 苹果树主要会受天牛等病虫害危害。预防治疗方法，请参阅书后《家庭养花病虫害防治一览表》。

【点　评】 苹果树定植后，要经常松土、除草，尤在冬天休眠期要深翻土层。

专家疑难问题解答

盆栽苹果养护有哪些要点

①宜在8月中旬至9月上旬，选用在矮化砧木上接活的嫁接

苗上盆。②生长期要不断进行短枝型修剪，控制根系生长，使植株矮化。③宜在疏松、排水良好的砂质壤土中生长。生长期要合理浇水，薄肥勤施，开花结果时，以施磷、钾肥为主。④秋、冬季要剪去徒长枝、过密枝，以促多开花、多结果、结大果。

怎样让盆栽苹果早结果

①生长期间要经常保持盆土湿润，但忌积水，仲秋后逐渐减少浇水。②4~9 月份每月需施 1~2 次稀薄豆饼水或复合液肥。孕蕾期需向叶面喷施 1~2 次 0.2%磷酸二氢钾。③3 年以上的枝条，需要修剪掉没有挂果的细弱枝及病虫枝。同时要疏剪掉过密枝、交叉枝，抹掉过多的花芽，以提高坐果率。

茑　萝

在草本藤质花卉中，有一种花如五角星、叶子柔美似羽毛的花卉，它就是茑萝。夏秋花开时，红、白色花朵交相辉映，映现出夏秋的静谧自然美。

茑　萝

茑萝又叫五星花、锦屏风、新娘花、茑萝松，为旋花科茑萝属，一年生缠绕性草本植物。茑萝可长达6~7 米，叶互生，羽状细裂，花冠为高脚蝶形，上口为五角星状，猩红色，有白色变种。它原产于热带美洲，现广泛分布于全球。花期 6 月份至 10 月份霜降。同属植物有圆叶茑萝、裂叶茑萝、掌叶茑萝等。

【观赏价值与应用】　茑萝叶子美丽如鸟的羽毛，且茂密细致，红色小花攀缘上升，极为耀目，也很清秀。茑萝为美丽的小型棚架绿化材料，也可作花篱，可作房前屋后、庭院及阳台盆栽的观赏草本花卉。茑萝还能入药，能治疗耳疔、痔瘘等症。

【栽培技术】 茑萝喜阳光充足的温暖气候，怕霜冻，不耐寒。茑萝对土壤要求不严，耐瘠薄土壤，但以肥沃深厚、排水良好的土壤为宜。茑萝是直根系花卉，须根少，移植时勿使土球散裂。茑萝茎蔓需立支架或用尼龙绳引其攀缘。茑萝盆栽，上盆时应在盆底放少量蹄片作底肥，以后每月仍需施2次肥腐熟的豆饼水，并保持土壤湿润。

【繁殖方法】 茑萝用种子繁殖。4月份播种，可种植于盆内或圃地。圃地栽植可按20~30厘米间距刨浅穴，穴内先灌水，水下渗后，放入2~3粒种子。在放种子之前应检查穴位的深浅是否适度，以盖没种子为宜，不可太深，否则影响出苗。7~10天可出苗。幼苗生长缓慢，待苗长出3~5片叶子后，才能进行定植。

【点　评】 地栽或盆栽都要为其设立支架，让其攀附。用腐熟的豆饼水作为肥料，每月施2次薄肥即可，比例为3:7。

枇　杷

初夏，枇杷树上结满一簇簇金灿灿的果实，在绿叶中若隐若现。

枇杷又名芦橘，为蔷薇科枇杷属常绿小乔木，高3~8米。小枝粗壮。被锈色绒毛。花期11月份至翌年3月份，果期翌年4~5月。枇杷树形浑圆，枝叶繁茂，病虫害较少，寿命长，具有较高的观赏价值。果实呈球形或椭圆形，黄色或浅黄色。花白色或黄色。枇杷的名称很多，除叫芦橘外，还有金丸、蜡兄、蜡丸、粗客枇杷等，这些称号大多是容易理解的，无非是形容枇杷的果实颜色金黄，浑圆似丸，叶面如蜡。我国是枇杷的故乡。《周礼》记载："树之果蓏，珍异之物。"珍异是指枇杷和葡萄。唐诗说："芦橘为秦树，葡萄出汉宫。"芦橘是枇杷的别名，这说明枇杷的栽种历史已有3 000多年了。唐代，枇杷被列为珍贵贡品，产地逐渐扩展到大江南北。据宋代《本草衍义》记载："枇杷其叶似琵琶，故名。"枇杷叶呈长倒卵形，确实很像琵琶。

枇杷在南方主要是作果树种植的。目前，我国有100多个栽培品种。大致可分为草种枇杷、红种枇杷和白沙枇杷3个系。草种枇杷果实大部分呈长圆形，皮较厚韧，果皮和果肉均为淡黄色。红种枇杷果实大多为圆形，橙红色或浓红色，果皮较草种薄，易剥离，味甜淡质细。白沙枇杷果实大部分呈圆形或稍扁，果皮薄易剥离，果皮淡黄或微带白色，果肉洁白或微带黄色，汁多而甜，质细而鲜活。

【观赏价值与应用】 枇杷树树势整齐美观，叶大荫浓，常绿而有光泽，开花在11月份至翌年3月份，果熟5～6月份。因为冬季百花齐凋落，枇杷花更惹人喜爱。枇杷适宜庭院栽培，果肉柔软多汁，酸甜可口，是初夏佳果。枇杷一年能抽枝3～4次，比其他果树多1次。枇杷四季常青，寒暑无变，冬季白花缀枝，5月份黄果满树，古人赞曰"秋萌冬花，春实夏熟，备四时之气"。枇杷除作水果外，还可作佳肴，"枇杷咕噜肉"、"枇杷炒子鸡"是广州难得的时菜。枇杷树木质细韧，可作雕刻用。

【栽培技术】 枇杷树性喜温暖、湿润的气候，生长发育要求较高的温度，一般平均温度在12℃以上即能生长。在阳光好的地方，植株生长强健，但需有充沛的雨量和湿润的空气，15℃以上温度生长最为适应。

枇杷对土壤适应性较广而且强，一般砂质土壤和砂质黏土中均能生长，最为理想的是土质深厚和疏松、保水保肥力强、腐殖质丰富，pH为6左右的土壤。在梅雨季节要加强排水防涝。对枇杷

树的修剪，只需去除不适当的枝条即可以。

枇杷的施肥，在每年秋冬季开花前可施 1 次有机肥，并用摇雪、裹草来防冻害。

【繁殖方法】 繁殖以播种为多，也可用嫁接繁殖。嫁接时间为每年 3~5 月份，采用 2 年的实生苗或石楠用切接法嫁接。如有 7~8 年生较大苗木，可用高接法嫁接。

【点　评】 枇杷树喜欢肥多，开花前可施以磷钾肥为主的有机肥料。枇杷如需移植，需带泥垛。小苗在 3~4 月份移植，也可在梅雨季节移植，大苗移植春秋两季都行，秋季可在 10 月份移植。

栀　子　花

栀 子 花

栀子花冬夏常青，花朵雪白，叶形极像兔耳，有光泽。初夏开花，花冠白色，形大质肥厚，很像古代的一种盛酒器具——卮，香味浓烈，馥馨袭人，即使枯萎，香也如故。

栀子花为茜草科栀子花属常绿灌木，花期 5~7 月份，果期 8~11 月份，常生于低山温暖的疏林中或荒坡、沟边、路旁。栀子花以恬静的幽香，给人们送来丝丝的凉意，起着消暑的作用。明代画家沈周咏栀子花：“雪魄冰花凉气清，曲栏深处艳精神。一钩新月风牵影，暗送娇香入画庭。”是说栀子花的花能给人提神。栀子花在我国已有 1 000 多年的栽培历史，《汉书》中就有记载。唐代颂咏栀子花的诗作颇为盛行，刘禹锡有“蜀国花已尽，越桃今又开。色疑琼树倚，香似玉京来”的诗句。

栀子花主要品种有：大叶栀子，又叫荷花栀子，叶大而薄，花期在6月份，香味极浓；核桃纹栀子，叶卵形，叶脉突出似核桃纹，花大香味较淡；小叶栀子，又名四季栀子，叶小质厚，叶脉不明显，花期5～7月份；柳叶栀子，株形短小，叶宽披针形，花期5～7月份；雀舌花，又名水栀子，为栀子花的一个变种，叶小花也小，多为盆栽。

在栀子花家族中，曾产生一种很好的变种，通称"白蝉花"。它树冠匀称，叶形椭圆，富有革质，碧绿油光。其花全是重瓣，花姿端庄，形似玫瑰，洁白无瑕，极为美观。

【观赏价值与应用】 栀子花以香味浓郁及果实奇异而闻名。栀子花在我国有很长的栽培史，早在《汉书》中就有"汉有栀茜园"的记述。唐代以栀子花作为和平友好的象征，曾派专人用作礼品赠送日本。17世纪初栀子花又从日本传到欧洲，从此蜚声国际园艺花坛。栀子花枝叶翠绿，花色晶莹如玉，催人欲醉。尤其花后的果实宛如一只只小玉盏，受到人们的青睐。将它植于疏林边缘或道路两旁，能使空气异常清新。它栽于岩石园中，更以其花白叶绿常与红花陪衬，富有诗情画意。盆栽做成盆景，或斜出、悬垂、平卧，都使室内宁静、幽香、典雅。栀子花的水养极有名，有"水横枝"之称，如用一花瓶挂壁，悬垂的小横枝使居室更添"孤枝妍外净，幽馥暑中寒"的意境。如将花枝插瓶，花期大致可保持1个月之久。栀子花花开时值夏日，弥漫着沁人心脾的芳香，不少挺立枝头的绿色如白伞的栀子花蕾仿佛朵朵都被缥缈的仙女徐徐扭开，婀娜多姿，极其动人。雨中赏花，更是梦幻朦胧宛入仙境。

栀子花对二氧化硫、氟化氢等有害气体具有较强的抵抗力和吸收能力。据测定，每1 000克栀子花叶片能吸收4.5克二氧化硫，因此它又是保护环境的良好绿化树种。栀子花也极适于街头绿地、庭院做绿景，花可做插花或佩带，也可编花篮。

栀子花的花、果实及根均可入药。栀子花味辛、微苦、性凉，可清热化痰、清肝凉血。栀子果实味苦性寒，可清热泻火、凉血止血、生血、散淤。主治热病、心烦不眠、黄疸、淋病、消渴、目赤、咽痛。栀子花味苦涩，性寒。栀子根味苦，性寒，可清热凉血、解毒。主治黄疸型肝炎、吐血、菌痢等。其果实还可制作黄色颜料，花还可提取香料或窨茶用。

【栽培技术】 栀子花性喜温暖气候，耐旱不耐寒。幼苗耐荫蔽，成株喜阳光，在阳光充足的条件下植株矮壮，发棵大，结果多。但怕暴晒，否则叶片发黄、发白直至脱落。栀子花适宜生长发育温度为23～28℃，夏季高温炎热对生长不利。北方地区栽植栀子花多以盆栽为主，或在室内种植。盆栽栀子花冬天应放于室内，它稍耐寒，但温度在－12℃以下，叶片会冻坏。冬天栀子花处于半休眠状态，室温不宜过高，一般保持在3～5℃。应控制浇水，要在盆土表面见干方可浇水，浇则浇透，次数要少，不可过勤。花盆不宜放在向阳窗口，应放在室内较冷凉处，光线达到半光即可，但要通风。栀子花喜肥，但以薄肥勤施为宜，在5月份换盆或上盆成活后需追施1次硫酸亚铁水。在7月份生长旺盛时应修剪1次，剪去顶梢，促使分枝，以形成完整的树冠。栀子花忌涝，雨后要及时清除盆内积水，防止烂根。栽培栀子花极易出现叶黄现象，用淡淡的0.2%以下的硫酸亚铁水浇灌2～3次，叶片就会返青变绿。夏天应多浇水，以增加空气湿度，使花叶长势良好。同时，栀子花应置于阴处，避免烈日暴晒，否则叶片会得“日灼病”。

移植栀子花以春季为最适宜，南方也可在梅雨季扦插，地栽必须带土块。夏季要多浇水，以增加湿度，开花前薄肥多施，促进花朵肥大。整形和修枝应在早春进行，要及时剪去徒长枝条。栀子花是典型的酸性土植物，在北方种植，要在雨水中加硫酸亚铁，以增加酸性。

【繁殖方法】 栀子花可采用扦插、压条、分株繁殖法。

（1）扦插：以嫩枝较好。在6月份梅雨季节扦插。取扦条12～15厘米，顶留两片叶子，插于苗床后，再剪去一半叶子，留下一半，以利光合作用。10 天后便可生根，也可提高成活率。

（2）压条：清明前后，选取强壮的 2 年生枝条，长 20 厘米，压在疏松的土中。如有叉枝，最好压在分叉处，1 个月后便可生根，可得数枝苗。到 6 月份即可分离母株种植。

【病虫害防治】 栀子花主要会受介壳虫、煤污病等病虫害危害。预防治疗方法，请参阅书后《家庭养花病虫害防治一览表》。

【点　评】 栀子花花蕾常常会突然脱落，土壤太干或太湿均是诱因，所以土壤既不能太湿，也不能太干。花蕾显现后要保持湿润，应经常向叶面喷水。

专家疑难问题解答

怎样使栀子花叶茂花繁

关键栽培技术：①选择好栽种的土壤。栀子花适宜在肥沃、疏松、偏酸性土壤中生长。②每年需进行 2 次修剪，修剪掉内膛无效枝条。③夏季需在清晨、夜间各喷水 1 次，以降温、清除叶面尘埃。④每周需进行 1 次叶面根外施肥（施入磷酸二氢钾1 000 倍溶液）。⑤定期喷洒百菌清（每月 2 次）1 000 倍溶液，防治病害发生。

盆栽栀子花枝枯叶落是何原因

①盆土长期积水引起烂根。②盆土长期干旱脱水。③施肥不当。所施的肥料太浓或没有充分发酵，灼伤了根系。④夏季盆钵长期受太阳暴晒。⑤盆土使用不当，严重呈碱性。⑥盆栽栀子花受严重冻害。

栀子花叶片发黄怎么办

除因缺铁之外，①根部长期积水，引起烂根。因此，不宜栽在

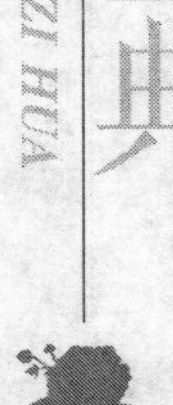

低洼处，盆栽的不宜浇水太多、太勤。②施肥不当。施入肥量过多，或肥料浓度太高，或施入一些还没有充分腐熟的有机肥料，造成对幼根的灼伤而使叶片发黄。③长期干旱、根际土壤失水严重，根系吸收不到足够的水分，便造成自下向上叶片黄化，甚至落叶，这种情况在盆栽栀子花中屡见不鲜。因此，宜保持盆土湿润，切忌过分干燥。

栀子花换盆后大批落叶怎么办

春夏之交是栀子花生长并孕蕾时期，这时的栀子花不应该翻盆换土，更不应该捣碎泥团，去除旧土而重新上盆种植。这样做会使它脱离了宿土（旧土）后，根系处于炎热的环境中，加上新土与根系吻合的时间不多，往往会造成脱水和失去营养的供应，出现大批量落叶。因此，翻盆换土的时间，应在花木萌动时或生长前，这时植株正处于休眠期，对水肥要求不高，损坏一些根须，不会影响成活率，也不会造成落叶或大批落叶。如遇此类情况，应浇水防干，增加叶面喷水次数，同时应暂停施肥，不要盲目施用硫酸亚铁。经过一段时间的整理，黄叶会停止脱落，恢复生机，并重新长出叶片来。

栀子花为何会落蕾

栀子花落蕾主要原因是：①盆土经常过湿或排水不良。②肥料不足或施了未经发酵的生肥及浓肥。为了避免落蕾，首先应放置在露天的半阴处。当初蕾形成后，需施入 1 ~2 次稀薄追肥，以增加开花时所需要的养分；同时盆土宜稍偏干，排水一定要畅通；切忌浇水过多、过勤。盆土经常过湿，导致花蕾脱落。

栀子花盆土应怎样科学配制

栀子花的盆土，以取酸性土壤为好。山土的表层或东北山泥土，再掺入 1/5 经充分腐熟、略带纤维的厩肥（如猪粪、鸭粪）。对鸡粪的用量应谨慎，稍有超量易灼伤植株幼根；若用通常园土，最好掺入经充分腐熟的醋渣，掺和量占盆土总量的20%~30%。

栀子花应怎样科学修剪

修剪栀子花一是为了控制高度，防止徒长；二是压制顶端优势，促进侧枝生长，增加开花量。修剪可在两个时期内进行：①在5~7月份。②在12月份前后。每次修剪只需将枝端梢部2~3对叶修剪掉即可，同时将残花一起摘除。修剪后需喷洒1次1 000倍液的百菌清，以防病菌从伤口侵入。

栀子花应怎样进行水插繁殖

取长度为10~12厘米1年生枝条，留叶2~4片。将枝条下端削成马耳形，并将其浸入0.1%高锰酸钾溶液4~6小时后，取出插入清水中。入水长度为插条总长的1/3，用棕色瓶做容器，每隔1~2天换1次水。也可在木板或泡沫板上钻小孔，将插穗插进洞孔，而后浮于水面，其中插穗长度的2/3需留在浮体上方，1/3插入水中。待长出新根以后，从较黑处移到亮处，根长达到1.5~2厘米，单株根量有6~7根须时，可移栽到盆内或地栽。

盆栽栀子花冬眠期应怎样管理

霜降开始，应将盆株移入室内，保持室温5℃以上，能安全越冬休眠。休眠期，浇水不宜过多，宜表层干后再浇水，要保证光照充足，否则易发生黄叶。若温度保持在15℃以上，仍可开花不休眠，但必须加强肥水管理，促发新枝，以使株形美观花多。如果是无土栽培，不要更换基质，更不能在花盆里加入任何肥料，可增加补液数次，每周补液2~3次，经常补水保持基质湿润。每天把花盆托盘内的渗出液倒出再浇上，直至盆底没有渗出液流出为止，再浇水或补液。翌春4月下旬，移至室外光照充足处养护。

刺　桐

春末夏初，刺桐花以红艳若霞的花色令人赞不绝口，宋代王十朋诗云："初见枝头万绿浓，忽惊火伞欲烧空"。

刺桐为豆科刺桐属落叶乔木，又名木本象牙红、鸡桐树、广东象牙红。叶对生，羽状，为适宜庭院栽植的一种美丽花木。原产于亚热带及我国江苏、浙江、福建、台湾、广东等省。刺桐的分枝粗壮，树皮灰色，有皮刺，其叶形如梧桐。刺桐花期为4～6月份，有先叶后花，也有先花后叶的。据说，刺桐花迟开兆丰年，因为刺桐花早开，则春夏之交气温偏高，雨水偏多，而入夏后雨水就可能减少，将影响农作物的生长成熟，反之，就五谷丰熟。

我国种植刺桐最多的为福建泉州。传说五代重筑泉州城垣时，周围遍植刺桐，因而泉州有"刺桐城"或"桐城"之称。人们喜欢它，并奉为泉州市花。

【观赏价值与应用】 刺桐花叶色彩绚丽，春夏之时呈现出万木争荣景象。它可种植于公园、街头绿地，以花色取胜，群植、孤植皆相宜。另外，刺桐的花、叶均可观赏，其木材白色轻软，可作各种日用品及细工材料。嫩叶可食，根、树皮均可入药。

【栽培技术】 刺桐十分强健，生长速度快，开花时新梢可长达1.5米，花序长达50厘米。喜温暖湿润、光照充足的环境，耐旱也耐湿，不耐寒。对土壤要求不高，宜种植于排水良好的肥沃砂质土壤中。

刺桐管理较粗放，种植土可用河泥、堆肥和砻糠灰各1份混合而成。对零乱的植株需不断修剪，对直径1厘米以下的1年生枝仅留1～2个芽，直径1厘米以上的枝条可留2～3个芽。修剪后，会刺激植株芽梢部，从而抽出强壮的新梢，长大后可使花繁叶茂。此外，也需及时剥除根部的新生蘖枝，促使株形美观。刺桐在盛夏要适当遮荫，浇水以间干间湿为原则。在新梢萌发后，每 10 天施 1 次饼肥水。开花后，可复施磷肥，使其生长良好。秋天后应停止施肥。

为使刺桐多开花，要加强肥水管理，生长期间需每 2 周施 1 次肥。由于它的根为肉质根，所以土壤太湿或太干都会使它生长不良，或烂根或干枯，应注意排水良好。

【繁殖方法】 刺桐繁殖以扦插为主。于花后取健壮的当年生枝条 3 节，插入疏松的土中，保持一定的湿度，1 个月后便可成活。

【点　评】 刺桐要长得好，也需加强修剪，尤其在萌发前，要加强修剪零乱部分和冻伤部分。

专家疑难问题解答

怎样使刺桐开花茂盛

①肥水供应。刺桐具有肥大肉质根，土壤过湿或通风不良易烂根。因此，地栽时应选择地势高燥、排水通畅的地方。春、夏季节水分要充足，通风透光，盛夏季节宜放在室外半阴处养护。冬季要控制浇水，使盆土不十分干燥。定植时，需施足基肥，生长季节每 2~3 周应施 1 次薄饼肥。②修剪。花谢后如果不需要留种，应及时修剪。休眠期应进行疏剪，除去枯枝、过弱枝、病虫枝，衰老枝。可在 2~3 月份芽未萌动时适当截干，以促发新枝。③防寒。刺桐不耐寒，盆栽刺桐霜降前应搬进室内向阳处越冬，并注意适当通风，室温保持在 5℃以上能安全越冬。

枣　树

枣子营养丰富、香甜可口，是营养价值很高的水果。中国栽培枣子已有3 000 多年的历史。《尔雅》记载有11 个品种，元朝柳贯《打枣谱》中有72 个品种，现代有700 多个品种。

枣为鼠李科枣属植物。又名大枣、红枣，古代又称“木蜜”，是原产中国干燥地区的果树。自古即作药物使用。《神农本草经》把它列为上品。枣树为落叶小乔木或灌木，叶为椭圆形。初夏新枝开花，花小，淡黄色。果实卵形至长椭圆形，初黄绿色，成熟后成暗赤色或黑褐色。各地优良的品种有金丝小枣、无核枣、安邑贡枣和板枣。

【观赏价值与应用】 枣树叶形整齐，可高达 1 米，枝叶扶疏，既可地植，也可制作树桩老盆景。枣树是一种观果的观赏灌木，可植于房前庭院或家庭院子等处。枣树生长快速，定植 2 年后即可开花结果。果实有补中益气，安神利尿等功效。它也可制成盆景。

【栽培技术】 枣树适应性强，能在干瘠之地，也可在中性、酸性石灰岩地生长。它能抗炎热，也能耐寒。枣树喜光，在 pH 为 5. 5 ~8. 5 的土壤中均生长良好。枣树地栽宜干，忌湿忌积水。但在盛夏盆土过干时，要浇足水，并注意松土。花开后要施以磷肥为主的肥料，一般为 2 ~3 次左右。枣树到冬季要在落叶后进行修剪，修剪以疏枝为主，要掌握好“延长骨干枝，短截衰弱枝，培养健壮枝，去掉徒长枝”的原则。枣树萌蘖力很强，常从根际长出幼株，要及时修剪，防止营养消耗。枣树应在冬眠时施基肥，生长新枝时浇薄肥，花结果时应施磷钾肥 1 ~2 次。

【枣树的繁殖】 以分株和嫁接为主。

（1）分株：在休眠期挖出带根蘖的植株进行分栽。

（2）嫁接：以酸枣或大枣实生苗作砧木，在早春萌芽时进行。枝接的接穗要看接穗的颜色，来确定树枝的老幼和生活力。削一刀如见青色，为好穗，白色一般，呈黄色的不能采用。芽接的可在开花后用当年萌发的健壮枝条作接穗，接穗要用有木质部的枝条。

【病虫害防治】 枣树主要会受大蓑蛾、刺蛾等病虫害危害。预防治疗方法，请参阅书后《家庭养花病虫害防治一览表》。

【点　评】 要使枣树多结果实，修剪时要注意将2米高的果树短截，可促使其生长侧枝，以利开花结果。

鸢　尾

鸢尾是鸢尾科鸢尾属的多年生宿根花卉。又名蓝蝴蝶，有时也称土知母、扁竹花。它的叶片青翠碧绿，似剑若带，浓艳而硕大的花朵，像翩翩起舞的蝴蝶，散发出阵阵的清香。

鸢　尾

鸢尾在我国有悠久的栽培历史，也是我国古典庭院中常见的花卉。宋代嘉祐年间，北宋政府下令全国各个郡县进献药物的标本中，已有鸢尾的记载。苏颂主编的《本草图经》就有鸢尾的资料。李时珍的《本草纲目》对鸢尾属中的马蔺从花色、花期到药用价值都有十分详细的描述。国外栽培鸢尾的历史也极悠久。在公元前2000～前1400年，古希腊的克里特岛处于辉煌的“米诺斯文明”时代，克诺索斯王宫内就有鸢尾花的浮雕。古埃及人也把鸢尾花置于狮身人面的斯芬克斯的眉毛上。到了9世纪,鸢尾成为欧洲皇家花园中很重要的花卉。19世纪末欧洲最杰出的艺术家之一——荷兰画家凡·高,无数次地用他富于表现力的画笔,以鲜明强烈的色彩描绘出鸢尾花的美丽。

鸢尾花有蓝、紫、白等单色或复色。花于4~5月份开放,果实为蒴果。原产于中国中部,现各地均有栽培。全世界现有鸢尾品种2万余种。

【观赏价值与应用】 鸢尾花姿绰约,色彩柔和,姿态奇特。尤在春夏之交百花争妍之时,它以色彩和花姿使百花园中如彩蝶飞舞。庭院种植数丛,颇增佳趣。它也是布置花境、花径、草地镶边的绝好材料,还有许多矮生鸢尾品种十分适合在岩石园中布置,呈现一派风姿绝伦的鸢尾世界。鸢尾还是宿根性花卉园中的主角,它可以从早春开到夏天,真是花团锦簇,万紫千红。它还可三两成丛种植在池畔,与山石配置,或路边条植,颇为雅致。

鸢尾还是切花的重要材料,特别是有髯的鸢尾,花朵大且丰满,剪下插入水中,极美丽。可惜花期太短,每朵花仅开2~3天。

鸢尾可作药用。它味苦、辛,性平,低毒。有活血祛淤、祛风利湿、解毒、消积等作用。主治跌打损伤、风湿疼痛、咽喉肿痛、食积腹胀和疟疾等病。外用可治痈疖肿痛、外伤出血等。

【栽培技术】 鸢尾喜欢阳光充足、湿润的环境,耐半阴,耐寒性强。它对湿润、排水良好的各种土壤——微含石灰质的弱碱性土、砂质壤土、黏土及微酸性土都能适应。

陆生鸢尾栽培一般宜浅植,栽于土壤时,根须部以与地面平行为度。在排水良好的疏松土壤中,根茎部要低于地面约5厘米,在黏土中根颈顶部则要略高于地面。栽植于水湿地的,每年秋季施1次肥;栽于旱地的,在秋季发芽前,结合中耕施1次氮磷钾混合的化肥。在生长期中,水深应保持在10~15厘米,以水没及植株根丛茎部为宜。冬季植株进入休眠期,株丛基部应露出水面,但土壤仍需保持一定湿度。在冬季较寒冷地区,株丛上应覆盖草蒿防寒。生长旺盛期需湿润,注意浇水,保持土壤湿润。对肥料要求不高,除移植时施基肥外,每年春季在植株一侧施1次腐熟堆肥及骨粉,可促使枝叶繁茂,花朵美丽。

【繁殖方法】 鸢尾常用分株法及播种法繁殖。

(1)分株法:在春秋两季进行。春季踏青季节开始,秋季在立秋后进行。分株应选根茎粗壮的,分割时,至少有2~3个芽。分割时要用硫黄粉或草木灰蘸涂伤口,以防止病菌感染。

(2)播种法:种子在采收后即播种,不宜干藏。播种的实生苗2~3年即可开花。

【病虫害防治】 鸢尾主要会受鸢尾锈病、白绢病等病虫害危害。预防治疗方法,请参阅书后《家庭养花病虫害防治一览表》。

【点　评】 鸢尾瓶插十分漂亮,一般剪枝要留3~4片叶子,这可为花增添秀美姿态。另外,还可增加供应插枝时所需要的营养。

专家疑难问题解答

球根鸢尾养护需注意些什么

①定植。秋末、早春进行定植,定植深度5~6厘米。②施肥。可施堆肥或长效慢释放性复合肥作基肥,花前(4~5月份)追施稀薄磷、钾液肥。③病害。常见有白绢病、锈病和叶斑病,可用800倍液的粉锈宁或百菌灵防治。

鸢尾在北方阳台上应如何养护

①最好选择东、西、南向阳台。夏季应保持通风和盆土的湿润。②冬季可在室外越冬。③生长期给予充足水分,但不能积水,抽花薹时不可缺少水分,入秋应严格控制浇水。④每隔2年需翻盆并进行分株。

银边鸢尾栽培有哪些要点

①培养土宜用腐殖土6份、堆肥3份、河沙1份拌匀配制。②在3月下旬生长旺期，需多浇水，保持土壤湿润，每半个月施1次肥。③夏秋季宜放在半阴、潮湿、凉爽环境中养护，冬季盆土宜偏干些。④施肥要氮、磷、钾搭配，不能单施氮肥。⑤每年需换盆，换上新的培养土。⑥在春秋季采用分株法进行繁殖。

郁　金　香

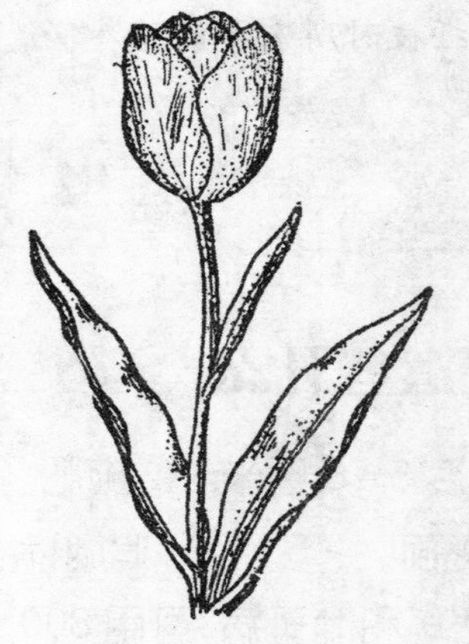

郁金香

郁金香是百合科郁金香属一种著名的观赏花卉，有饱满的地下鳞茎，为耐寒性球根花卉。郁金香又名郁香、红兰花、旱荷花、和洋荷花，品种繁多，约有8 000多种。花直立呈杯形、碗形、卵形、百合形，成重瓣如芍药花，有红、橙、黄、紫、黑、白等色或复色。单朵花开放10～15天，白天开放，傍晚或阴雨天闭合。种子夏季成熟。开花期3～5月份。郁金香的花朵由6瓣组成，貌如茶杯。它不仅花大，而且色艳。刚劲挺拔的花茎，从秀丽素雅的叶丛中伸出，顶托着荷花似的花朵，色彩绚丽，美丽端庄而略显矜持。它原产于我国的新疆以及伊朗和土耳其的高山地带，形成了郁金香适应冬季湿冷和夏季干热的地中海气候特点。郁金香现在是荷兰的国花，也是土耳其、匈牙利和伊朗的国花。

郁金香的学名“Tulipa”，来源于土耳其语，意思是这种花的

花形好像包着头巾的少女一样美丽。16 世纪时，奥地利驻土耳其的使节看到了郁金香，被它美丽的容貌吸引住了，便把它带回维也纳。奥地利皇宫中的荷兰花匠也被郁金香迷住了，他把那清秀高雅的花带到了自己的祖国，从此荷兰人迷上了郁金香。郁金香的名称特别多，如“斯巴达克”、“微笑的皇后”、“黑皇后”、“国王的血”、“西点军校”等。郁金香因花形像荷花，故有“洋荷花”之称。但有些郁金香开的花形更像牡丹，但没有人叫它“洋牡丹”。

【观赏价值与应用】 郁金香是世界著名的美丽花卉。其叶秀丽素雅，花茎刚劲挺拔，花似高脚酒杯，绚丽多彩。可分色种植，以大色块为最佳，远远望去，如彩带飘逸。郁金香的花有的如玛瑙，有的像象牙，有的像珊瑚，有的似琥珀，可组成花境，十分秀丽。

郁金香矮壮品种适宜布置春季花坛，鲜艳的花朵迎来明媚的春天。高茎品种宜作切花，点缀室内可形成欢乐热烈的气氛。

郁金香与我国中药中的“郁金”并非一物，应予以区别。黑色郁金香和黑百合、黑蔷薇一样，都是黑花中的名贵品种，但都是“冒牌货”，因为从这些“黑色”中提取的色素不是黑色的，而是深红色和紫红色的。郁金香鳞茎含有大量的淀粉，可供食用。花可祛除心腹间恶气，根有镇静之功效。

【栽培技术】 郁金香喜阳光充足和凉爽湿润环境，耐寒不耐热，在肥沃高燥的砂壤土上生长良好。郁金香夏季休眠，秋季生根并萌发新芽，但不出土，需经冬季低温后于翌年早春 2 月开始生长而形成茎叶。

为栽培郁金香，可在 6 月上旬将处于休眠状态的鳞茎掘起，按大小分级储藏，于当年的 11 月份栽种。大的鳞茎在翌春即可开花，较小的鳞茎要继续培养 1～2 年后才能开花。郁金香宜种在背风向阳处、施入大量腐叶土和腐熟肥料而又排水良好的疏松土壤中。郁金香在生长期间浇水以土壤湿润为宜，不必多浇水。在天气干旱时，可适量浇水，保持湿润。

盆栽郁金香一般秋天上盆。选充实肥大的鳞茎，用15~20厘米盆径的盆，每盆4~5球，盆土用一般培养土即可。灌透水后将盆埋入冷床或露地向阳处，防止雨水侵入。经8~10周低温，根系充分生长，芽开始萌动时（大致在12月份），将盆取出移入温室半阴处，保持室温于5~10℃。现蕾前将盆底移至阳光下，使室温增至15~18℃，数次追肥后，便可在元旦后开花。盆栽郁金香，要经常保持盆土湿润，开花较地栽可早半个月。栽培郁金香春季应追施2次氮肥，1次在2月中旬嫩芽刚出土展叶前，另外1次于3月初现蕾初期。

【繁殖方法】 郁金香鳞茎寿命为1年，母球在当年开花、并分出子球及新球后，便干枯消失。通常每一母球可分1~3个新球及4~6个子球。根系再生力弱，折断后难以继续生长。播种苗需5年左右才能开花，所以一般用分球繁殖。在6月初叶片发黄时，把鳞茎挖出，按大球和小球分开储藏，储藏要保持通风、干燥，而且宜储藏在冷库内，因为温度太高会影响花芽的分化。

【病虫害防治】 郁金香主要会受腐朽菌核病、腐烂病、碎色病毒、蓟马、刺足根螨等病虫害危害。预防治疗方法，请参阅书后《家庭养花病虫害防治一览表》。

【点 评】 郁金香也可盆栽观赏。可选壮实的球茎，每盆栽3~5枚，让球顶与土齐平，土可用腐殖土与菜土各半混合而成。盆土干时浇水，否则不能多浇水。萌芽后，每7~10天施1次薄液肥。开花前浇施磷钾肥。

专家疑难问题解答

怎样使郁金香提前和延长开花

关键技术：①鳞茎变温处理。鳞茎起挖后挑选充实、无病虫害的大球，稍阴干后，先在34℃左右的温度下处理约1周，然后放在通风、温度为20℃的条件下储藏1个月，使花芽分化完善，再移到17℃温度下1～2周。之后放入10℃左右的冷藏库中约1个月，再转入1～3℃下冷藏5～6周。此时鳞茎底部有马蹄形突起，表示即将发根，可上盆种植。种植后，培养温度保持在14℃左右，显蕾后，温度增高至18℃左右。②加强肥水管理。自展叶后，每10天左右施1次稀薄饼肥水或浓度为1%的化肥。现蕾后应将植株移至阳光充足处，并在开花前增施1～2次以磷、钾为主的肥料，喷施1次浓度为0.2%的磷酸二氢钾的根外追肥，使花色更艳丽。③增加光照时间。当郁金香花蕾出现后，可用灯光照光，以延长光照时间。这样可使郁金香开花提早，增加元旦、春节喜庆佳节的热闹气氛。如要延长郁金香的开花期，需在其开花后移到12℃左右的环境下培养。

怎样使郁金香年年开花

①采收切花后，要逐渐减少浇水量，直到叶片全部自然枯黄，到6～7月份采收。采收时用铲将球挖出，挖时切不可碰伤表皮，否则易感染病害。②挖出的球可筛选分级，放阴凉通风处晾一天，然后用百菌清、多菌灵等杀菌药剂进行浸泡消毒，再放在通风干燥的地方储藏。郁金香在休眠期分化花芽，储藏温度因品种而异，最高不应超过25℃，而且要时常翻动检查，以防病害蔓延。③对于家庭花盆内种植的郁金香，因数量较少，不必储藏，留在盆中不要浇水，放于阴凉处即可安全度夏。只要球茎不腐烂，待秋后便可发出新叶。

怎样使郁金香在元旦、春节开花

①方法一。选充实肥大的鳞茎，用12～15厘米盆上盆，每盆栽3～4个球。浇透水后将盆埋入冷床，覆土15～20厘米，忌雨水侵入。经8～10周低温，根系充分生长，在12月上中旬芽开始萌动，将盆取出，移入温室半阴处，室温保持5～10℃。显蕾前移至阳光下，将室温增高至15～18℃，追施肥料数次。这样可在元旦前后

开花。②方法二。将挖出的肥大鳞茎球，先放在34℃温度下处理7天，然后放至20℃下储藏1个月，至芽分化完，再移到17℃温度下预备冷藏1~2个星期后，在1~3℃下冷藏6周，然后种植。③方法三。直接从市场上购买郁金香种球，即经过低温处理的商品球。可于11~12月份上盆，用18厘米左右的塑料盆，每盆种3个种球，覆土至超过球茎顶端1~2厘米。种植前为防止病害发生，应将球茎底盘处褐色外枝去掉。种植后置于温度保持为15~18℃的塑料大棚或温室内。50~60天就可开花。

郁金香有花苞为何不开花

①种球质量。每个郁金香母球一般可分生1~3个新球及4~6个子球。新球茎需在15~18℃温度下培育2~3个月，才能储藏足够的营养物质供开花，因此应选购充实饱满的大球。②温度。郁金香不同生长时期需要不同的适宜温度，生根需在5℃以上；生长期最佳适温为15~18℃；花芽分化适温为17~23℃，超过25℃即停止生长，逐渐进入休眠。花芽长出球茎后，如温度骤变、气候干燥等因素，均会造成花苞干枯。

怎样让开过花的郁金香翌春再开花

将开过花的郁金香种在盆内放在室外养护。不久鳞茎开裂，子球开始生长膨大，这时需追施肥料，促使其生长。到了高温夏季，把鳞茎从土中挖起，晾干后放在室内通风、干燥、凉爽的地方。9~10月份重新上盆种植。栽种时充分施入基肥，注意浇水。入冬后放在向阳温暖的室外，“立春”后郁金香进入快速生长期，应及时追施肥料1~2次。经过这样精心养护，翌年春季郁金香便会再露芳颜。

土栽郁金香只长叶不开花怎么办

主要原因：①种植不适时，一般盆栽郁金香应在9~10月间栽种，这样能够满足它的生殖生长。②盆土内没有速效肥料催促生长，也未施入基肥，同时盆土湿度不适当，也会造成叶片枯萎不见花蕾。③光照、空气和温度条件不能满足它的发育。因此，要使郁金香开花，既要满足它的生长条件，还要满足它的发育条件。

郁金香应怎样科学水培

①养根。将郁金香种球剥去外表皮，直立于浅口盆中，加水浸没球根基部，放在室内阴暗处促使生根，隔天检查补水 1 次。②20 天左右根系形成后，移入合适容器中，加水浸没种球的 1/2～1/3，放在室内光照处。生长温度控制在 15～18℃之间，温度过高会造成徒长，影响观赏效果，花开后移至室内凉爽处，以延长观赏期。

怎样科学无土盆栽郁金香

①装入介质。在洗净的盆底孔上垫上窗纱网，网眼孔要小于珍珠岩颗粒，以防珍珠岩随水或营养液流失。然后先放入干净的陶粒利于排水，再加备用的珍珠岩至八分满。②种植。将经消毒过的种球插入盆中，种球的顶部露出，用手压实种球周围的介质。每盆可种 3～4 个种球。③浇水与保湿。球茎种好后需浇透水，然后套上塑料袋，保湿。

无土盆栽郁金香应注意些什么

①低温阶段。郁金香种植后需经过 -2～4℃的低温培养，时间约 20 天以上。②浇水。在低温阶段要少浇水；待出苗后注意适当浇水；花蕾显出后切忌将水浇到花中，以防花蕾烂掉。③光照。在开花前 35 天左右，需将花盆移至阳光充足处、温度为 20℃左右下催花，盆底温度可稍高些。④营养液施加。无土盆栽郁金香的介质因无养分，故需重视施加营养液。第一次施营养液时需要浇透，之后在生长期每周补液 1～2 次。补液前不用浇水，以免降低营养液的浓度。叶片发黄进入休眠时，要减少补

液汊数，以促使球茎生长。⑤球茎起掘。花谢后要及时摘去残花残梗，使之减少养分消耗。叶片枯黄后掘出球茎，储放在 20℃左右的阴凉、通风处。

罗 汉 松

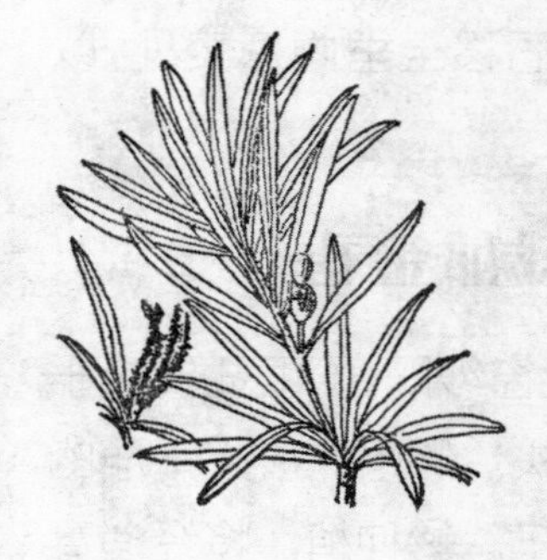

罗汉松

罗汉松苍翠碧绿，四季不凋，既可以作盆景欣赏，也可以地栽作庭园树。大型树桩更以其盆景造型优美而著名。罗汉松由于它的种子似和尚之头、种托像袈裟而得名。罗汉松又名土杉，为罗汉松科罗汉松属常绿乔木。它可高达 20 米，胸径达 50 厘米，叶线长形，长 5～10 厘米，宽 7～10 毫米。上海及江南地区常见的还有小叶土杉，又名雀舌土杉、阔叶的桃板松，以及窄叶土杉。罗汉松花期 4～5 月份。

【观赏价值与应用】 罗汉松为亚热带树种，于庭院中孤植、对植、群植、行列植均适合，也可修剪成各种造型供观赏，或建成庭园的绿篱，但大多数制作成各种造型的盆景供观赏。罗汉松的叶多数动物都不吃，所以不少地方把它作为动物园的兽舍绿化用材。罗汉松木质致密，富含油脂，而且耐湿，并不易受虫害，可作为建筑、海、河工程及制作水桶的用材。它的树皮、果实可入药，果可治胃痛，树皮可治跌打与疥癣。

【栽培技术】 罗汉松喜阳光，喜湿润而排水良好的砂质土壤。罗汉松耐寒性较弱，所以在华北只能盆栽。罗汉松要选择避风向阳的温暖地点种植，忌在洼地或雨后积水处种植。盆栽的应每隔2~3年翻盆1次。生长期浇水可稍多一些，炎热的晴天土干后需立即浇足水，并注意叶面喷水。盆土过干，叶片会枯焦而影响观赏价值。对罗汉松施肥，均在每年春秋两季各生长枝时进行。一般2~3次。在生长新的枝叶前应追施氮肥，促使其枝叶繁茂。对罗汉松也应进行修剪，尤其应注意修剪过长枝条，以促使其生长侧枝。罗汉松在修剪后的第一年，生长较弱，往后每年主干上按一定的间隔选留2~3个主枝，使其相互错落分布，而后分别短截生长过弱的枝条，在主干下端长的要多留些，多余的侧枝及时剪除。以后每年在修剪时力使主干上的主枝形成螺旋形态。

【繁殖方法】 常用扦插及播种法繁殖。

(1) 扦插：在初春或梅雨时节进行。春季扦插用1年生10~12厘米扦条(即秋季长出的枝条到翌春剪下作扦条)，秋季扦插应选当年生枝条(即春季萌发的枝条到秋季剪下作扦条)。两种扦条均需带踵，插后遮荫浇水，长高至15厘米时去叶子。一般春季扦插比秋季好。

(2) 播种：8月份采集种子后，阴干砂藏，翌年约3月份条播在苗床内。由于播种生根慢，苗木场一般不会采用此法。

【病虫害防治】 罗汉松主要会受介壳虫、红蜘蛛等病虫害危害。预防治疗方法，请参阅书后《家庭养花病虫害防治一览表》。

【点　评】 罗汉松怕冷，尤其作盆景的小叶罗汉松，冬天要保暖。可移入室内或采取保暖措施进行养护，否则会冻伤甚至冻死。

专家疑难问题解答

怎样培育盆栽罗汉松

需掌握以下技术要点：①培养土配制。宜用腐叶土或泥炭土加2/5河沙，并掺入少量骨粉混合配制而成。②水分要求。罗汉松较耐干旱，所以在生长季节盆土以略干为好。如浇水过多，盆土

长期积水会造成烂根、黄叶，严重时叶片大量脱落，植株便会死亡。夏季水分蒸发快，浇水要充足，如盆土过干，也会造成叶片枯黄。③环境要求。当室外气温稳定在10℃左右时，应移出室外，放在南阳台或庭院背风向阳处养护，入夏后移至半阴处，雨后注意及时倒出盆内积水，以防受涝。④肥料要求。因罗汉松不喜过浓肥料，所以只需在春、秋两季各施2~3次以氮肥为主的稀薄液肥，施肥后第2天需浇1次水，这样有利于根系吸收。

怎样使雀舌罗汉松枝杆尽快增粗

技术措施：①选材。用2年生直径在1厘米以上、生长健壮的雀舌茎秆。②最好在梅雨季节，夏天天气干旱高温要注意遮荫和早晚喷叶面水，保持一定的空气湿度。③在主茎的基部根颈以上，选一侧光滑的表面，用切接刀纵向切开一条深达木质部的深槽，最好达到髓部，然后用手捏转主茎，以不断为度，向左向右不限，最后用电工胶带将伤口封闭。④注意事项。a.过粗的主茎和扦插或嫁接刚成活的不能用此法增粗。b.炎热的夏季最好不做。c.纵切深度一定要达到髓部(主茎中心)。d.捏转时用力不能过猛，以防断裂。e.切口长度以5厘米左右为宜。f.胶带黏性要好，伤口要干净。⑤增粗机制。a.位于韧皮部与木质部之间的形成层细胞在受刺激后大量分裂生长，形成新的木质部和新的韧皮部，从而增粗。b.髓部的髓射线细胞也具有分裂能力，在受刺激后也能加快分裂生长，从而使髓部增粗，即主枝增粗。

侧　柏

在河南少林寺初祖庵大殿前有一棵树龄达1 300多年的古侧

柏，十分苍劲雄伟。它又称六祖柏，因为是少林寺禅宗六祖慧能于唐代初期从广东带回栽植的，为少林一景。

侧柏以高大挺拔、苍劲古朴而闻名。中国不少名胜古迹、园林寺庙，尤以河南登封县嵩阳书院的 3 000 年两枝株最为盛名，它高达近 18 米，胸径有 1. 2 米粗。

侧柏为柏科侧柏属常绿乔木，高可达 20 米以上，直径可达 1 米，树皮淡褐色或灰褐色，呈薄片状剥离。雌雄同株，球果卵形，熟前绿色，成熟后变木质。花期 4 月份，果熟期 9 月份。

侧柏为中国特产树种，也叫香柏、扁柏、崖柏、云片柏。其栽培品种甚多，主要有千头柏、金黄球柏、金塔柏、洒金千头柏等。华北、西北、华东分布极为普遍。我国古柏很多，树龄也相当长，所谓“千年松、万年柏”，说明树木中年岁大的以柏树为首。陕西黄陵有柏传为黄帝手植的一株柏树（为侧柏），恐为柏树中年岁最大者，株高 20 多米，主干下围 1. 3 米，被中外人士誉为“世界柏树之父”。

【观赏价值】 侧柏树形美观，有塔形、圆柱形、纺锤形等多种类型。侧柏四季常青，为我国普遍应用的园林绿化树种，可孤植、列植、群植或作绿篱，以绿化公园、陵园、古建筑群、宅前屋后和行道两旁。尤以变种千头柏，庭院观赏，别具风趣。材质优良，可作建筑用材，叶磨粉可作香料。

侧柏苍劲古朴，叶子中发出一股清香气沁人肺腑，其花细琐，郁葱碧翠，吸引了无数的观赏者。它屈曲盘旋，春可观赏、夏可乘凉、秋天结实、冬令被雪，一年四季为人们所青睐。

【栽培技术】 侧柏性喜温暖、湿润、光照充足的生态环境。由于它对土壤要求不严格，因此无论是酸性、中性、碱性土壤中均能生长，以排水良好、深厚的土壤中生长更好。它不怕严寒，也能在潮湿或干燥土层中生长。种侧柏也应适当施肥。冬天，要施些腐熟的豆饼菜基肥，冬季施 1 次，春天再追施 1 ~2 次。侧柏在夏天要浇足水，否则植株高缺水会造成叶片枯黄。但也不能积水，积水烂根，侧柏会生长不良。地栽种植要注意通风，可减少病虫害。

盆栽侧柏，常有刺叶和鳞片混生，要经常摘除刺叶嫩梢，然后鳞片叶会增多。

【繁殖方法】 侧柏一般播种育苗。于春季播种，播种前浸温水催芽，5~7 天种子裂嘴，即可播种。条播行距 15~20 厘米，每 600 多平方米播种量 10 千克，覆土厚度 2 厘米。播种后 7~10 天出土，此时要防鸟兽侵害。1 年生苗秋季要埋土防寒或灌冻水，设风障。翌年 2~4 月份土壤解冻后移植，培育大苗，一般二三年生苗出圃。栽植大苗，应带土球。栽后无须特殊管理。

【病虫害防治】 侧柏主要会受红蜘蛛、牡蛎介壳虫、蓑蛾等病虫害危害。预防治疗方法，请参阅书后《家庭养花病虫害防治一览表》。

【点　评】 侧柏喜欢肥料，在冬季要施腐熟的豆饼水、菜子饼为主的基肥。春天生长较为迅速时，每月需追肥 1~2 次。若肥料不足，生长势头弱，叶子失绿，微带黄色，影响观赏价值。高温时，宜多浇水，尤其需多向空中喷水，增加空气湿度，枝叶不会发焦。

金　银　花

金银花

烈日炎炎的夏天，人们都需喝一杯清热解暑的凉茶，凉茶中有一种十分重要的成分，那就是极有名的金银花。

金银花也叫忍冬、金银藤、忍冬藤、灵通草，系忍冬花科忍冬花属常绿或半常绿木质藤本。花开在 5 月份，花初开时洁白如玉，后逐渐变为金黄色，有香气，因在同一植株上能开出黄、白两色花，故名金银花。

金银花为我国特产。因其茎藤凌冬不凋，故又名忍冬(意为耐冬、耐冻)，又因其藤常常左缠而上，又叫左缠藤。金银花成对成双而生，似鸳鸯依偎，故又获得鸳鸯藤、鸳鸯草的美称。金银花果熟期7~10月份，浆果成对，球形，成熟时紫黑色，有光泽，内有种子4~7粒。常见栽培品种有黄脉金银花、红金银花、白金银花等。

【观赏价值与应用】 金银花是我国庭院中常见的缠绕藤本植物，它有3个优点：一是常绿，二是芳香，三是容易种植。它除作假山、老树攀缘藤萝点缀夏日景色外，还可作荫棚或使之攀附墙垣或绿篱，取其藤萝掩映之趣。金银花干枝韧性强，可随意弯曲，是制作盆景的良材。也可取其扭曲多姿之老桩，截干蓄枝，促成蔓条纷垂，配之造型古朴的优美花盆，并使之枝蔓垂散一侧，疏密有度。金银花盆景应不断整形及摘芽，促其早日成形挂花。

金银花盆景可常年置于客厅、书房和居室。金银花还可作药用，金银花味甘、苦，性寒，可清热解毒，用于治疗温病发热、风热感冒、咽喉肿痛、肺炎、痢疾、痈肿疮疡、丹毒等症。金银花藤能通经活络，可用于治疗经络湿热、筋骨酸痛等症。据研究，金银花含有木犀草黄素、肌醇、皂苷等成分，对多种球菌、杆菌、病毒有抑制作用，并能抑制艾滋病毒生长，也能降低血脂。金银花还可代茶泡饮，这既能节约茶叶，又有显著的清热解毒作用。

【栽培技术】 金银花喜阳光，但也能耐阴。它的适应性较强。同时它能耐寒、耐旱、耐水湿、耐瘠薄的土壤，在湿润肥沃的砂质土壤中生长良好。

盆栽的金银花浇水要见干再浇，不能浇大水。地栽的在梅雨季节要防涝和积水，地栽在夏季要防止直射光线，盆栽可放到散射光线处种养。浇水以盆土一干就浇。1~2天浇1次。金银花在春、秋季萌芽前要施基肥，以豆饼、菜子饼为主。在开花前要施氮肥，同时再施一些磷肥，大致施入1~2次即可，可使花多及茎、叶发育良好。春秋两季生长旺季也要进行修剪，剪去老枝及过衰枝，

使形态好及开花多。开花期要摘心。做盆景的金银花要入室过冬,防止冻死。盆栽金银花也需经常修剪、整形。

【繁殖方法】 扦插及压条为主。

(1) 扦插:6 月份剪取当年生健壮枝条,枝长 15~20 厘米,插入土内 2/3,保持湿润,15~20 天便可生根,成活率极高。

(2) 压条:大部分用于地栽的繁殖,可在 6~9 月份进行。当节上生根时就压在土里,待长出叶子,便可剪断另植。

【点　评】 金银花盛产期为 6~12 年树龄,20 年后趋于老化,所以要及时更新。要施重肥,促使开花,并不断疏去病枝、老枝。

专家疑难问题解答

金银花有哪些栽培要点

①一般在早春将苗木裸根栽植在土质较肥、地势较高、通风透光的向阳地带,第 2 年春应地架设棚架,以利其攀援;或将其种在透孔墙傍或篱笆边缘,以便其依附攀援。否则其萌蘖会就地丛生,彼此缠绕,不能形成良好树型,同时因养分过分消耗,影响开花的数量和质量。②金银花一般每年开花 2 次,在第一批花谢后,应对新梢进行适当修剪,促使养分集中,以利于花芽分化。生长 3~4 年后,老株在休眠期间应进行 1 次修剪,将枯老枝、纤弱枝、交叉枝从基部剪除。保留的枝条,只需适当修剪,剪去枝梢,以利于基部萌发腋芽。③每年干旱季节应多浇水,以保持土壤湿润,避免因受旱落花。④生长期间应施几次液肥。液肥可用腐熟稀薄的豆饼水,或复合化肥液,既有利于植株生长,又可延长开花期。⑤金银花易发生蚜虫危害,可用 40%乐果或 50%马拉松乳剂 1 000 倍液喷杀。在通风透光不良的环境下,易生煤污病,可用 50%多菌灵 600~800 倍液喷洒防治。

金银花为何不开花

①枝条木质化程度不够。②冬季干旱而造成枝条冻害。解决方法:在枝条上覆盖草帘等防冻材料,使植物免受冻害。

金丝桃

在美丽的夏季花木中,金丝桃的花别具一格,花色鹅黄,形似桃花,雄蕊极纤细,如金丝,十分美丽,为夏天著名的观赏花卉。

金丝桃也叫金丝海棠、照月莲、土连翘,为藤黄科金丝桃属常绿灌木,高约1米,花单生或3~7朵集合成聚伞花序。花期为6~7月份,结果为8月份以后。金丝桃原产于我国,分布于中部和南部各省,日本也有。

【观赏价值】 金丝桃的花以蕊长、色为金黄而得名。花形似桃,为南方园林中常见的庭院夏季花卉。它多数植于庭院及假山旁,多与牡丹、芍药相衬。它最适宜群栽,栽于公园、庭院,或路旁转弯处。其根可祛风湿、止咳、治腰伤。

【栽培技术】 金丝桃为温带树种,喜生于湿润环境,不耐寒、喜阳光,也较耐阴,对土壤适应性强。金丝桃管理较为粗放,适宜种植在排水良好的砂质壤土中。

在夏秋两个生长季节,注意疏掉过密枝或徒长、瘦弱枝,并施以氮磷混合的肥料,夏秋各施1~2次,便可多开花。

盆栽的则要在盆内上足基肥,基肥以腐熟的豆饼、菜子饼为主,放盆的位子要向阳光处。

无论盆栽还是地栽,在盛夏炎热季节,都要注意向叶面及盆的周围喷水,增加湿度可防止叶片枯焦。

盆栽的过冬应入室内，以防止冻害。

【繁殖方法】 金丝桃繁殖可用分株、扦插播种等方法。

（1）分株可在春初 2~3 月份结合翻盆进行，容易成活。

（2）扦插：在 5~6 月份梅雨时节进行，可选 1 年生壮枝，剪成 20 厘米长，顶端留叶子 3 片，插入土中 1/2。插后需遮荫，但不宜过湿，翌年可移植。

（3）播种可在 3 月下旬进行。种子小，需要覆盖薄土，注意保湿，一般在 15~20 天后便能出苗。实生苗要在第二年才开花。

【点　评】 金丝桃要在春、秋两季移栽。金丝桃在开花后要剪去花头及过冬枝条，这有利于更新。

爬山虎

盛夏里，爬山虎以攀墙附壁之本领，使幢幢房屋墙面增添绿“地毯”，给人们送来凉意。爬山虎在垂直绿化中确实是一种受人们喜欢的爬藤植物。

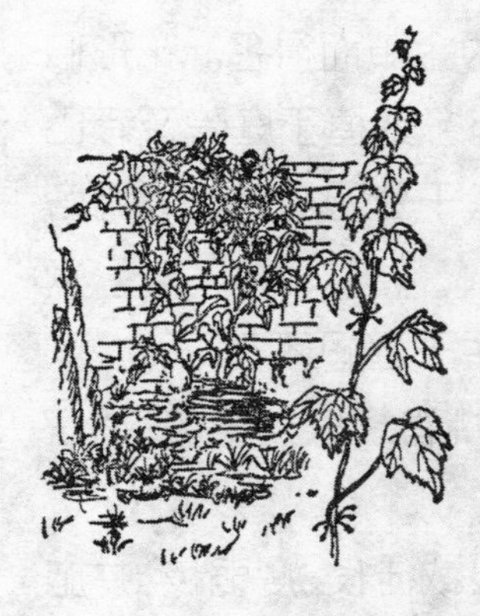

爬山虎

爬山虎也叫地锦、常春藤、爬墙虎等。它属葡萄科落叶大藤本植物，它卷须短且多分枝，端具黏性吸盘能吸住墙面。叶缘有粗锯齿，聚伞状花序通常生于短枝顶端的两叶之间，花期为 6~8 月份，花开为淡绿色，浆果球形，10 月份果熟。中国分布很广，北起辽宁，南至广东均产，黑龙江、新疆也有栽培，日本也有分布。

爬山虎常见栽培品种有“五叶地锦”，也叫“美国地锦”。它卷须长，吸盘较大。它喜欢较高的空气湿度。“异叶爬山虎”叶异形，产于中国湖北、安徽、湖南、江西等地区。此外，还有亮绿爬山虎、粉叶爬山虎、花叶爬山虎。

【观赏与应用】 爬山虎新叶嫩绿，秋叶橙黄或砖红色，十分艳丽，是优美的墙面绿化材料，适用于青灰和白色墙面及园林山石和作老年树光秃干枝装饰。爬山虎对净化环境空气能起很大作用，尤其对二氧化硫等有害气体有较强的忍耐力，滞尘力强，适用于工矿区及精密仪器厂区及学校、医院的墙面绿化。它也可作地被植物，覆盖地面和护坡。

爬山虎也可作药用，其根茎入药，能破淤血、消肿毒。其种子含矢车菊素，种子含油，其中含软脂酸、硬脂酸、油酸、棕榈油酸、亚油酸。

【栽培方法】 爬山虎喜欢光照，喜欢湿润，可耐旱，在肥水充足的条件下，生长很旺盛，对土壤适应性很强。

爬山虎在生长季节，每月需施肥 1 次，以液肥为宜。平时经常浇水保持湿润，无需进行特殊管理。

【繁殖方法】 爬山虎的繁殖可用种子育苗，也可以用分根繁殖和埋条繁殖。种子播种在 2 月上、中旬，先将种子浸种 2~3 小时，混入两倍砂土冷室藏。4 月上旬播种，每 10 平方米用种子 100~150克，覆土 1.5 厘米，遮荫，每天浇 1 次水。10 天左右便可出苗。分根繁殖，秋季剪根，埋入砂土内假植，3 月下旬至 4 月中旬移植。埋条，4 月上旬将一二年生的地锦枝条，埋入苗床 1~2 厘米深，经常浇水保湿润，1 个月后便可生根出苗。爬山虎也可用扦插和压条繁殖。

【点　评】 爬山虎是立体绿化附墙最佳绿化材料，其攀附墙面是增加“绿墙”的主要功能，入夏墙面绿化爬山虎绿叶葱葱，给人们降温及良好的美观视觉是它的特点，它的缺点是：建筑墙面长期被爬会受枝条卷须的多水而墙湿之危险，所以应当慎重，需按建筑承重量而种植。爬山虎也是净化有毒有害空气的能手，可恰当地利用它。

专家疑难问题解答

怎样让爬山虎保持叶面绿油

爬山虎喜光照，需种植在有光之处，而且要有一定的肥力，这样才能使叶面有光泽。如种在阴暗贫瘠之土上，就会失去美的魅力。

泡　桐

春天的江南庭院或公园内，可以看到一种主干笔直、树姿优美、冠大荫浓、能开白色花朵的大树，那就是泡桐。

泡桐属于玄参科泡桐属落叶乔木，高 20～27 米，胸径 50 厘米，树皮灰褐色。叶卵圆形，长约 25 厘米，宽 5～12 厘米；花为聚伞圆锥花序，花冠紫白色带紫斑；蒴果木质，椭圆形。花期为早春 3～4 月份，先叶后花，果熟期 9～10 月份。

【观赏价值】 泡桐为中国特产，分布很广，我国 23 个省、市都有栽培。泡桐树大荫浓，叶子茂密，是极好的早春庭荫树。它生长迅速，病虫害很少，可种植于庭院或宅前，也可作行道树，是一种春季观花树。泡桐也是一种优良的用材树，它的木质轻软，是做门窗和橱、柜等家具的上等材料。同属植物有楸叶泡桐、四川泡桐、华东泡桐等。

【栽培技术】 泡桐为阳性树种，它喜光，喜温暖气候，不耐荫，不耐湿。泡桐适应性十分强，无论砂地、黏土、较为旱瘠贫薄的山坡，均能生长。尤以在肥沃、湿润、排水良好的砂质壤土上生长最为良好。它主根深广，萌芽、萌蘖力较强，气温在38℃以上时生长受阻，在零下20℃时会受冻伤。如要泡桐长得好，也需施肥，一般可在7～8月份间追施2～3次以磷钾为主的肥料。

【繁殖方法】 泡桐的繁殖以埋根法为多见。取1～2年生的苗木出圃后的根系，也可将优良母树的幼根用锯子截成粗1.5～4.0厘米，长15～20厘米的插穗，于春季直接埋根育苗。埋根时要粗头向上，不要颠倒，粗根、细根要分开插。如遇土壤干旱、板结，会影响芽条出土，这时要灌水、松土。在芽条长到15厘米时，要选一个好的芽条做苗干，其余应去除，并进行培土，使基部生根。

【点　评】 泡桐的顶芽生长势较弱，易遭受冻害，要注意保暖。

垂　盆　草

在夏季庭院中，可常见到一种开着黄色小花能观赏的垂盆草。垂盆草又叫枉开口、狗牙齿等名。它为多年生草本植物，属于景天科，产于中国、朝鲜和日本。以治疗肝炎而闻名。株高10～20厘米，夏季开花，花为黄色，常生于山野石隙、路旁、沟边。《纲目拾遗》云：“鼠牙半支，生高山壁上。立夏后发苗，叶细如米粒，蔓延络石，其根嵌石内，白如鼠牙”。

【观赏与应用】 垂盆草茎细柔软，整株草光滑无毛，垂垂可爱，夏生黄花，熠熠生辉。其叶3片轮生，似三国鼎立、三分天下。家庭盆花爱好者栽悬于花架上，随风摇摆，婆娑曼舞，别有一番情趣。它是优良的地被植物，最适宜作庭院地被应用，与一些叶少根深夏秋生长不盛的花卉配合混种，像石蒜类、水仙、荷包牡丹等，更是相得益彰。垂盆草还可栽于花坛四周，假山石隙或路旁筑沟，颇有野趣。垂盆草还可用来点缀山石盆景或作小型吊盆植物观赏。

垂盆草全草入药。夏秋季节采收，洗净后可以鲜用或晒干后备用。它能清热解毒、利湿、生血生肌。主治：传染性肝炎、咽喉肿痛、痈肿疮疡、烫伤，也可治疗癌症。

【栽培方法】 垂盆草喜半阴和湿润，但不宜积水，耐日光直射及干旱，对土壤适应性强，在砂质土壤中生长良好。垂盆草耐旱、耐湿和耐土壤瘠薄，在肥沃的腐殖土、湿润的环境中生长更好。

垂盆草分株及扦插繁殖都能成活。春季4~5月份结合换盆，用匍匐枝分株。因生命力强，能在节处生根，成活容易。干旱期应保持土壤湿润并适当施肥。

【点　评】 垂盆草是一味良好的草药，功效多，使用简单，栽培容易，可治肝炎为人们熟知。一般种植盆内观赏或作药用。另外，铺在花坛四周很有野趣，一片黄花别有一番情趣。种植垂盆草十分简单，关键是不能太湿或太干，如过湿会烂根，过干会萎蔫，一般开花后施些小肥，能使垂盆草生长得更好。

专家疑难问题解答

怎样使垂盆草多开花

要用肥沃的腐殖土，可阳光直射，在砂质土壤中生长最好，适当施磷钾肥会多开花。

虎　耳　草

在观叶植物中，虎耳草以盆栽悬挂富有自然情趣而闻名，尤其

在它开花时，花小色美，很受人青睐。

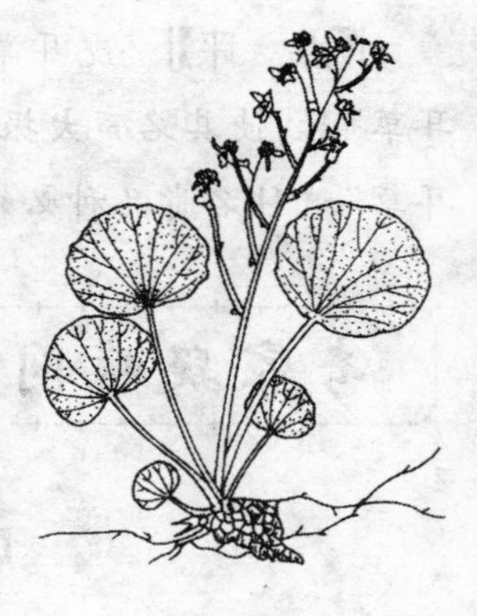

虎耳草

虎耳草为虎耳草科多年生常绿草本植物，别名金钱吊芙蓉。它有细长垂悬的匍匐茎，全株披疏毛，植株低矮，茎端可产生小植株。叶圆形或肾形，直径4～6厘米，叶面灰绿色，有白色脉纹，叶背粉红色，有斑点，圆锥花序，稀疏着生小白花，花期4～5月份。

虎耳草原产于我国与日本。我国以陕西、河南、四川、云南、贵州、广西、台湾为多见。

【观赏与应用】 虎耳草可盆栽供观赏用，尤可悬挂在窗台或走廊上观赏，在开花时搬入室内，小花点点，极为野趣。它也可供作地被植物覆盖裸露地面，在疏林或岩石下更有观赏效果。

【栽培方法】 虎耳草喜半阴、凉爽、空气湿度高、排水良好富含腐殖质的土壤。稍能耐寒，生长期需通风，保持土壤湿润，但不耐太阳直晒。它最宜阴湿的环境，是典型的阴生植物。在直射阳光下，叶子会失水，边缘枯焦，甚至整株死亡。种植虎耳草宜在湿度较高的环境下，尤其夏日需经常喷雾，以提高空气的湿度。土壤宜用含有机质，排水良好的砂质土壤为好。种植时除需施基肥外，每月还可施1次淡液肥。虎耳草在冬季要稍为保暖，越冬温度最低为16℃。当植株开花时，即接近死亡。要注意小植株是否已经完全生长。在种植虎耳草时，不能浇水过多，也不能太干，间干间湿，保持一定湿度极为重要。虎耳草出名品种叫“三色虎耳草”，是在1863年由英国专家培育出，形态与虎耳草相似，唯叶片中央为深绿色，叶边缘呈乳白色且具粉红色线条镶边，观赏性更强。这种花叶品种需放在温暖之处，并要避免阳光强晒。

【繁殖方法】 繁殖虎耳草可利用茎端小植株分离栽植，很容易成活，上盆时要注意盆底要用排水良好的土壤。虎耳草在太热或太干时会遭受蚜虫或红蜘蛛侵害，要注意防治。

【点　评】 虎耳草也是一味草药，特别在英国育出“三色虎耳草”后，使其名声大振，它可盆栽悬吊，也可入地栽种，但“三色虎耳草”这种名贵品种必须在室内种养才能成活欣赏。

专家疑难问题解答

虎耳草为何会烂掉

主要是种在太阳光太强的地方会晒死。虎耳草是典型的阴生植物，需种植在阴处，但土壤不能太潮湿。冬天需少浇些水，保持温度不低于 15℃就能安全过冬，盆栽冬季应入室保暖。另外，向空间喷雾，增加湿度，使土不湿，也是种植虎耳草的一个要领。

肾　蕨

肾蕨以色泽淡雅，叶片下垂，丰满的株型而誉满观叶植物中。它盆栽能丰富空间层次，美化人们的居室，而地栽能充满野趣。

肾蕨也叫“蜈蚣草”，为骨碎补科多年生草本蕨类，是一种观赏蕨类。原产于热带、亚热带地区。常见于溪边林中或岩石缝内及附生于树木上。

【观赏与应用】 肾蕨是国内绿化布置较受欢迎的观叶植物，它植株形态自然、潇洒，尤作吊兰栽培，很有风韵。

肾蕨一身是宝，全株可入药。有消肿解毒、清热利尿作用。地下块茎入药叫马骝卵，可治感冒、咳嗽、肺炎、痢疾、疝气、疳积、烫伤、刀伤等疾病。

【栽培方法】 肾蕨盆栽管理十分容易。可用泥炭土或腐叶土和少量园土混合作培养土种植。由于它的根系分布较浅，所以可用浅盆栽植。每隔1~2年换1次盆。若在盆中加入少量的骨粉、蛋壳粉等钙质养分，更有利于肾蕨的生长。肾蕨喜欢明亮的散射光，但也能耐较低的光照，可置放于室内北窗栽培。冬季放在半光线处培养也能生长良好。肾蕨虽耐旱，但生长季节要经常保持土壤湿润，并应经常喷水增湿，特别是在高温干燥季节，这样更有利于它生长。另外，肾蕨根为不定根，吸水、保水能力差，又加上地上部有丛生茂密的羽状复叶，所以它不耐寒，因此必须及时供给水，否则干燥过久易造成叶片枯黄脱落。空气湿度一般需保持在50%~60%以上。

肾蕨在11月份，气温降低时应移入室内，减少浇水，停止施肥，室温保持在5℃左右，短时间温度低些也不至于使其受到伤害。若发现其受冻，可剪去全部叶片，节制浇水，逐步升温，经过一段时间仍可恢复生机，长出新叶。

【繁殖方法】 肾蕨的繁殖常用分株法。分株繁殖多数在每年的春季换盆进行，将生长茂密的老株从盆中脱出，除去培养土，把铁丝状匍匐茎分切成几份，每份都带有不定根和少量叶丛，然后将它们分栽于有土的新盆中，浇足水，放于阴湿地方，以后保持盆土湿润即可。

【点　评】 肾蕨是一种很耐阴的观赏蕨类，生长繁殖力强，尤其在阴湿之处种植很有野趣，点缀室内阴暗之处或悬挂种植观赏，很有古老原始的情趣。

专家疑难问题解答

肾蕨叶黄怎么办

肾蕨叶黄主要是水浇得太多、根湿烂或完全无光而引起。另外，受冷冻伤或光照太强也会引起枝叶枯黄。肾蕨种植要有少量

的光线与保暖，湿润才能生长良好，叶子翠绿。

珊瑚树

珊瑚树是庭院外围最好的高绿篱材料之一，它叶子繁茂，耐修剪，原产于我国华东、华南各省。珊瑚树为忍冬科荚迷属常绿小乔木或中乔木，又名法国冬青、避火树。珊瑚树树冠呈倒卵形，叶子对生，革质，长椭圆形，先端渐尖，表面为深绿色。花白色，有芳香，呈钟状，10～11月份果成熟。

【观赏价值与应用】 珊瑚树叶色光亮，秋季果实挂满枝头，红果绿叶，十分美丽。由于全树不易燃烧，能避火，所以很适合作为庭院树或作绿篱，用以分隔空间、防风、防噪声。它也能盆栽，以装饰会场和室内绿化。其树皮还可制抹香。另外，它还有抗二氧化硫和烟尘的功能。

【栽培技术】 珊瑚树性喜温暖，耐寒性较差。它喜欢湿润富有肥力的中性或酸性土壤。丛栽的珊瑚树生长势较强，每年需要从根部剪除分蘖枝。另外，春秋两季要修剪树枝，进行整形，以保持株形优美。

【繁殖方法】 主要用扦插法进行繁殖。可在夏季剪取呈半木质化的嫩枝进行扦插。插条长15～20厘米，插条上要有叶部位2～3节，插入土深度为插条的2/3。插后要保持土壤湿润并进行遮荫，经过30天左右便可生根，成活率可达到95%以上。

【病虫害防治】 珊瑚树主要会受脱叶病、介壳虫、蓑蛾等病虫害危害。预防治疗方法，请参阅书后《家庭养花病虫害防治一览表》。

【点　评】 珊瑚树扦插成活后，第一年需要防寒。生根后需要适当施豆饼及菜子饼、薄肥，以让其幼苗长势旺盛。

荚　迷

荚迷秀逸可爱。夏天，白色小花文雅洁净；秋天殷红果实点缀秋景，有极好的观赏价值。

荚迷为忍冬科荚迷属落叶灌木，高可达2~3米。叶近圆形，宽卵形至倒卵形，入秋变为红色。核果呈卵形，熟时殷红色。种子扁状有浅槽。花期5~6月份，果熟期9~10月份。

荚迷原产我国江苏、浙江、山东、河南等省，以华东地区为常见，日本也有分布。荚迷属植物约有140余种，主要产于北温带及亚热带。我国有110余种，是我国野生种质资源最丰富的重要园林观赏树木。我国各地植物园收集了15~25种。最有观赏价值的为：①天目琼花，也叫春花子、山竹子、鸡树条荚迷，花大，洁白可爱，高达2~3米。②珊瑚树，常绿灌木或小乔木，在南方栽植，有时可高达10米，叶片大，革质，终年亮绿，入秋后红果累累，经久不落。

【观赏价值与应用】 荚迷叶形美，花也很美丽，适宜种在假山旁、墙隅、园路岔口处，也可作篱轧栽植。它可作为现代高层建筑空间绿地中的绿化材料，种在林边缘或与其他花木配植都很有特色。初夏花朵繁多，秋天果实累累，有很强的观赏价值。荚迷还可抗氯气、二氧化硫、氟、汞蒸气等有毒气体的污染，为良好环保树种。树皮为绳索的原料之一。

【栽培技术】 荚迷属温带树种，喜温暖湿润，耐寒也耐湿，生长力十分强健。对土壤要求不严，尤其根部萌蘖力十分强健。

种植荚迷需少量豆饼肥作基肥，每年冬季及萌发前施2次。

在萌发后及花前、花后需再施少量磷、钾肥，促使叶茂花繁果多。同时，也要进行修剪，剪去徒长枝、过密枝，使其密中有疏，长势良好。

【繁殖方法】 可用播种法及扦插法繁殖。

（1）播种：种子有胚根和胚轴双休眠的特征，需用湿沙层层堆积，通过后熟作用打破休眠后，于翌春播种才能出苗。

（2）扦插：于5月中旬取半木质化枝条作插穗，生根率可达80%~90%。春季萌芽之前可裸根移栽。秋季落叶后行疏剪，剪除残留果实及枯枝。在种植3年左右需施基肥，使其叶茂花繁。

【点　评】 荚迷是江南有名的观赏花果树，作篱笆极好。也适于种植在墙旁及假山处。

茶　梅

茶梅在盆栽观赏花木中极受青睐，其花型兼具梅花与山茶花优点，是茶科山茶属常绿灌木或小乔木。茶梅树冠近球形，单叶互生，革质，较山茶花小，除有红、白、粉等色外，还有很多奇异的变色及红、白镶边。茶梅花径3.5~6厘米，有芳香味，花期极长，可从10月下旬开至翌年4月份。茶梅品种较多，大多数为白花，少数为红花。

茶梅主要产于我国江苏、浙江、福建、广东等沿海及南方各省，为亚热带适生树种，极适宜作树桩盆景。它具有一定的耐寒能力，对土壤的适应力比山茶强。

【观赏价值与应用】 茶梅花小而多，枝条也极茂盛，花有香气，很适宜作花篱。

茶梅花期很长，且树小、花小、叶小，玲珑剔透，很适宜家庭盆栽观赏。另外，它还可制作树桩盆景，花小繁密，极有观赏价值。

【栽培技术】 种植茶梅应选土质肥沃、透气好及疏松的偏酸性土。

碱性土和板结黏土都不适应种植茶梅。

茶梅是属半阴植物，怕强光照射，因此应选择有散射阳光地方，如树荫下或荫棚下种植或盆栽。

种好茶梅要注意浇水，使土壤能保持湿润而又不积水，特别在炎夏，要每天早晚都浇水，并向周围及地面喷水降低温度，制造湿润的气候。在初秋现花蕾时，适当疏蕾，以苗枝上顶蕾为主，冬天开花要保暖，可放在向阳处，水分保持湿润，太干和太湿都会使花开受影响。

茶梅翻盆以2年左右翻1次，用土要选疏松、肥沃的酸性土壤。茶梅施肥要清淡薄肥，3～4月可施1次氮肥为主的稀薄肥料，5～6月份要施磷肥，促使花芽分化，9～10月份再施0.5%的过磷酸钙溶液，使花能开得硕大，种植茶梅的适温为18～25℃，若气温超过35℃以上，会灼伤叶片。茶梅御寒能力较强，在20℃以上室内可过冬。

【繁殖方法】 茶梅的繁殖以扦插为主，优点是成活率高，操作方便。

扦插：嫩枝扦插可在梅雨季节进行。

插穗可在树龄达5～6年的母株上截枝，插穗长度15～20厘米，剪去下部多余的叶片，保留2片左右的叶片，插在疏松湿润的酸性砂质土壤中。

【病虫害防治】 茶梅主要会受炭疽病、灰霉病等病虫害危害。预防治疗方法，请参阅书后《家庭养花病虫害防治一览表》。

【点　评】 茶梅喜欢半阴半阳的环境，一般除冬天可晒太阳外，其余时间都要遮阳种植。在土壤pH为5.5～6的微酸性疏松土壤中才能生长良好。

专家疑难问题解答

茶梅养护有哪些要点

①肥水。保持盆土湿润不积水为宜，夏天每天早晚各浇 1 次水，并经常向叶面喷水，冬春季应适当减少浇水。上盆盆底需加腐熟基肥，生长期每 2~3 周施 1 次复合液肥，6 月份增施 1~2 次过磷酸钙液肥，以薄肥勤施为原则。②夏秋季需遮荫 50%~60%，冬春季给予较明亮的散射光。③植株应适时摘心，剪除徒长枝。秋季应适当疏除过密的花蕾。④每年花谢后新萌芽之前需翻盆换土，以促植株健壮生长、多开花。

怎样让茶梅花大色艳

①夏季应放在凉爽通风处，避免阳光直射，早春及深秋应多接受光照。②浇水以干湿相间为原则，经常保持盆土微湿为宜。高温干旱季节除浇水要充足外，每天还要向叶面、盆周地面喷水，以增强空气湿度。③施肥以薄肥勤施为原则，成龄植株每月施 1 次液肥。现蕾期，增施 2 次磷肥。④结合换盆，修剪掉枯枝、纤细枝、徒长枝；孕蕾期疏去过密的花蕾。⑤冬季室温保持在 5℃以上，可安全越冬。⑥每隔 1~2 年需换盆，宜在早春萌芽前进行。⑦可采用扦插和嫁接法繁殖。

枸　杞

枸杞为著名的观果植物，为茄科枸杞属落叶灌木，又名枸杞

子。枸杞根系发达，夏季开花为淡紫色，花萼钟状，入秋果实陆续成熟，红果缀满枝头，如珊瑚点点，常在同株花果并茂，十分美丽。

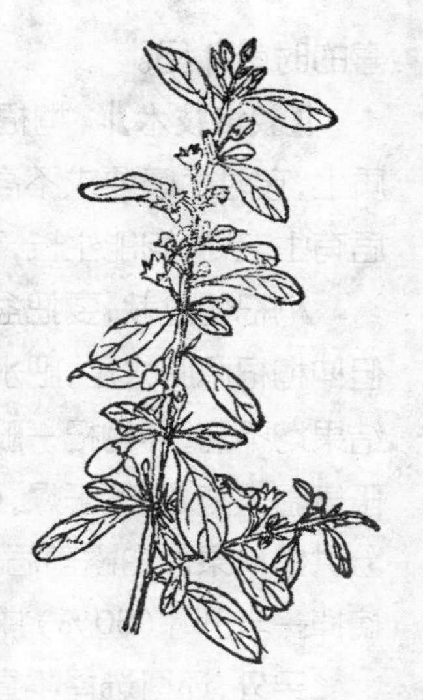
枸 杞

枸杞在我国广泛分布，从辽宁、河北、甘肃至福建、广东、云南等省均有栽培，我国栽培历史已有三千多年。《诗经》就有“陟彼北山，言采其杞”的记载。北宋翰林医官院编的《太平圣惠方》中，有服枸杞益寿延年、长生不老之说，是后世传说的“神仙服枸杞法”故事的由来。枸杞分家种和野生两种，家种者粒齐色红，肉厚子少味甜；野生者粒小肉薄子多，甜而后苦。古有春采叶，名天精草；夏采花，名长生草；秋采果，名枸杞子；冬采根，名地骨皮。现在各地都有栽种，它具有顽强的生命力，即使荒坡、篱边、桥堍、路旁，哪怕瓦砾堆中，也能扎根生长。枸杞以宁夏产者为佳，既有悠久栽培历史，又是枸杞中的上品，驰名海内外。现代药理证明，枸杞含有人体需要的营养素。所含甜叶碱有降血糖的作用，以枸杞子冲开水代饮，有稳定糖尿病病情的功效。所含胡萝卜素等营养元素颇丰，锗的含量亦较高，能增强机体免疫力，升高白细胞，可抑制癌细胞繁殖。枸杞人参酒，不只为防癌饮料之一，还可大补元气，益精强身。枸杞子果实、叶、茎、根都是常用药物，主治肝、肾、阳虚头晕及高血压等症。

【观赏价值与应用】 枸杞生命力强，任何花卉皆莫能比。入秋之后，红果累累，挂满枝头，情致不凡。枸杞无论地栽、盆栽、瓶插均相宜。地植枸杞，可使其呈蔓性或灌木状生长，并可在庭院围墙边缘植为绿篱。果熟期间，红果垂挂枝头，一片红艳，颇为美观。枸杞红果和文竹叶相配插瓶，碧绿青翠，红艳欲滴，是装饰书房和卧室的佳品。枸杞盆景也是近年社会祝寿、贺

喜的时尚礼品。

【栽培技术】 枸杞可进行盆栽，也可地栽。地栽选温暖的钙质土，它对土壤要求不高，生命力强，如在荒山、石缝、墙头房屋前后有土之处，均能生长，它寿命也很长。

枸杞如盆栽，要把盆栽的枸杞放在阳光好、通风通气的地方。但种枸杞忌肥太足，肥水太多会影响它的花芽形成及现蕾，对开发结果均不利，种枸杞一般均以留秋果为多，秋果质量很高。夏果由于气温太高，空气干燥，而易脱落，所以夏果一般都摘除，以集中养分供给秋果。白露前后，应对枸杞进行整枝修剪，留枝不宜太多，摘掉一半叶子(50%)并追施磷钾复合肥料，每周施 1 次。

另外，还可选择平直的老根，平埋土中，让其向下生新根，待能提根时，制作“过桥式”盆景作欣赏。

【繁殖方法】 ①播种：用种子在春季播种，以播种、扦插为主，实生苗2~3 年开花结果实。②扦插：用枝条或根都可扦插，极易成活。

【病虫害防治】 枸杞主要会受白粉病等病虫害危害。预防治疗方法，请参阅书后《家庭养花病虫害防治一览表》。

【点　评】 开花时要多施磷肥及钾肥，能使枸杞果多叶茂。

专家疑难问题解答

养好盆栽枸杞有哪些诀窍

关键是要使植株矮化。①宜在冬季休眠期，将当年的结果母枝全部短截，留下 5~8 厘米长，待来年春季萌发新梢后即能开花结果。这样盆栽植株株形整齐，通风透光，生长茂盛。②盆栽土宜用腐叶土 1 份、园土 1 份、河沙 1 份及少量骨粉等基肥混合配制。③生长期需保持盆土经常湿润，每月需施追肥 1 次。④冬季应严格控制浇水，停止施肥。⑤春季需换盆 1 次，除去部分旧土，添加新的培养土，可使枸杞生长旺盛。

怎样使枸杞花果满枝

枸杞性喜阳光充足，能耐阴、耐寒，但怕水涝，对土壤要求不严，但喜排水良好的石灰质土壤，耐旱及耐盐碱性极强。庭院栽培枸杞，栽前需翻松土地，施入腐熟的有机肥，栽后需浇足水。雨季注意排涝。在生长期每月需追施肥料1次。欲使枸杞花果满枝，需要培养一根主杆，使其达到1.5米以上摘梢打顶，以后再在下部培养侧枝，主杆需设立支柱绑扶。冬季休眠后应及时短截侧枝，促使新枝萌发。花后追施1~2次磷钾复合肥，能使枸杞红果满枝头。

枸杞挂果少怎么办

①光照。应将枸杞放在阳光充足的地方。②施肥。叶片展开时，追施2/1 000磷酸二氢钾。③修剪。立秋前作强修剪，每枝仅留3~5芽，同时剪掉内堂过密、过细的小枝以及腐枝。④控水。盆土过湿易引起烂根，或引起枝叶徒长，严重抑制挂果。

枸　骨

欧洲人过圣诞节时，有一种叶形奇特、果色红艳的绿色植物，一直被视为节日珍品，这就是枸骨。

枸骨也叫猫儿刺、鸟不宿、老鼠刺，它是冬青科冬青属的常绿灌木或小乔木，高可达3~4米，产于我国的江苏、浙江、江西、湖南、湖北等省。它4月份开花，花为黄绿色，核果呈球形，成熟时为鲜红色，雌雄异株。最奇特的是它的叶片先端有3个尖硬的齿刺，

中间一个常向外卷，茎部平截，两侧各有尖刺1～2个，如此“刀戟森严”，鸟儿怎敢去栖宿？入春，鸟不宿开花了，到10月下旬至翌年1月份，结果鲜红色，莹然若宝珠，散点满树，十分美观。在圣诞节，人们于枸骨树上缀满礼品、红绸、风铃，把它装饰成一株圣诞树，充满节日气氛。他们还惯用枸骨的枝叶扎成彩门，红果绿叶正好烘托节日之欢乐，因此枸骨也叫圣诞树。

【观赏价值】 枸骨枝叶繁茂，叶形奇特，尤其在秋后红果累累，鲜艳美丽，是观叶观果兼优的树种。它可栽植于庭院、公园中作花坛草坪上的主要风景树，也可作绿篱来分隔空间，是良好的观叶、观果树种。

【栽培技术】 枸骨喜欢温暖气候及阳光充足、排水良好的酸性肥沃土壤。耐寒性差，生长很缓慢。枸骨地栽忌低洼地，要多施磷肥，才能叶密色鲜。地栽的枸骨在夏天要注意遮荫或种在庇阴树下。枸骨果实吸引鸟雀啄食，所以要加以遮盖保护。在夏季要修剪整枝，修去长而细的枝条，剪去枯枝，保持姿态优美及匀称。

枸骨制成盆景，气势非常恢宏。枸骨做盆景可做片，可根据其自然生长形态（以主干上主枝轮转向上排列，每个主枝外斜向上）制作。首先定住主枝，然后是一左，二右，三后，但都不向前。再把每个外斜的向上制作的枝向下拉平，使主枝与干枝的夹角等于或大于直角。叶片要剪整叶，不可剪半叶，这是鸟不宿做片的基本要求。做片要自然，要善于利用原有的自然之势，不可攀扎得过分死板，不可千篇一律，矫揉造作，否则无诗情画意。

【繁殖方法】 多用扦插与播种法。

（1）扦插：在5～6月份梅雨季节，用嫩枝12～15厘米，插入砂土中，成活后再移栽。

（2）播种：在10月份果实成熟后去皮取出种子，进行低温储藏，到第二年春季播种。

【病虫害防治】 枸骨主要会受红蜡介壳虫、煤烟病等病虫害危害。预防治疗方法，请参阅书后《家庭养花病虫害防治一览表》。

【点　评】　枸骨移栽时要带泥球，因为它须根少，否则很难成活。移植应在春季的3月份进行。

专家疑难问题解答

栽培枸骨有哪些要点

①枸骨性喜阳光充足、温暖湿润的环境，宜种植在排水良好的微酸性肥沃土壤中生长。能耐阴也较耐寒。②幼苗应经过移栽培养后再栽种，未经移植的苗木多为直根，须根少，难成活，移植过的苗木须根多易带土球，容易成活。③苗木移植应在早春进行，栽培地可选半阴条件，保持较高湿度，并多施有机肥。④生长季节遇天气干旱需及时浇水，春、秋两季各施1次发酵腐熟的液肥，花繁果红叶绿树壮。⑤枸骨较耐修剪，为保持株形端正，可在每年夏秋之交进行1次修剪。

怎样使枸骨叶绿果红

①应将植株放在阳光充足处。②生长期每月施1次稀薄饼肥水。③盆土需保持湿润，忌积水。冬季北方应入室养护。④易遭介壳虫和灰霉病危害，应采用相关药剂防治。

柿　树

柿树是秋天著名的果树，以果实甜美而惹人喜爱。柿树在我国已有3 000多年的栽培历史，柿树寿命长、树龄最长的可达

300 多年。

柿树为柿树科柿属落叶乔木，可长到 15 米左右。树皮灰褐色，叶厚，花期在 5~6 月份，果实扁圆形或方形，成熟时果皮为橙色、红色或鲜黄色。柿树有不少品种，有早熟和晚熟之分。

【观赏价值与应用】 柿树为庭院观叶观果植物，它树形高大，叶大浓郁，且有光泽。入秋后叶色绯红，果实挂满枝头，为观叶、观果的风景树。可栽于公园、街头绿地，或作行道树。它的果实是水果，也可作柿饼。其蒂、根、皮均可入药，可治肺热干咳，及痔疮出血等病症。

【栽培技术】 柿树为阳性树，喜光照，也喜欢温暖湿润气候，能耐寒冷，年平均 9℃以上均可生长，耐寒可达 -20℃。柿树对土壤要求不高，肥沃疏松的中性、偏酸性或偏碱性土壤中都能生长，在排水良好的黏性土壤中长得最好。

种植柿树要加强肥料管理，在萌芽之前，以施氮肥为主，可使叶茂枝粗并快速孕蕾；孕蕾前的几个月要施磷钾肥，一般追肥 1~2 次，可使花茂果多；在果实发育期(6 月份左右)再施磷钾肥，可使果实硕大。盛夏时节要保持充分的水分，这样才能避免不落果实。其次是修剪，于入冬落叶后进行。修去病枝、弱枝、枯枝、虫枝，但不要去剪枝梢，否则会损伤花芽。

【繁殖方法】 以嫁接法繁殖。

嫁接以野柿、油柿作砧木，于 3~4 月份芽接、劈接、枝接都可以。枝接的接穗选用 1 年生健壮枝，芽接的用当年的叶芽为多。

【病虫害防治】 柿树主要会受大蓑蛾、刺蛾、尺蠖虫、炭疽病等病虫害危害。预防治疗方法，请参阅书后《家庭养花病虫害防治一览表》。

【点　评】 柿树移植要在冬季落叶后进行，也可在早春萌芽前进行。大苗移植要带泥球，选有阳光的高燥地点种植。

南天竹

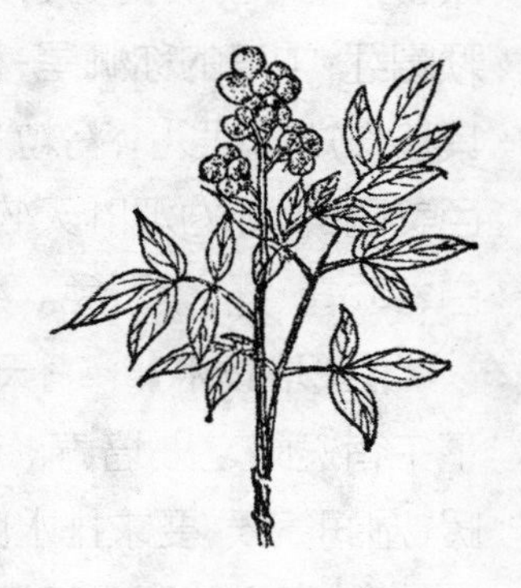
南天竹

南天竹属于小蘗科南天竹属的常绿灌木，也叫兰竹、天竹子，是花叶果并美的观赏植物。它产于我国及日本，花5~7月份开放，果为鲜红色，在秋季成熟，鲜艳夺目，可在枝上留至翌年3月份。寒风凛冽时，南天竹叶绿果红，十分令人珍爱。南天竹在我国的江苏、浙江、安徽、江西、湖北等省均有分布。

【观赏价值】 南天竹因形态如竹，故名“天竹”。又世传以为子碧如玉，取蓝田种玉之义，故又名“蓝田竹”。南天竹的果实，红似火焰，特别在春节与腊梅相配，绿叶，黄花，红果，色香俱佳，相映成趣。据介绍，南天竹含水分较多，凌冬不枯，遇火难燃。由于南天竹奇姿绝艳，清香宜人，能给人以清新妙趣的美感。在庭院中可以丛植，与腊梅一起种植，点缀冬天的妙景。盆栽入室，高雅不俗，若将果穗与梅、水仙、银柳、山茶等早春花卉一起瓶插，花姿秀美迷人。

另外，南天竹也是盆栽妙品。盆栽常取苍老枯干或取拇指小桩，采用缚扎、屈曲盘根，使其绿叶扶疏，古朴横斜，确有意境。特别它“春日花白秋果红、串串红果挂叶丛。绿里间红色更艳，严冬室内春意浓”令人叫绝。

另据《花镜》载：天竺相传掩拚以红蜡烛油，果色能更为鲜明。此说确有其事。伏天，蜡烛油稍融，和以草灰，壅入根旁，天竹子果会光泽耀目，色彩更显明艳。

常见的南天竹栽培品种有白果南天竹(果白色)、紫果南天竹(果紫色)、玉果南天竹(果淡黄白色)、锦红南天竹(细叶如丝)等。玉果南天竹的果实黄熟而有光泽,入冬叶色转黄,观赏价值极高。另外,有一种名叫“蓝果南天竹”的品种为稀有品种,果实呈蓝色。目前,大多数栽培的是红南天竹,红果好像珊瑚。红南天竹的果穗大小不同,可分为3类:最佳的称狐尾,穗长30厘米,籽粒均匀,颗颗圆红;中等的称狮尾,穗较短,籽粒排列疏松;次等的为满天星,其植株矮,穗形小,籽粒20粒左右。还有一类南天竹很少结籽,叶色美丽的,称为观叶天竹,其植株矮小,叶质细柔,适合盆栽,叶有白、黄、青、红、紫五色。终年可以观赏,也很有味道。

【栽培技术】 南天竹喜欢半阴,最好选择上午见光,中午及下午有遮荫之处培养。阳光下生长,叶色会变红,南天竹喜欢温暖、湿润气候,要求排水良好的弱碱性土壤。南天竹也喜欢凉爽环境,如在强烈的阳光下暴晒,或过分阴暗,水分太湿或太干均会长势不良,往往不结果或落果,天热时应多向叶片及周围喷水,增加湿度,防暑降温。南天竹的施肥以10~15天施1次,一般可用豆饼水或菜饼水,宜薄不宜浓。开花前还应增施磷肥,可使结果丰硕。

每日喷1次0.2%硫酸亚铁、水可使叶子不缺铁、不会发黄。

南天竹宜在秋后剪除瘦弱枝干,以利翌年萌枝,而且会长得低矮、果实红艳。若作盆景,惹人喜欢。

【繁殖方法】 南天竹繁殖可用播种法,也可分株法与扦插法。

(1)播种:在秋天10~11月份,待果实熟后即可播种。幼苗期要精心护理,夏季搭荫棚遮阳。

(2)分株:于2~3月份芽萌动时进行,可用丛生母株挖起,分株。从根茎处切断小株需带根系,也可直接在地里分株。分株后要浸入泥浆中,再栽入土中。

(3)扦插:可在梅雨季节进行。春季3月份,选1~2年生粗壮枝条，剪成15~20厘米，顶留几片叶子，插于疏松的土中，注意湿润与遮阳。60~70天便可成活，扦插生长较慢，扦插后要浇足水，扦插厚度为5~6厘米，3~4年后才能开花结果。

【点 评】 栽种南天竹不能浇水过多，尤其在开花期不能多浇水，不然会引起落花落果。但也不能太干，太干花开不好，果会凋落。另外，开花往往在梅雨季节，往往雨太多而使授粉不良，给不出果实。可进行人工授粉。一般在新枝萌发前用毛笔涂花进行。

专家疑难问题解答

养护南天竹应注意些什么

①南天竹适宜湿润、半阴环境。②避免阳光直射。③盆土要保持湿润，但忌积水。④盆栽3年宜在春季换盆，换盆时要施足基肥。追肥每年施2~3次。⑤将干花序、枯黄叶及时剪掉，以保持植株整洁。⑥南天竹可用分株、扦插、播种等方法繁殖。

怎样使南天竹叶美果艳

必须掌握以下养护技术：①盆土要用肥沃、疏松、排水良好、微酸性土壤。②浇水量不要过多，保持盆土的湿润即可，夏季加强叶面喷水和空间喷雾，开花期间的浇水量要平衡，不可忽多忽少。③雨季应将植株搬入室内或屋檐下，在开花的半个月内，需用毛笔蘸取花粉反复进行人工授粉。④少施氮肥，多施磷钾肥，每隔半月施1次。开花后停止施肥，幼苗期要勤施薄肥，成年株每年在早春和深秋需各施1次基肥。⑤南天竹的幼苗期和成年株在夏季都应放置在荫凉处，避免阳光直接暴晒。地栽的南天竹周围要适当种植些蓬径较大的植物或种植在西面有墙或假山的地方，以遮挡部分阳光。⑥每隔2年在早春换1次盆，并修剪去一些老根和无用

的枝条。⑦冬季的养护。北方地区要注意防寒保暖，霜降前应搬入室内半阴处，室温保持在 1～5℃；这时应停止施肥，控制浇水；每周清洗 1 次叶片，水温应与室温相近。

盆栽南天竹叶片枯焦脱落了怎么办

南天竹习性喜光，耐阴，属于半阴性花木。如放置在阳光下，叶变红，嫩叶枯焦，生长不良。家庭盆栽南天竹，如浇水过多，排水不良或久放室内，叶片会枯焦脱落。因此，盆栽南天竹应放置在空气湿润和半阴的露天环境里，有侧方蔽荫最好。如在室内摆设，应注意经常移放在室外，或阳台上，不可久留室内。也要注意排水良好，严忌积水。

南天竹不结果实怎么办

①南天竹枝条生长过长不易结果。②南天竹喜半阴环境，光照过强或过阴对开花结果均不利。③开花期要注意浇水，不能使盆土过干，并经常向叶面及周围环境喷水，空气干燥不利于结果。④花芽分化时，不宜多施氮肥，应追施以磷为主的肥料，以促进花芽的形成与开花。

怎样使南天竹冬天不落果，来年开花再结果

需掌握以下关键技术：①浇水。冬季盆土中水分的多少是不落果的关键。在冬季对已结果的南天竹，盆土不能过干，只要保持盆土微湿，水珠不能喷溅到结果枝上和果实上。②修剪。在 2 月中旬，把一串串的红果从基部剪除，3 月下旬将过长的枝条剪掉，并整枝造型。③松土。3 月中旬以后，晴天把南天竹搬到室外晒太阳松土。④施肥。在 3 月下旬的整枝造型后，施 1 次全营养素的肥水，以后进入日常养护，施以磷钾肥为主的肥料。

南洋杉

南洋杉

世界著名的观赏树木“南洋杉”进入我国家庭养花行列还是近几年的事。

南洋杉原产于大洋洲的诺福克岛及澳大利亚东北诸岛。南洋杉为南洋杉科南洋杉属常绿乔木，又名南美衫，在原产地高70米，胸径1米以上。我国广东、海南、云南南部地区也有它的踪影。南洋杉在我国华南地区作地栽，其他地区多用小苗盆栽。

【观赏价值】 南洋杉是世界著名庭院观赏树木，其针叶葱郁翠绿、姿态秀丽，在庭院内可作孤植或丛植的大型风景树，也可盆栽于厅堂，颇具热带异域风光。

【栽培技术】 南洋杉喜温暖、湿润、光照良好的生态环境，怕烈日暴晒，也怕干旱，要种在土壤肥沃的微酸性砂质土壤中。

一般以盆栽观赏为多见。盆栽要根据树苗的大小选好花盆，花盆底要有垫水层，以防积水烂根。

南洋杉在种植中，注意夏天生长旺期，要放在室外凉爽通风地，不能在炎热烈日下暴晒，暴晒会烧灼叶子，此时土壤可以稍湿润些。高温期间也应多向叶面及盆子周围喷水，降低温度及增加湿度，以使南洋杉长得健壮。

南洋杉种植的肥料以施氮肥为主，一般每月施2~3次，要施薄肥。南洋杉冬天应移入室内越冬，气温不低于10℃，并不断转动盆子，使受光均匀，不出现半面叶子长势好，另一半则少枝少叶

的“两面叶”现象。

南洋杉在江浙地区一般不能进行地栽，因为冬季太冷，容易受冻。

【繁殖方法】 南洋杉的繁殖采用扦插法为多见。

扦插：在初夏季节可用当年生半木质化的枝梢作插穗，插穗长度为8~15厘米，插在以粗砂为基质的苗床。保湿约2个月就会生根。

扦插南洋杉，挑选插穗时要注意需用顶芽，不能用侧枝，因为侧枝扦插的苗不能直立，会使植株形态不美观。

【点　评】 南洋杉怕冷，如遇零度需移入室内保暖，室温达10℃就可过冬，冬季应防冷风吹袭。2~3年需翻土1次。

专家疑难问题解答

怎样使南洋杉长得笔直均衡

养护中需注意：①每半个月左右转盆1次，调换强光面与弱光面的位置，让整个植株均匀受光，避免植株长期一侧受光造成向一侧倾斜，使枝杆不能直立生长。②从幼树开始，要配以支柱，将主干固定，避免树干长势因幼树树干脆弱而生长倾斜。③为使树形丰满，要防止因搬动或室内活动折损茎枝，更不要轻易提高分枝而将下层轮生枝剪去。④为防止植物长得过高，每隔2~3年换1次盆，盆土为腐叶土、壤土和少量草木灰混合物。不要栽得过深，最好使上层生根的芽点露出土面。

南洋杉下部叶片枯黄脱落怎么办

①温度。冬季室温要保持在10℃以上，避免温度剧烈变化。②光照。南洋杉喜阳光充足，但怕强光，夏季需遮荫。入秋后移入室内向阳处，每半月转盘1次，以避免出现偏冠。③水分。生长季

节经常向枝叶喷水，保持盆土湿润。空气湿度需保持60％以上。

盆栽南洋杉需注意些什么

①5～8月份旺盛生长期，每月需进行2次追肥。②需转换盆的受光方向，以免背光的叶片黄落。③在盆内插支撑棒，以免株杆受折或生长变形。④每隔2～3年需换盆，修剪掉老根。⑤入冬前移至朝南向阳房间，以免受冻害。

南洋杉茎端不慎被折断怎么办

南洋杉的茎端折断后，虽然会影响观赏性，但它的再生能力较强，可以从断裂处的下面茎秆上产生新芽替代主干，而且常会萌发数枝新芽。应选留生长位于中心且生长势最强的萌芽，抹去其余的芽。为了促使萌芽和萌出的新枝生长健壮，应在断头后经常施入肥料。即使在冬季，由于低温造成茎端冻害，也可采用以上方法。

牵　牛　花

盛夏清晨，在阳台、庭院、棚架、竹篱架上开满闪烁晶莹露珠的小花，它们像一只只朝天奏着奋进向上乐曲的小喇叭，俏丽、秀美，它就是人们熟悉的牵牛花。

牵牛花又叫喇叭花，可以到处生长开花。牵牛花植株雅致，花朵清雅，且开花时色彩会变。宋代杨万里有诗“素罗笠顶碧罗檐，晚卸蓝裳着茜衫”，对牵牛花的变色作了极其生动的描绘。

牵牛花

牵牛花为旋花科牵牛属一年生或多年生攀缘草本植物，茎缠绕，多分枝。牵牛花花期6~9月份，果期7~9月份，生于山野、田野、墙脚下，或路旁，全国各地均有分布。7~10月份果实成熟采收，晒干后可入药，也称"黑丑"、"白丑"。牵牛花跨进传统名花行列，也有千余年的历史了，不但名见花谱、花志专著，而且历代有许多美妙的诗文吟咏。

【观赏价值与应用】 牵牛花藤萝缠绕，绿叶萋萋，青翠迷人。花开如唢呐，娇媚清姿，朝放暮罢。翌日另一节又吐出一支支花来，情趣无穷。牵牛花在我国有十分悠久的种植历史，据传它从非洲传入我国，至少是宋代以前的事了。早在《雷公炮炙论》中已记载有牵牛花，并且它一直是古今文人赋诗作画的最好题材。

牵牛花用于闲地作绿被，短期内就会形成一层茵绿的轻纱。在公园、庭院、门栏、凉台等处作架棚供其攀缘，是夏天消暑的好阴棚。牵牛花含牵牛子苷2%、脂肪油11%、蛋白质、糖类、没食子酸和裸麦角碱。其中有些物质进入肠胃后会刺激肠道，引起腹泻。对蛔虫和绦虫有杀灭作用，剧烈时能引起子宫收缩。

牵牛花对二氧化硫抗性强，是监测光化学烟雾的理想指示植物。

【栽培技术】 牵牛花原产热带、亚热带，我国中部、西南等地均有种植。牵牛花，习性强健喜温暖向阳环境，耐阴，耐瘠薄土壤，土壤选择性不强，适宜于疏松肥沃的园土中生长。有自播成林能力。

牵牛花在进入生长旺盛期时需要追薄肥2次，这样能使叶片茂盛且色泽良好。如肥料不足，易使叶片发黄。盆栽适宜阳台绿化。盆要大，用铅丝作架攀。需整枝造型，控制生长。6片真叶时进行摘心，促进分枝，腋芽发生后，全株留3枚健壮芽，其余均除去。

【繁殖方法】 牵牛花繁殖以播种为主，4月份播种前先浸种一天，出现2片叶子时可以定植。

【病虫害防治】 牵牛花主要会受红蜘蛛等病虫害危害。预防治疗方法，请参阅书后《家庭养花病虫害防治一览表》。

【点 评】 若要牵牛花多开花多结籽，需在生长期勤浇水，且每半个月施薄腐熟肥几次，促使其生长茂盛。

美人蕉

在炎炎烈日中，美人蕉犹如美人卧绿茵，彩妆翠袖，绮丽多姿，把夏日景色点缀得富有诗情画意。古代有人以诗“带雨红妆湿，迎风翠袖翻”来赞誉它的含情之态。

美人蕉

美人蕉是美人蕉科美人蕉属多年生球状花卉，原产于热带美洲及亚热带。它别名红艳蕉、兰蕉、虎头蕉、破血红。6～11 月份开花，果实 9 月份成熟，蒴果圆球形，种子黑色、坚硬。株高 60～200 厘米，花色有乳白、黄、橙红、大红等。美人蕉是十分常见的庭院栽培花卉，由于其根状茎在地下纵横交错伸展，可不断自然萌芽，一般成丛栽于花坛以美化环境。我国现已引进一批矮秆优良品种，花大色艳，为私家花园及盆栽提供了新品种。美人蕉同属植物 50 多种，分布于美洲，常用的品种有食用美人蕉、柔瓣美人蕉、粉叶美人蕉和美人蕉。

【观赏价值与应用】 美人蕉花色鲜艳，花期悠长，是园林中最主要的观赏花卉。最美的是它的花开了，在叶子中心会抽出花苞，一层一层包住。当开花时，极像红、黄蝴蝶一样翩翩起舞，美人蕉花期长，能从初夏开到深秋，可与紫薇相媲美。美人蕉宜布置花坛、花带或盆栽，高型品种宜作花境或艺术小品背景，矮生品种可作盆栽。成丛或成带状种植于草地边缘或庭院一隅也颇适宜。另外，美人蕉能作为有害气体二氧化硫、氯气等的指示植物。在氯气污染区，当美人蕉叶子失绿变白、花朵脱落时，即警告人们注意防护。美人蕉作切花瓶插，也别有风味。

美人蕉味甘、淡，性凉，可清热利湿、安神降压，并有收敛、止血、解毒功效。

【栽培技术】 美人蕉喜湿热、阳光充足的环境，以富含腐殖质的砂壤土最为合适，它不耐寒，在北方种植，根茎需在室内越冬。

美人蕉在全年气温高于16℃的环境下，可终年生长开花。花朵在清晨开放，当空气湿度达98%时，花朵观赏期可达两天。但当空气相对湿度低于70%时，花朵寿命仅有半天，早晨绽开，下午即枯萎。美人蕉的日光照量应在每天7小时以上，否则容易徒长，花朵也较小。美人蕉还很喜肥，在栽培过程中要施氮、磷、钾肥或有机肥料，可使开花增多。

盆栽美人蕉易因施硫酸亚铁过多或烈日暴晒、过于干旱而产生叶边枯焦及叶片发黄，所以应引起注意。在气温高达40℃以上时，美人蕉易灼伤，应移至凉爽处通风保护。雨季注意排水防涝，开花后要注意剪除枯枝叶和残花枝，促使新蘖枝萌发，保持叶清秀、花秀美。

【繁殖方法】 多数采用分株、播种法繁殖。

（1）分株：在3~4月份里，将储存的根茎取出，削去腐烂部分，将多芽分化成3~4个芽的根茎，埋入土中，浇足水即可。

（2）播种：美人蕉种子十分坚硬，应在播前刻伤种皮，用25~30℃温水浸种一昼夜后再种。播种后覆盖2厘米土壤保持湿润，3周左右便可发芽，长出2~3片真叶时再定植。

【病虫害防治】 美人蕉主要会受花叶病、蕉苞虫等病虫害危害。预防治疗方法，请参阅书后《家庭养花病虫害防治一览表》。

【点　评】 美人蕉可以人工控制花期：采用早花矮性种，早催芽，实行促成栽培，使其在“五一”节开花；采用晚花种，冷床催芽，又可延迟在“十一”期间开花。

专家疑难问题解答

怎样养好大花美人蕉

大花美人蕉，花色丰富艳丽，花期长（6～10月份），是美化庭院的优良材料，其矮生品种又适于盆栽。大花美人蕉性喜阳光充足和温暖湿润的气候，不甚耐寒；对土壤要求不严，但由于其根系可深入土中70厘米以上，故喜欢土层深厚、湿润和排水良好的肥沃土壤。在我国南方地区可周年生长，无休眠期，而在长江以北地区，霜后地上部分会枯萎。这时应先将地上部分齐地面剪掉，然后掘起根茎，晾晒2～3天，除去表面水分，分层平铺在通风、凉爽处，并用河沙、细泥填塞空隙，室温保持在8℃左右，堆放层次不宜过高，一般以30厘米左右为宜。大花美人蕉由于花朵大、花期长、植株高大，因此，在生长期应保证肥、水充足。合理施肥是养护好美人蕉的关键措施，不论盆栽或地栽，种植前应施足基肥。基肥应以堆肥为基础，并适量加入豆饼、骨粉或过磷酸钙等。生长期间及开花前每隔20天左右需施1次液肥，同时应及时松土，保持土壤疏松，以利于根系发育，这样就能使其枝叶繁茂，花大色艳。如缺磷、钾肥，生长衰弱或只长枝叶，少开花或不开花。每次花谢后及时剪除残花葶，并需施液肥，为下次开花储蓄养分。

怎样使美人蕉叶片不枯黄

①让美人蕉多接受阳光，避免阴冷环境。②新芽萌发后，每隔半个月施1次腐熟饼肥或复合肥液，花芽抽出后，喷施1～2次0.2%磷酸二氢钾水溶液。③花谢后应及时剪去残花和花葶，并增施肥料。④北方地区霜降后，应将地上部分的枯黄叶片剪除，挖出

根茎，晾干后储藏在室内3~5℃的砂土中。⑤要注意保持土壤湿润，切忌土壤过干。

怎样让大花美人蕉安全越冬

每年11~12月份，把地下部的块根挖起，稍带些宿土，稍摊晾干后堆放，堆3~4层，每层之间充分填上洁净黄沙，室温不低于5℃，即可安全越冬。第2年3~4月份可重新种植。

怎样水培美人蕉

①选用陶瓷缸或金鱼缸。②以粗砂或小碎石固定基质，用复合肥补充养分。③选择适宜水培的品种。④培育苗可利用根茎先培育成幼苗或用株高30厘米左右的播种苗。⑤培育期从早春到初夏都行。

荔 枝

“长安回望绣成堆，山顶千门次第开。一骑红尘妃子笑，无人知是荔枝来”。这是唐代诗人杜牧的诗。唐玄宗李隆基为使杨贵妃能吃上鲜荔枝，不惜从数千里之外飞马转送，差官和马匹常常累死。但他们的千辛万苦也只换得杨贵妃的一笑。

荔枝是我国的岭南果树，为无患子科常绿乔木，树高达20米左右，果实心脏形或圆形，果皮具有多数鳞斑状突起，色多为鲜红或紫红，也有少数为青绿色或青白色的。每当蝉鸣稻香之时，也就是荔枝成熟之时，荔枝果实累累，宛若万点星火，绯红似晚霞绕树，景色十分迷人。我国栽培荔枝历史悠久，在汉代就开始种植荔枝，距离现在有2 000多年的历史，许多古籍如《汉书》、《齐民要术》、

《三辅黄图》等都有有关荔枝的记载；陕西省乾县出土的唐中宗时的永泰公主墓内石雕画中，就有一幅侍女双手捧着荔枝的图案。

荔枝树别名荔支、离枝、丽枝、勒枝、丹荔等，其中有一离枝，意为离枝即食，越是新鲜，味道越好，越好吃。

著名的荔枝品种很多，在广东就有 80 多个品种，著名的有妃子笑、三月红、玉荷包、糯米糍、龙荔、香荔、黑叶、桂味、桂绿；广西著名的荔枝有丁香、水荔、黑叶、禾荔、大风；福建有状元红、早红、陈紫、兰竹、元香、桂林等；四川有大红袍、转窝子、楠木叶、荷花、青皮等。

荔枝约在公元 17 世纪自我国传入印度、越南、马来西亚、缅甸和东南亚一带，20 世纪初才传入非洲。但至今我国仍是荔枝最主要产地。荔枝生长周期很长，一般要 10 年以上才能结果。花期为 3~5 月份。

【观赏与应用】 荔枝为南方珍贵果树，也常在公园或庭院中种植观赏，若植于池边、湖畔、绛果翠叶，垂映水中，也成佳境。荔枝是长寿树种，有数百年的老树依然枝繁叶茂。福建省莆田县城内有一株古荔枝树，还是唐玄宗年间所植，距今已有 1 300 年了，真是世间罕见的高龄果树了。荔枝树树冠高大，苍翠美观，开绿白色或淡黄色的小花，美丽而芳香，是良好的蜜源植物。荔枝蜜是最好的花蜜之一。

荔枝树还是良好的风景树和防风林树种。荔枝树木质坚实，是制作家具的上好材料。果壳、树枝、树干和树根都能够提炼栲胶。荔枝是夏令鲜果中的佳品之一，它不仅肉洁液甜，香气四溢，百吃不厌，而且果皮也红艳可爱，难怪古人张九龄赞美荔枝“味特甘滋，百果之中，无一可比”。宋代苏东坡到广东尝到荔枝以后，也说：“日啖荔枝三百颗，不辞长作岭南人”了。我国的荔枝在国际果品市场上有很强的市场竞争力，年年有大宗的荔枝销往世界各地，是深受人们欢迎的水果。在美国的市场上，曾经卖到过 80 美元1 000 克，在科威特市场上曾卖到过 3 美元 1 颗。荔枝含有丰富的葡萄糖，有蛋白

质、维生素 C/脂肪、柠檬酸、果酸、烟酸等多种营养物质。除供鲜食外，还可以制作荔枝干，酿荔枝酒，制作荔枝罐头等。

荔枝味甘、性温、有生津、益血、理气、止痛之功效。鲜食荔枝过量会引起头晕恶心，犯“荔枝病”。荔枝核味干涩、性温，有温中、理气、止痛之功效。

【栽培方法】 荔枝性喜温暖湿润的气候，要求光照充足，不耐低温，对土壤适应较广。酸性土壤及钙质土均可生长，但以肥沃、湿润而排水良好的砂质土壤及冲积土为佳。

【繁殖方法】 荔枝繁殖以播种、嫁接和高压繁殖。种子易丧失发芽力，应随采随播。嫁接一般以原种实生苗为砧木，行靠接、合接或芽接。高压一般在2~9月份，选3~4年生、直径2~3厘米的健壮枝条进行。

【点　评】 荔枝乃南国之果树，尤其果肉甜醇汁多获人喜爱，它也是很有风姿的风景树，大多植于池边，成为风景树。但在上海就不能种植，因为冬季严寒要受冻。

专家疑难问题解答

荔枝树为何少结果

是因为管理中缺乏良好的土壤及肥料或光照不足所引起，应种植在温度高、砂质有肥力的湿润土壤中。

草　莓

初夏，正是水果的淡季，鲜艳可爱的草莓却悄悄上市了。它果

肉鲜艳、柔软多汁、甜酸适度，不仅具有诱人的色彩，还有一般水果所没有的一股宜人的芳香。

草莓是蔷薇科草本植物，原产于南美洲智利。现在我国各大城市均有栽培。世界上现有草莓品种约 2 000 多种。我国现有 200 多种品种，如野草莓、麝香草莓、凤梨草莓等。草莓初夏开白色或略带红色的浆果，呈圆尖体或心脏形。

我国最早只有野生的草莓，星星点点，像一朵朵小花，点缀在山坡、田垄和路旁；具有细细的藤蔓，结的果实只有小拇指大小，上面长有细细的针刺，具有甜酸的味道。在城市里就很少见到野草莓，特别在大城市更是少见。

凤梨草莓，又叫洋莓、红莓，就是现在市场上常见到的草莓，20 世纪初传入我国。草莓是世界上 7 大水果之一，其繁殖快，生长周期短，不仅适宜果园间作、大田种植，还适宜庭院及盆栽作园艺观赏用。

【观赏与应用】 草莓果实娇艳，柔软多汁，具有特殊芳香，味香甜可口，风味独特，富含维生素 C 和钙、磷、铁等营养成分，叶片常绿，既能赏果又能赏叶，是食用和观赏的花卉佳品。草莓也是一种家庭绿化植物，尤其可种植在花盆或庭院中，可美化环境。当草莓盛果的时候，它那蔓生的绿叶丛中，衬托着像红宝石似的鲜果，人们在饱览秀色之余，还可品赏一下草莓的特别风味。

草莓味酸、甘，性寒，可治面部疾患。另外，还有润肺、生津、止泻、解热、消暑、健脾、利尿，对胃肠疾病、贫血症有良好的疗效。还能防治动脉硬化、冠心病、脑溢血等症，草莓还具有抗癌作用。

【栽培方法】 草莓喜光、潮湿，怕水渍，较耐寒，怕干旱。适生于富含腐殖质、疏松、透气的砂质土壤中和湿润环境，忌盐渍土或含石灰质土，否则生长不良。如光照不足，则植株徒长而开花少。匍匐枝以接触土地扎入后便能生根，如将茎剪断，与母株分离即成幼株，故繁殖容易。上海地区早春长新叶，后开花，5 月上旬果熟，从开花到果熟期为 30~40 天，6 月份开始长匍匐茎，并同时长叶。

【繁殖方法】 在夏秋季节剪取草莓匍匐茎1段或3段即可上盆。如整株移植要带宿土，否则上盆后叶易发黄和枯黑。盆底应设排水层，使排水通畅。盆土可用菜园土与河沙各半拌和，并加入基肥，将植株或匍匐茎栽入后，浇1次透水，放置在半阴处约一周，栽培成功后，移到阳光下养护。在生长培育期必须做到：第一，无论盆栽或地栽，都要阳光充足，否则只会长叶不会开花，更不会结果。第二，盆土保持湿润，防止过湿过干，更忌积水，否则不仅落花、落果，甚至烂果。第三，及时施肥，早在生长枝叶时，应施入氮磷结合肥1~2次，开花前的3月份，再施磷钾肥为主的液肥1~2次，以促使多开花结果。

【点　评】 草莓是一种草本水果，其营养十分丰富，可以盆栽于家中观赏，既能动手活动取乐于一种休闲，也能看到草莓开花结果的整个过程，是值得家庭栽种的植物。

专家疑难问题解答

草莓为何易烂种不好

大多数是种在盆内太阴湿、发霉，又烂根烂叶，从而不结果。种草莓应选好盆，选好泥土，以砂质肥沃土为主，透水快，栽后要逐渐见太阳，不能太多浇水，更要适当施肥，大多经过1~2年的摸索种植，草莓一般都能种好。

素馨花

素馨花属于木犀科素馨属，常绿直立灌木，枝条纤细而下垂，

有角棱。又名素兴、素英、四季素馨、大花茉莉、云南迎春、大朵迎春。花单生，呈淡黄色，有暗斑点，有香气。素馨花生长于南方，四季常青，春季盛开，色白或黄，形若冬梅，又称“玉芙蓉”。

素馨花原产于我国云南、广西，以及缅甸、越南、斯里兰卡、印度等地。同属的其他花卉还有：①多花素馨，花朵颜色内白外粉。②红素馨，花红色至玫瑰紫色。③黄素馨，花淡黄色，具暗色斑点，常近于复瓣。④花叶素馨，叶片上有黄色斑点。⑤素馨花，半常绿灌木，花白色。

【观赏价值与应用】 素馨花藤条盘绕，浓绿盈盈，花朵洁白，花香清馨，堪称秀雅一绝。《花镜》说它是“花似郁李而香艳过之”，为秋花之最美者。

明代“闽中广才子”之一的林鸿留下歌颂素馨花的千古名诗：“素馨花发暗飘香，一朵斜簪近翠翘。宝马来归新月上，绿杨影呈倚红桥。”他把明月下清香洁白的素馨花写得惟妙惟肖，由此可见素馨花在人们心目中的地位是何等之高。素馨花植于院坝闲地，装点门厅，颇具高雅的风致。盆栽入室，浓香四溢，使人尽情享受金秋时节的惬意情趣。在公园、假山、水滨种植，点缀效果颇佳，如在窗前还可筑架栽植，花开时节，微风过处，馥郁满院。素馨花性味辛、平、无毒，有理气、解郁、止痛功效。可治疗气郁胃痛、下痢腹痛、肝压痛、胸肋不适等。

【栽培技术】 素馨花为温带树种，喜温暖向阳，要求空气湿润、土壤肥沃、排水良好，畏寒、畏旱、不耐湿涝和碱土。素馨花地栽以堆肥垫底，于 3 月间先将所压的新枝移于穴中，扶正压紧即成。素馨花忌积水，又怕干旱，故在雨季应及时排除积水，遇旱时应及时灌水抗旱。素馨花为重要的香料作物，采摘需于每天下午进行。花后应适当追施肥料，以保证植株生长健旺，来年发花更盛。盆栽素馨花应在夏季换盆，如果不换盆，可以用新鲜的培养土做表土追肥。

【繁殖方法】 （1）扦插：可在夏末秋初，选取半木质化枝梢

12～15 厘米作插条，在一节之下切割，插入小盆，盖上塑料薄膜，置于明亮处。大约 30 天之后，便可当作成熟植株处理。

（2）分株：可在春芽萌动时切割植株，连根分株，极易成活。

【点　评】　素馨花忌积水和干旱，在雨季要及时排水，碰到干旱要抗旱浇水，才能使其生长良好。开花后应追肥，使植株再开花时健壮旺盛。

专家疑难问题解答

盆栽素馨花养护有哪些要点

素馨花顶生或腋生聚伞花序，花冠高脚碟状、单瓣、白色，具有茉莉花的香味，花期 5～10 月份。性喜温暖湿润环境，喜阳光，略耐半阴，宜生长在富有腐殖质良好的砂质壤土中。每年早春换盆时，需对根系作轻度修剪，以促使新根生长，添加新的培养土，地上部分枝条选留 3～5 枝并作短截。出室以后，应置于半阴处，并需经常向叶面喷水。盆土见干浇水，每半月需施 1 次液肥。夏季应在盆上方搭建荫棚；立秋后宜放在阳光下养护。冬季需移入室内，才能安全越冬。

荷　花

荷花是我国传统名花，它风姿清丽，自古以来就为人们喜闻乐见。荷花自周代开始从野生过渡到引种栽培，逐渐形成食用莲的三大品类：藕莲、子莲和粉莲。专供观赏栽培的荷花是食用莲中经过定向培育的品种。在 2 000 多年前的吴王夫差为供西施欣赏荷花，特在太湖之滨的灵岩山离宫修“观花池”栽培荷花。至晋代，观赏栽培逐渐普遍，而且相继有重瓣、重色品种出现。

荷　花

荷花是多年生草本水生球根花卉，属于睡莲科莲属，又名芙蕖、芙蓉、水华、玉环、泽芝。地下有根状茎，横生于水下淤泥中，肥大多节，花单生，花期7～8月份，果期9～10月份。著名品种有大紫莲、单洒锦、白千叶、重台莲、东湖春晓、小桃红、红碗莲、寿星桃、娇容三变和绿荷等。

【观赏价值与应用】 荷花色泽清丽，花叶俱香，是我国的传统名花。荷花最具谦德，入夏始开，不与百花争春；退居池水，不与群芳竞艳，被誉为“花中君子”。若将荷花缸栽置于庭院，夏日花繁叶茂，不仅能陶冶情操，还能为庭院增添无限生机。碗莲等更适于陈设几案，美化厅堂、居室。若栽植于池塘，“下有并根藕，上生并头莲”，既可点缀风景，又具有一定的经济效益。苏州一带把农历6月24日定为荷花生日。每到骄阳当空的夏天，到荷塘边柳荫下小憩，那一片片滚动着水珠的绿叶，像一把把撑开的小伞，无数鲜艳的荷花夹杂其间，远近皆是。清风徐来，碧波荡漾，飘送着缕缕清香，沁人心田倍感清凉。真像宋代诗人杨万里赞荷诗中的“毕竟西湖六月中，风光不与四时同。接天莲叶无穷碧，映日荷花别样红”，景色真是无限美好。荷花性味温甘，入心肝二经。其藕主治热病烦渴、吐血、鼻出血、热淋等症。

【栽培技术】 荷花喜阳光和温暖湿润环境，忌阴、忌深水，较耐寒，适宜在开阔的环境中生长。它需种植在含腐殖质较多的肥沃黏土中，pH为6.5。

荷花栽培主要抓好浇水、施肥和病虫害防治3个方面。

缸栽荷花，可用河泥，放在缸底，厚度大致为25厘米。在底

部的河泥中要加进豆饼、骨粉等基肥，再覆土把藕种进，使芽头向上，并要露出土面。种好后，泥土需晒太阳，待土晒干有裂干之状再可放水，放水深度大致5厘米左右。待荷花小叶冒出水面，可施腐熟的饼肥水，但不能过量，1个月施1次，在地下茎开始分枝时再追肥1次。平时管理要保证其阳光充足，保护好叶子，特别要经常去除老叶子，保证新叶的生长。冬天要倒去水，只要保持缸内泥土湿润即可。当气温到-5℃严冬时，要把缸栽荷花移入室内过冬。

池栽荷花：池栽荷花要注意水的深度，不能太深，一般以0.3~1.2米为适宜。如果水深达1.5米，就只会长浮叶，花少开或不开花。池栽还需注意周围环境，温度也很重要，一般以10℃左右可长叶发芽，在15℃左右即会生藕节，最适宜荷花生长的温度为25℃左右。开花需要高温，池栽荷花一般为2~3年翻种1次，防止地下茎太密集而影响其生长。

【繁殖方法】 常用分株(分藕)法繁殖。

在清明前后，气温在15℃左右时进行分株。

选完整健壮的藕作种藕。若池塘栽植，应先放干水，再施入大量基肥，耙平，把水灌进使呈泥泞状，用左手托种藕身，右手握藕顶，用中指护住藕芽，指向池心，将藕芽栽上。一般呈20~30度斜角插入泥土，另外要使藕尾翘起露出泥面。株距以80~120厘米较适宜，再放水5~6厘米浅水，以利提高水温，促进发芽，出芽后再加水。

【病虫害防治】 荷花主要会受大蓑蛾、蚜虫、叶斑病等病虫害危害。预防治疗方法，请参阅书后《家庭养花病虫害防治一览表》。

【点 评】 荷花栽培主要有浇水、施肥和病虫害防治3个环节。同时要及时清除水中杂草，如稗草、浮萍、藻类等，避免消耗养料造成荷花生长不良，还要保证水的清洁，使荷花长得健康。

专家疑难问题解答

让荷花在国庆期间开花的诀窍

荷花大多在夏季6~8月份开花，要让荷花在国庆期间开花，品种选择十分重要，如早花品种“娇容三变”、“红碗莲”等，从栽培到开花只需50天左右。于7月中旬第2次翻缸栽植，可使其在国庆节开花。而晚花品种的新藕要在9月初才能形成，再将其栽在22℃以上的温室中，荷花可以在冬天开花。荷花喜光，若把它置于树荫下，减少光照，可使花期延迟到国庆节前后。另外，将种藕假植缸内或湖边，经常疏摘叶片和花蕾，抑制其生长，到7月下旬栽植，同样可在国庆开花。

怎样使缸栽荷花开好花

①缸栽品种。要选择小型的观赏品种，如孩儿莲、并蒂莲及碗莲等。②缸栽容器。最好用内径为65厘米左右的大瓦缸。③种植时间。清明节前10天。④种植介质。黏土或河泥，在缸底铺3厘米的介质，再铺一层腐熟的有机肥，最后将介质铺到缸深的1/3处。⑤缸栽水深。种植好后的水深在3~5厘米，在浮叶没有开放前的水深保持在5厘米，等到浮叶浮出水面时，将水的深度增加到10厘米。⑥栽后管理。栽后隔1个月施1次肥，等到立叶长出后再施2次磷肥，入秋花叶停止生长后停止施肥。在6月份生长期花叶过多时，将一部分的老浮叶连柄塞入泥中。当大立叶挺出水面时，将所有的小浮叶和小立叶都塞入泥中。在藕没有成熟前千万不可将叶片割下来。入冬后，待荷叶完全干枯后，将缸内的水倒干净，并搬入室内储藏起来，等到第二年的早春，再将根茎挖出来重新种植。

怎样无土栽培荷花

荷花无土栽培不仅能欣赏到水上的绿叶红花，还能观赏到地下茎的生长情况。无土栽培最好选用玻璃水槽，品种选择碗莲为宜。为了使藕体能在水中固定，槽内应放一些洗净的粗沙白矾石或雨花石等石子起镇压作用。水培时将种藕卧放于水槽边缘或砂石表面，再用砂石将藕身压住使尾节上翘，然后灌入清水，并施入含氮、磷、钾等的营养液。以后每周向水槽内投放1～2片盆花通用复合肥，可使其顺利开花。秋天花谢叶黄后，可将种藕放入泥盆越冬保存。

荷花烂根枯萎怎么办

①在气温较低、浮叶还未出现时，盆水只需保持一薄层(2厘米左右)。②平时2～3天加水1次，保持4～8厘米深。③待叶子长大以后，逐渐提高水位。④天气炎热季节，要及时加水，水量要多些，并保持水质的清洁。

桂　花

桂花以香闻名，有“九里香仙客”之称。农历八月是桂花飘香时节，被古人称之为“桂月”。尤其在皓月当空的夜晚，如水一般的月光透过浓阴如盖的桂冠洒在身上，如静静的流水一样送来阵阵沁人心肺的花香，颇具诗意。我国栽培桂花的历史已有2 500多年，桂花是温带树种，在长江流域生长较好。据《旧唐书》载，因“江源多桂，不生杂木，故秦时立为桂林郡也。”

桂花也叫木犀，是木犀科木犀属常绿阔叶乔木或小乔木，高可达12~15米，在中秋9~10月份散发出馨甜浓郁的香气，而且花期较长，能绵延一个多月。桂花产于中国西南部，四川、云南、广西、广东和湖北等省均有野生，是我国传统十大名花之一。印度、尼泊尔、柬埔寨也有分布。

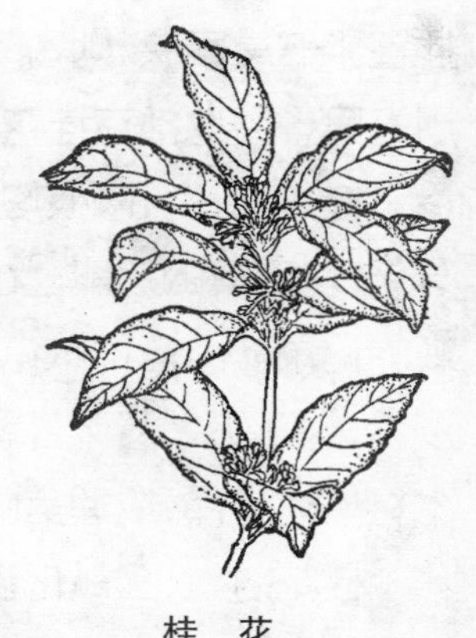

桂 花

桂花与我国人民的生活关系十分密切。战国时期的燕、韩两国为表示友好而互以桂花相赠。三国时代人们用桂树枝叶编织帽子，戴着“桂冠”以示清雅高洁。在科举时代“折桂”成了金榜题名的代名词。明朝程荣的《茶谱》里已有用桂花熏制茶叶的记述，可见古代人早已多方开发桂花的经济价值。桂花在文学形象上享有盛誉，古代希腊以桂花的枝叶编成帽子授予杰出的诗人或竞技优胜者。

桂花常见品种有：①金桂，花淡黄色至深黄色，香味极浓，有大叶金桂、小叶金桂等。②银桂，花近白色或淡黄色，香味浓至极浓，有早银桂、晚银桂等。③丹桂，花橙黄色或橙红色，芳香。④四季桂，花淡黄色，香味较淡。

【观赏价值与应用】 桂花终年常绿，挺秀明洁，盛花期间香味浓郁，可谓“独占三秋压众芳，何夸橘绿与橙黄”。庭院内有桂树，无花可悦目，有花可闻香。人们常称桂花为九月的“花神”、金秋的“花王”。桂花不仅可以点缀庭院，也很适合于绿化风景区。《客座新闻》中记载：“衡神寺其径绵亘四十余里，夹道皆合抱松桂相间，遮云蔽日，人行空翠中。而秋来香闻十里，计其数云一万七千株，真神幻佳境。”桂花格调之高雅，花之香洁，枝之遒劲，态之优美，在庭院多以对植，取意“双桂当庭”或“双桂留芳”。在住宅四旁或窗前栽植能收到“金风送爽”之效果。园林中大多数将桂树植于行道树两侧、假山或凉亭近旁，大面积种植可形成桂花山、桂花岭、桂花坡。盆栽宜选择矮小的苗株植入造型优美的花盆。以瓶

插置于书桌案头，则香气盈室。桂花一般用于造景，苏州、杭州、四川等风景胜地都有桂花的盛景。

桂花的花、子、根均可供药用。桂花有散淤破结、化痰镇咳、止牙痛、消口臭的功能。桂花还可用来制酒，在春秋时代就有桂花制酒的记录。用桂花做花茶，称“桂花茶”。桂花还可制取芳香油或浸膏，为高级名贵天然香料，用于各种香脂、香皂及食品中。桂树木材具有光泽，纹理美丽如犀，故有“木犀”之称，为雕刻的良材。

桂花对氯、二氧化硫、氟化氢等有毒气体有一定的抗性，还有较强的吸尘滞粉尘能力。

【栽培技术】 桂花喜光也耐阴，喜温暖又能抗寒，喜湿润但怕积水，喜洁净而不耐烟尘，忌栽于风口。南岭至秦岭为其适生地区。桂花移植常在秋季花后或春季进行，也可在梅雨季节移栽，但忌冬季移植。大苗移植需带土球，种植穴要深要大，应多施基肥。如植株较大需适当疏枝修剪，栽植后用木桩固定。秋栽桂花以霜降前为宜。根若受冻来年也会推迟花期。桂花如遇 -10℃的长期低温，会受冻害，因此在 -5℃时就需保温。

盆栽桂花宜选择矮壮、匀称的植株。盆土要求不严，但以疏松肥沃的砂质土壤最为适合。应用较大的盆栽培，平时多晒太阳，浇水不宜过多，雨后要及时倒掉盆中积水。每隔 10 天施薄肥 1 次，冬季将花盆置于室内向阳处，但室内温度不宜过高。在冬季要注意修剪，如植株太高而下部枝条很空，则枝形不美，因此可修剪顶部，刺激主干下部萌发新枝。浇水与施肥对盆栽桂花十分重要。春秋季的晴天，应适度浇水以保持盆土湿润，视情况可每天或隔天浇水 1 次；夏季晴天，应每天浇水 1 次；冬季 2 ~3 天浇水 1 次。桂花怕盆土积水，故雨天应及时检查，发现盆土有积水时，应及时倒掉，防止烂根。桂花也十分喜欢肥料，因此除上盆或换盆时要施足基肥外，平时还要施追肥。栽植上盆成活后，应追施 1 次稀薄液肥。以后应每隔 20 天左右追施 1 次复合肥。7 ~8 月份应追施 1 次以磷、钾肥为主的肥料。施肥合理，能使桂花多开花，花香浓。

盆栽桂花1~2年换盆1次。

【繁殖方法】 常以扦插、压条、嫁接法繁殖。

（1）扦插：宜在春秋两季进行，梅雨季节扦插最易成活。可用当年生半木质化枝条，剪15厘米，扦插在疏松的土中，遮荫，保持湿润，60天左右便可生根。

（2）压条：选1~3年生的健壮枝条，环状剥皮，压条后保持土壤湿润，到秋季与母株分离。

（3）嫁接：可在春天用女贞或白蜡作砧木，一般采用劈接或靠接法。接穗要选健壮的当年生萌发新枝。

【病虫害防治】 桂花主要会受褐斑病、黑刺粉虱等病虫害危害。预防治疗方法，请参阅书后《家庭养花病虫害防治一览表》。

【点　评】 桂花不开花是栽培过程中的常见问题。因为市场上购买的桂花树不少是扦插苗，即开花需要有8年左右的复壮期。种子长出的实生苗，一定要10年以上时间才能开花。

专家疑难问题解答

桂花有哪“四怕”

一怕碱土。桂花性喜微酸性土，pH以5.5~6.5为宜。若栽植在碱性土壤上，可导致叶片枯黄，甚至全株死亡。二怕浇水不透，即浇半截水。浇水不透则土壤表层潮湿，下半截干燥，根系得不到充足的水分，导致叶片发干变枯，甚至叶片脱落现象。三怕积水。土中积水易造成烂根、落叶，时间一长，根系就会腐烂，导致植株死亡。雨季一定要注意排水。四怕高温越冬。桂花比较耐寒，长江以南能露地越冬，华北一带室内越冬，室温以2~4℃为宜。如果室温过高，冬季或早春休眠芽萌发，空耗养分，植株会发育不良。另外，北方的早春干旱多风，盆栽桂花不宜出室过早，否则新枝会被强风吹伤；桂花还怕烟尘，不宜栽植在厂矿附近。

盆栽桂花养护应注意些什么

盆栽桂花需注意:①浇水要透。如果浇水不透,形成上部土表潮湿、下部干燥,下部根系吸收水分不足而造成叶尖干枯或叶片脱落。②冬季室内温度不能过高。如果冬季或早春室温过高,休眠芽提前萌发,枝条纤细软弱,等移到室外后容易萎缩枯死,空耗大量养分,影响了潜芽的生长发育,因此冬季室内温度宜保持在2~4℃。③搬到室外的时间不能过早。北方的早春干旱多风,新枝会干旱而"抽条"或被强风吹伤,所以最好在谷雨与立夏之间搬到室外。

阳台上的盆栽桂花应怎样养护

具体做法:①介质。要求微酸、含有丰富的腐殖质,一般用5%腐殖土,40%的园土和30%的珍珠岩加少量腐熟的鱼鳞和骨粉。②光照。要求阳光充足,每天的光照不少于10小时。③肥料。上盆时应施足腐熟的有机肥,平时施以无土栽培花卉营养液或综合营养液,开花时停止施营养液,花后施少量淡薄的氮肥溶液,入冬后施腐熟浓肥补充肥力。④浇水。春季2~3天浇1次水,夏秋季每天早晚各浇1次水,越冬前浇1次透水,以后10天浇1次水。⑤修剪。一年修剪2次,早春萌动前和秋季开花后。早春主要修剪枯枝、细弱枝和病虫枝,秋季主要修剪过密枝和徒长枝。

怎样使桂花开花多、香味浓

①应选择疏松、肥沃、排水良好的微酸性土壤。②要适时适量地施肥、浇水。桂花喜湿润,但怕积水,盆栽桂花春秋季节保持盆土湿润,隔1~2天浇水1次,夏天可每天浇1次水;冬季1~2周浇1次水。桂花十分喜肥,除施入基肥外,生长期及开花前、开花后都要及时追肥;光照要充足,桂花性喜阳光,应种植在阳光充足而

又通风良好的地方并及时进行修剪。③在北方盆栽桂花应及时移入0℃以上低温室内越冬;盆栽桂花应每隔1~2年于早春季节及时进行换盆。

庭园桂花为何多年不开花

①品种。不同的桂花品种,开花所需要的时间存在着差异,有些品种种植后6~8年才开花。②苗木来源。用种子播种的实生苗开花期较晚,一般在种植10年后才开始开花;扦插苗、分株苗、嫁接苗开花较早些。要想早开花,应选择购买嫁接苗。③光照条件。桂花是一种喜光树种,在栽植时应选择阳光充足的地方,否则会影响它的生长与开花。

盆栽桂花为何不易开花

桂花的幼年期较长,播种的实生苗大约需10年才能开花,扦插苗一般也要4年才能开花,分株、压条、嫁接繁殖的桂花大多在次年就可开花。所以,盆栽的桂花不到开花年龄是不会开花的,如果已到开花年龄而仍不开花,则是养护不当造成。不开花的主要原因有:浇水不当、积水、土壤碱性、越冬温度过高、烟尘危害、光照不足等都会造成桂花不开花。另外,盆栽桂花经常不换土,施肥不足也会影响植株开花。盆栽桂花一定要采用适当的养护措施,方能开花多而且味香。

怎样让桂花年年开花

①光照充足。桂花是一种喜光树种,成年树要求有充足阳光,只有在全日照条件下才能树叶茂盛、花繁密集。②重视施肥。桂花叶繁花密,需肥量较大,冬天要施足基肥,以促进翌年枝叶茂盛与有利花芽分化;在生长季节应追施一些以氮肥为主的液肥,促使枝叶生长;在花芽分化和开花前需施磷肥,有利于促进花芽分化与开花。③忌积水和土壤过湿。桂花对水分要求不是太高,但忌积

水与过湿，一旦遇涝渍，根系会发生腐烂，将严重影响生长和开花。④谨防烟尘污染。桂花在受到大气烟尘危害后，常会发生只长叶不开花现象。

有何妙法使桂花提早开花

要使桂花提早开花，必须做到：①选择早熟品种。不同的桂花品种开花的时间亦不同，并且营养生长期的长短也不同。金桂和银桂属于营养生长期较长的品种，要种植好几年后才能开花；四季桂、月月桂等属早熟品种，并且在一年中还能开几次花。②选择合适的繁殖方法。同一品种因繁殖方法不同，开花也有早晚。要使桂花提早开花，最佳方法是嫁接，也就是在3～4月份选女贞或小蜡树作砧木进行靠接，一般第2年就能开花。③加强日常的养护管理。栽培介质选用微酸性、排水良好的腐殖土；肥料要足，每年萌发前最好更换盆土，施足基肥，施肥要均衡，6～8月份花芽分化时期可用过磷酸钙、磷酸二氢钾或猪粪、鸡粪等定期追肥；生长期保证足够的光照。④适时适度的修剪。桂花的萌发力较强，每年必须适时适度地进行修剪，以控制营养生长，促进生殖生长。修剪宜在中秋后和春季萌发前。

桂花叶尖为何会枯焦

①病害。由于气候闷热、潮湿，加之通风不良，或浇水过多，土地过湿，这样易患叶枯病，致使叶片先端枯焦。若发现病叶要及时剪掉烧毁。②土壤偏碱。桂花喜酸性土壤，如栽植在碱性土中会导致叶尖枯焦，甚至枯黄。③入室过早，温度偏高。北方盆栽桂花为了安全越冬，冬季需移入室内，但入室不宜过早，同时室温不宜过高，一般控制在2～4℃。如在10℃以上，芽会提早萌发抽枝，而到春季一旦移出室外，遇到早春干旱、多风，就会发生枯梢现象。

桃叶珊瑚

庭院中常可看到四季常绿、青翠的叶桩上布满酷如洒金的黄色斑点，冬季呈深红色的一种灌木，它名叫桃叶珊瑚，也叫东瀛珊瑚。

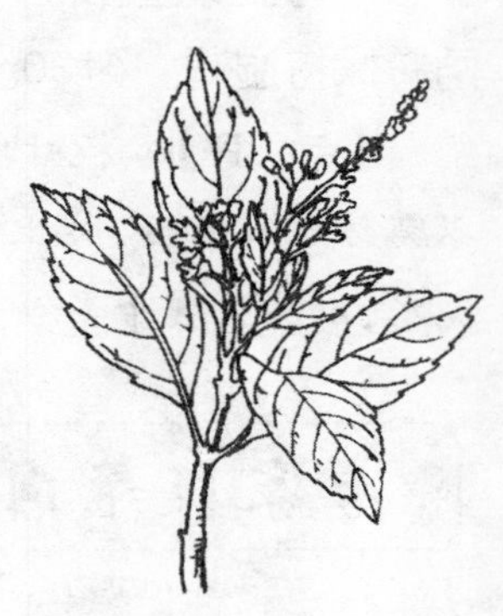

桃叶珊瑚

桃叶珊瑚是山茱萸科桃叶珊瑚属常绿灌木，株高1~5米。桃叶珊瑚原产于我国台湾和日本，在我国广东、广西、云南、四川、湖北等省区的园林中常见栽培，花期为3~4月份，果实为浆果状核果，10月份至翌年2月份果实成熟。

【观赏价值】 桃叶珊瑚枝叶繁茂，临冬不凋且极耐阴，宜在室内盆栽观赏，也可布置会场，陈设厅堂。

桃叶珊瑚若在中国庭院中配植于门庭、池畔溪边或溪流林下阴湿处，颇有野趣。也可以植于假山、岩山旁作花灌木，十分雅致。其枝、叶都可作插花陪衬材料。

【栽培技术】 桃叶珊瑚性喜温暖、湿润的半阴环境，属耐阴灌木，地栽桃叶珊瑚一般种在乔木下面。盆栽应置于半阴环境下培养，怕阳光暴晒。桃叶珊瑚宜种植在肥沃、疏松、排水良好的土壤中，尤以林下湿润而排水良好的微酸性、中性土壤更为适宜。在阳光直射处生长缓慢，发育不良。桃叶珊瑚在夏季要注意遮荫，每月施肥1次，秋季增施磷、钾肥。盆栽应在春季上盆，上盆小苗带土坨，成活率高。栽前在盆底放入少量饼肥作基肥，生长期再每月施1~2次液肥，保持盆土湿润即可。在冬季温度要保持10℃以上过冬，并减少浇水。盆栽需1～2年换盆1次，以换土和增施基肥保持其生长所需营养。换盆在春季和雨季进行，换盆时可对根和植株适当修剪，以保持株形并修除烂根及部分老根，促使新根萌发。在北方盆栽宜入室过冬或采取保暖措施。

【繁殖方法】 桃叶珊瑚繁殖以扦插为主，江南地区多在梅雨季节进行。取基部长约15厘米2年生枝条，插入沙床或盆内，遮荫并保持湿润。约30天便可生根，翌年春季即可移植。

【点　评】 桃叶珊瑚是一种耐阴怕夏季烈日照射的灌木，所以需防烈日暴晒，防止叶片枯焦。另外，不宜种得太深，夏日要多浇水，以防土壤干旱。

专家疑难问题解答

怎样科学培育东瀛珊瑚

培育技术要求：①上盆。上盆时间适宜于春季，上盆时小苗根部要带小土球，盆底需放入少量饼肥作基肥，这样既有利于提高移栽成活率，又对将来植株的生长提供一定的养分。另外，在换盆时还应注意剪除烂根、老根以及生长过长的根，以促使其萌发新根，植株生长旺盛。②生长期间的养护管理。在生长期间应每月施1～2次液肥，盆土需保持湿润，平时应放置于半阴处，避免强光直射。冬季室温需保持在10℃以上，减少浇水。

桃　花

桃树是我国江南一带的春天景观树。在阳春三月风和日丽之

时，人们往往用“桃红柳绿”来描绘景色的秀丽。

桃树在我国已有3 000 多年的栽培历史，人们对它的熟悉程度可说在百花之上。尤其是民间流传的咏桃诗句，如“春来遍地桃花水”、“两岸桃花夹古津”等极为脍炙人口。

桃树为蔷薇科杏属落叶小乔木，高4～8 米，树冠张开，叶披针形，花侧生，多单朵，先叶开放，通常粉红色单瓣。花期在早春，江南多数在清明时始花，因品种不同有粉红、深红、绯红、纯白、水绿等色。全世界桃的品种达3 000 种以上，我国约有1 000 种。按用途来分，主要有食用桃和观赏桃两大类。食用桃花色粉红，成片开放如火如荼，也可观赏。品种有蟠桃、黄肉桃、油桃、黏核桃等。观赏桃花色彩丰富，优良品种有：碧桃，花粉红色，重瓣；白花碧桃，花白色，重瓣；红花碧桃也叫绛桃，花深红色，重瓣；撒金碧桃，桃树上有红、白花朵，以及一个花朵具红、白相间的花瓣或条纹。另外还有寿星桃、垂枝桃等。

【观赏价值与应用】 桃花在中国园林中是点缀春景的主要花卉，桃树开花时红霞耀眼，芳菲满目。一般与柳树搭配种植在湖滨、溪流、道路两边以及庭院、草地，点缀山石，形成春色明媚的景观。它也可与竹配置，“竹外桃花三两枝，春江水暖鸭先知”，颇具诗情画意。桃子营养价值极高，香甜可口，是养生的高级水果。桃仁可作药，桃叶、皮、花、桃胶等都大有用处。其木材坚硬，可作雕刻用材。碧桃多开花不结果，耐寒性强，树冠多矮小，是作盆景的上等材料。除鲜果作水果外，幼果及树皮均可入药。桃胶可作胶水，在我国已被广泛利用。桃花有美容养颜作用，和露水洗面，能美容；服用桃花，能养颜；酒渍桃花饮之，能除百疾，益颜色。

桃花也能做插花。将截来的桃花枝条先用清水喷一遍，按花瓶的高度适当剪断，随即将切口在蜡烛火上烤至微炭化，然后插入瓶中，水就会通过切口吸进去，炭化后的切口既能避免细菌侵袭，又能延长花期。

【栽培技术】 桃树性喜阳光，较耐寒，怕水涝，需种植在排水良好的砂质土壤及阳光充足、通风良好的空旷环境中。在生长期如光照不足，枝条长得细弱，节间会变长。花期如光照不足，花色暗淡。最佳适温为18～25℃，适应区域广阔，但冬天温度若在-20℃以上，则会发生冻害。土壤中缺铁会出现黄叶病，尤其在排水不良的土壤中则更严重。桃树根系较浅，但发达，须很多，寿命一般为20～50年。开花期怕霜，忌大风。

桃树的修剪，大多采用自然开心形方式。花期前后应以施氮肥为主，并施一定数量的磷钾肥；花芽开始分化及果实膨长期以追施磷钾肥为主，另外还要配合追施氮肥；雨季要注意排除积水，并需注意控制树冠内部枝条，以利透光。夏季要对生长旺盛的枝条进行摘心，冬季对长枝作适当剪修，以促使多生花枝，并保持树冠整齐。桃树病虫害较多，要及时防治蚜虫、红蜘蛛、桃腐病、介壳虫、刺蛾，必须特别注意防治天牛，受害严重的树生长明显衰弱，甚至会全树枯死。

盆栽桃树，在当年新梢长至20厘米时应摘心。

【繁殖方法】 多用播种和嫁接方法繁殖。

（1）播种：一般均在春天用种子播种，也可在秋天播种。春秋播种时，种子需要经过处理，多数用破壳浸种，将种子敲击后使种皮裂开，再浸种24小时种植，种间距离应大些。

（2）嫁接：以寿星桃或杏树、梅树作砧木进行切接或盾形芽接，切接在3月上、中旬进行，芽接一般在8～9月间进行。

【病虫害防治】 桃树主要会受蚜虫、红蜘蛛、介壳虫、刺蛾等病虫害危害。预防治疗方法，请参阅书后《家庭养花病虫害防治一览表》。

【点　评】 桃树移栽一定要在春初或冬天落叶后进行，移栽时要掌握好“深塘浅栽”的原则，在移植的穴内要施足基肥，这样才能使桃树长得健壮。

专家疑难问题解答

盆栽桃花养护有哪些要点

①盆土。用田园土4份、河沙2份、草木灰1份拌匀，pH宜在4.5~7.5之间。②肥水。上盆时，施足有机基肥；萌芽前施1次速效氮肥，适量配施磷肥；坐果期用0.3%的磷酸二氢钾，加0.3%的尿素作追肥，每隔15天喷施1次，连喷2次；采果实前20~30天追施磷钾肥；果实采收后再追施1次三元复合肥，并浇水；秋季桃树落叶前施腐熟厩肥为基肥；休眠期要严格控制浇水。③换土。每隔2~3年需及时换土，更换新营养土。④控冠整形。通过抹芽、摘心、曲枝、拿枝、环割及回缩、更新等方法，使植株保持良好姿态。⑤病虫害。主要有细菌性穿孔病、流胶病、褐腐病、蚜虫、红蜘蛛、潜叶蛾等病虫害，可用相关药剂防治。

盆栽桃花有哪些诀窍

要使盆栽桃花上档次，关键要使地栽桃花盆栽矮化。诀窍是：采用毛樱桃作矮化砧，或将乔化桃进行矮化修剪。具体做法：用砧木种子种在花盆内，出苗后到秋天进行芽接。接穗用当地现有的品种。接上的桃芽当年一般不萌发。第二年春天萌芽前，剪去芽上部的砧木，并抹除接穗以外的芽。花盆用口径30厘米左右的花盆。盆土用7份腐殖土和3份有机肥掺匀。加强肥水管理，放在光照充足处养护。盆桃怕涝，应避免花盆排水孔堵塞。一般接芽萌发的当年，新梢便有花芽形成。落叶后对结果枝进行短截，避免结果部位外移，保持株形紧凑美观，株高控制在50厘米左右。如用乔化桃砧苗木，必须对新梢进行多次摘心。每次摘心留枝10~15厘米长，促进分枝并使花芽形成。

桃花枝叶茂盛不见花的原因和改进措施

①光照不足，通风不良。桃花是喜光树种，通常在阳光充足和通风环境下，可使花朵盛开。如果光照不足，通风不良，易造成枝叶徒长，花蕾不能形成。因此，地栽的桃花应选择地势高燥、排水良好、光照充足的地方种植，盆栽的也应放在朝南向阳的阳台、晒台或庭园养护。②修剪不当。修剪是促使桃花多开花的重要措施。桃花是着生在1年生健壮枝条上的，2年生枝上着花很少，故在开花后需进行修剪。应将主枝剪去1/3，将已开过花的侧枝剪去上端，枝上仅留下端叶芽2~3个，以便萌发新枝，着生花芽。同时剪去徒长枝和过密枝，以便通风透光。③施肥不当。桃花7月份分化花芽，翌春3~4月份开花。如在形成花芽前的5~6月份和开花前施过多的氮肥，会使枝叶茂盛、徒长，抑制花芽的分化和形成，到春季开花季节，就会出现枝叶茂盛不见花的情况。所以，在花芽形成前后，应多施磷、钾肥，以促使花芽的形成，有利于开花。④浇水不当。在夏秋炎热之际，温度高，蒸发量大，需水量也大，盆土过干会引起落叶，故应每天早晨与傍晚各浇水1次，水量要充足。多雨季节勿使盆内积水，雨前最好把盆搬到室内。

怎样使盆栽桃花在元旦准时开放

①选择植株。桃花在7月份形成花芽，这时正处于休眠状态，如想在节日用花，催花的植株必须枝叶壮实，无病害，花芽饱满。地栽的需于8月中、下旬带泥球上盆，置于凉爽处。稍服盆后施液肥1次，摘去全部叶片，剪去弱枝、徒长枝，放在室外背风向阳处养护。②冬化处理。应提前45天对植株进行冬化处理：先用7天时间对植株进行0℃以上（0~5℃）的处理，再将植株置于室内阳光较强的地方，保持室温在15~20℃。低温处理时，盆土需偏干；在室内养护时要干湿适宜。③解除休眠。用少许棉花缠绕在桃枝的花芽上，每天用500~1 000倍液的“920”滴湿棉花，这样花芽经

4~7天即可萌动。如 7 天后部分花芽还没有反应,可将 100 倍液的“920”点涂在这些花蕾上,使之获得生长优势,以利于开花整齐。花蕾萌动时应停用“920”,并去除枝上的棉花。④花前养护。在保持盆土不干不湿的前提下,每天需向枝杆喷雾 3~5 次,以免枝条干萎。桃花露色前,每隔半月需施 1 次 0.2%的磷酸二氢钾溶液。按这样的养护管理,就能如愿以偿。

铃　兰

北欧的瑞典和芬兰把一种钟状的白色草花作为国花,它的花形如小吊钟,香气如兰花,非常别致,这就是铃兰。

铃兰又名草玉铃、香水花,是百合科属多年生草本植物。它高为 10~20 厘米,根茎白色,叶片椭圆形或广披针形,两面光滑无毛;花葶由根茎抽出,总状花序略下垂,有花 6~10 朵;花期 5 月份,果期 6 月份;浆果球形,熟时红色,种子扁平。铃兰分布于北美、亚洲和欧洲。在我国东北、华北、西北及浙江地区都有野生铃兰。早春萌发出土,晚秋地上部分枯萎,根状茎及其休眠芽露地越冬。其变种有大花铃兰、红花铃兰、白边铃兰、白纹铃兰、白花重瓣铃兰及粉花重瓣铃兰。

【观赏价值】 铃兰香气浓郁,花朵细巧玲珑,是一种优良的盆栽观赏植物,也可作地被植物。多用于花坛布置,或用于庭院中的假山配置作柔景点缀,效果良好。如作盆栽,可供于室内摆在案几、窗台上,春花不断,秋果红艳,极具观赏价值。

【栽培技术】 铃兰植株健壮,喜阴湿、排水良好、肥沃的砂质土壤。它耐严寒、忌炎热、忌干燥。铃兰在春天萌发后,约 1 周施稀释的腐熟饼肥 1 次,花茎抽出后停止施肥,开花后再施稀薄的豆饼肥几次，可使铃兰根茎壮实。铃兰地栽每隔 3~4 年需分栽 1 次。盆栽大多选择肥壮而硕大的根茎芽，每盆栽 4~5 个芽，每年需换 1 次盆。

【繁殖方法】 铃兰以分株和播种法繁殖。

（1）分株：待秋天地上茎枯萎后掘起根块，取茎端的幼芽分株繁殖。

（2）播种：也可用播种法繁殖。秋天冷框播种，翌春发芽。需培育 3~4 年才能开花。

【病虫害防治】 铃兰主要会受叶霉病、灰霉病、介壳虫、粉虱等病虫害危害。预防治疗方法，请参阅书后《家庭养花病虫害防治一览表》。

【点　评】 在冬天约 11 月份挖出根状茎，选健壮的茎端有健壮的 2~3 个芽根，先放在低温 2~5℃储藏 3 个星期后，再移放暗处，于 13~14℃温度下栽培。等芽出土时移到阳光处气温在 20℃左右的地方，保持湿润，2~3 个星期后便可开花。

专家疑难问题解答

盆栽铃兰有哪些要点

①施足基肥。栽种前应施足基肥，栽后浇透水。②冬季保暖。冬季应移入朝南向阳房间。③追肥和浇水。生长期间宜保持土壤湿润，每隔 10~15 天施 1 次豆饼稀释液。花薹抽出以后停止施肥，花后和 8 月底需再施 1 次肥。④花期控制。对已形成花芽的植株进行 2~3 周 2~3℃低温处理。若需提早开花，在前 5 周进暗室保持 12~14℃，并适量浇水，经 10~15 天移至阳光下养护，使室温提升至 20~22℃，并追施一些肥料，3~4 周便可开花。若将显蕾花放在 12~15℃环境下，可延期开花。

怎样使铃兰冬季开花不绝

①低温处理。掘起经受过轻霜而带有根状茎的肥大、呈圆锥状的花芽，然后进行低温处理。处理的时间与温度有关：0℃时，需30～40天；2～3℃时，为40～50天。②栽培方式。以盆栽为好，栽培基质选用肥沃、疏松的培养土。种植的深度以芽露土1～2厘米为好。上覆盖苔藓以保湿。③调节温度和光照。种植后浇水，放置于温度20～25℃、黑暗中培养8～12天；芽萌动后将温度提高至27℃左右；芽伸长约5厘米时，除去覆盖的苔藓并移至阳光充足处培养，注意肥水管理；当花蕾含苞待放时，应降低培养温度至13℃左右，同时注意通风，浇水量可适量减少。④不同时间栽培。按上述方法，如每隔10天栽培一批，可使铃兰在冬季开花不断。栽培时间不同，促成其开花所需时间也不同：11月份栽培的，经4周就能开花；12月份至翌年1月份栽培的，只需2周就能开花。但需注意，在栽培前，一定要给予低温和暗处理，否则对芽的萌发和叶片生长不利。

凌　霄

凌霄在夏秋季节以橘红色的花朵攀墙倚架，它橙黄色的喇叭花盖满树梢，极为艳丽。凌霄为紫葳科凌霄属落叶藤本植物，凌霄又名紫葳、女葳花、陵苕、鬼目，高达10米，借气根攀缘，花较大，花期为7～8月份。凌霄原产于我国长江流域及华北地区，在我国至少已有

凌　霄

2 000 多年的栽培历史。《诗经》中有两处提到“苕”，一处是《陈风》中的“邛有旨苕”，一处是《小雅》中的“苕之华”。前者是指豆科中的紫云英，后者是指陵苕，即紫葳科植物凌霄，据传我国古代还有白色的凌霄。我国的凌霄又叫大花凌霄，枝干粗壮，花冠筒短，花头硕大，花色橙红，鲜艳可爱。还有一种从国外引进的凌霄，又叫长花凌霄。美洲凌霄原产于北美地区，在我国栽培也很广泛。凌霄直攀悬空，凌云直上，使人望而叹之。宋代杨绘写诗“直饶枝干凌霄去，犹有根源与地平。不道花依他树发，强攀红日斗妍明”赞誉它能独立自强。

【观赏价值与应用】 凌霄枝叶茂密，花朵鲜艳夺目。常作棚架、花门。它攀缘于墙垣、假山及石壁，花枝悬挂，柔条纤蔓，碧叶绛花，随风飘舞，充满诗情画意。特别在夏日，既可观赏又能遮蔽骄阳，为人驱暑。凌霄的新一种园艺品种，为矮小灌木，高 0.3 米，不藤不蔓，独立成株，叶形、花形皆无异于藤本凌霄，惟花色更红艳，为盆栽妙品。在盆中取老树桩，略作修饰，使其潜条旋绕交错垂悬，苍翠浓绿，虬枝交柯，古趣盎然。凌霄花性寒味酸，能凉血祛淤、滋阴凉火、通经下乳，为妇科良药。根具有活血化淤、消肿解痛之功效。

【栽培技术】 凌霄性喜阳光，有一定的耐寒性，喜疏松，具有肥力及排水良好的土壤，较耐湿、耐盐，适应性较强。凌霄的根系伸展范围有限，通气和水肥条件较差，所以要选择肥沃疏松的土壤，既要及时浇水，也要防止过湿。

凌霄的定植、移植应在春秋两季进行。移植栽种植株通常要带泥土，植后立支架或依附岩石、墙垣、枯树，以便攀缘而上，另外要施入基肥，剪去枯枝。每年早春萌芽前进行修剪，以整树形。发芽后应施 1 次稍浓的液肥，然后再浇 1～2 次水，以促其枝叶的生长发育。花前也应酌施以磷为主的肥料，并适时浇水、松土、除草，可促使植株生长健旺，花叶繁茂。

【繁殖方法】 主要用扦插和压条法，也可用分株进行繁殖。

（1）扦插：可用硬枝及嫩枝都可以。宜在春秋两季内进行。特别在梅雨时节最为适宜。也可以在3月中，挖取凌霄的根，把它截成或剪成3厘米左右的根段，铺于土的表面，用细土覆盖2厘米厚，保持湿润，在春暖时即可成活。如果剪带有气生根的枝条进行扦插，成活率更高。

（2）压条：立夏前后，可将枝条弯曲埋在土中，大致在10厘米左右深，平时保持土壤湿润，会很快出现。

（3）分株：可将凌霄靠近根基部生长出的蘖芽连根挖出，剪去长的蘖枝，进行短截，种后也极易成活。

【病虫害防治】 凌霄主要会受蚜虫等病虫害危害。预防治疗方法，请参阅书后《家庭养花病虫害防治一览表》。

【点　评】 要使凌霄开花多，应让它多接受光照。另外，在生长旺盛期和开花期需多施肥，1个月需施2次豆饼肥。开花后，要加强修剪。

专家疑难问题解答

盆栽凌霄养护有哪些要领

①植株选择。选择3～5年生的植株，主侧枝只保留20～30厘米，节间侧根需作适当修剪。②修剪。每盆侧枝控制在6～7根，并在盆上搭好棚架，让其攀附上架。入冬前或早春均应修剪。③采光。盆栽一定要放在阳光充足的地方。④肥水。开花前需施磷、钾肥，生长期、花期均应保持盆土湿润，勿积水。⑤越冬。北方需采取保暖措施才能越冬。

怎样让凌霄开花

①喜阳光和土壤肥沃。②盆的规格宜大些。③每年深秋或早春应清除过密或干枯的枝条。④盆土应保持湿润，切勿积水。⑤

结合翻盆施足基肥,生长期每隔10~15天施1次稀薄饼肥水。

硬骨凌霄应怎样整形修剪

适时修剪是硬骨凌霄保持树冠优美、增加开花数量、提高开花质量的重要一环。硬骨凌霄属常绿攀援灌木,若不及时进行修剪,任其枝条自然生长,就会纵横交错、杂乱无章,不仅过量消耗养分而影响开花的数量和质量,还会影响树型的美观。因此,每年深秋应将所有侧枝剪短,以促使其萌发更多的新枝;夏季还要对这些萌生的嫩枝进行摘心,以使养分集中供给花芽分化。经过适时而合理的修剪,能形成半圆形或伞形的优美树冠。

海　　桐

在观叶植物里,海桐以叶色浓绿有光泽、在严冬不凋落,被人们用作绿篱而闻名。

海桐为海桐科海桐属常绿灌木,可高达3米左右,树冠近圆形。花为顶生伞房花序,有芳香味,花白色或淡黄绿色,果实为蒴果,卵形,种子红色,有黏液。5月份开花,10月份果熟。

【观赏价值】 海桐可作房屋四周绿篱,叶子光亮浓绿,尤在秋天,果实裂开,露出红色,十分美丽。海桐也可孤植、丛植于草坪边缘,也适宜种植在转角花坛、花坛中心、台坡两旁或草地等处。海桐有良好的抗海潮、抗风能力,是南方抗风、抗海潮的良好树种。它对二氧化硫等有害气体也有抗污染能力。海桐的叶子可代矾染色,因此得名“山矾”。

【栽培技术】 海桐喜温暖湿润的海洋性气候,是亚热带树种,喜阳光,也耐阴、耐盐碱。能抗风防潮,对土壤要求不严,以偏

碱性或中性土壤最为适宜。海桐萌发力强，耐修剪。

盆栽宜用肥沃的园土加少量骨粉，拌匀后做培养土。海桐容易栽培，不需特殊管理。种植时不宜太密，否则容易受介壳虫危害，开花之际易招蝇类群集，需注意防治。

海桐在生长旺盛季节宜大量浇水，使盆土彻底湿润，越冬期间只要盆土不干透即可，每隔15天左右施1次标准液肥。夏季高温时，应向海桐喷水，保持叶面光泽。冬季应严格控制浇水，并停止施肥。

北方地区应移入室内过冬，越冬温度在5℃以上即可。盆栽幼株每年换盆2次，成株每2年换盆1次。换盆时需添加新的培养土，修剪枯枝。盆栽的需施少量肥，在生长季节施磷、钾肥可使叶片光亮。另外，需修剪枯枝和长枝，保持树姿优美。

【繁殖方法】 常用扦插法和播种法繁殖两种。

（1）扦插：可在梅雨季节或春末选用半成熟枝作插穗，把较低的叶子摘除，插入盆中，将花盆盖上塑料薄膜，放在光线柔和处。6个星期后便可生根。

（2）播种：春播较好。将种子播入苗床，2个月左右发芽，1年后可长到15厘米左右，2年可长到30厘米以上，4~5年出圃。要培养海桐球，2年生苗株时可开始剪形。

【病虫害防治】 海桐主要会受介壳虫等病虫害危害。预防治疗方法，请参阅书后《家庭养花病虫害防治一览表》。

专家疑难问题解答

盆栽海桐应怎样养护管理

海桐喜温暖湿润的海洋性气候，喜阳光，也耐阴，耐盐碱，能抗风防潮。对土壤要求不严，以偏碱性或中性壤土栽培生长最好。萌芽力强，耐修剪。盆栽宜用肥沃的园土加少量骨粉作基肥拌匀

后做培养土。栽培植株欲培养成圆球形，应从幼苗起进行修剪。当植株长到30厘米以上时，回缩至20厘米左右，促使侧枝萌发。当侧枝伸长以后需及时摘心，并去除基部长出的萌蘖枝，以保持枝形整齐对称。生长期浇水要见干见湿，施肥以发酵腐熟的薄肥水为宜，春、秋季节还应各施1~2次。夏季需经常向叶面上喷水，以利保持叶面光泽。冬季气温低应严格控制浇水，并停止施肥。北方地区应移入室内越冬，保持室温5℃以上即可。盆栽幼株每年春季需换盆1次，成株每2年换盆1次。换盆时需添加新的培养土，修剪枯枝，调换稍大一些的容器。同时，还应积极防治介壳虫的危害。

海桐露骨复壮修剪法

①在春季，海桐树冠滴水线下绕海桐一周挖沟断根，再施入腐熟的有机肥。目的是促发新根，更新根系。②在秋冬或早春，修剪海桐，仅留几支大的主枝修剪。修剪时，主枝各留30~50厘米，主枝上的副枝以不交叉、不重叠为原则，且每根主枝上只留2~3个，其余小枝、侧枝全部从基部剪去，只留下海桐主要骨架。③在来年春季萌发长枝时，将过密的枝剪去，其余任其生长，并在第一次梢老熟后即可进行修剪，修剪成栽培者所需的树形。经过一年生长和修剪，就可得到一棵满意的海桐树。

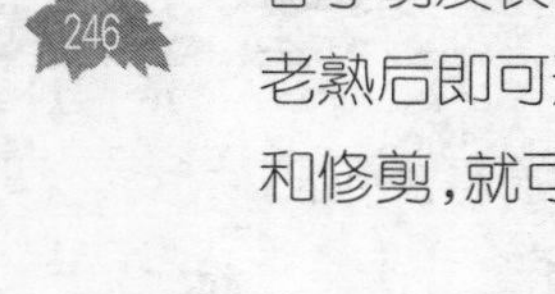

海 棠 花

在春季3~4月份里，有一种花以“红白间柔条”、“润比攒温玉”而令人陶醉。它就是著名的海棠花。海棠花有“国艳”、“花中神仙”之美誉。海棠花又叫梨花海棠、海红。《本草纲目》在解释

海棠花

海棠花时，说“凡花木名海者，皆从海外来”，海棠花从海外来，类棠梨，故名。海棠花属于蔷薇科的植物，它的品种很多，其中在我国南方庭院常栽的就有木瓜属的木瓜海棠、贴梗海棠。属于苹果属的有垂丝海棠、西府海棠。下面介绍4种常见的木瓜海棠、贴梗海棠、垂丝海棠、“西府海棠”，它们的栽培、观赏都有相同之处。

海棠花为蔷薇科木瓜属或苹果属小乔木，高可达8~10米，树干黄褐或灰褐色。花一般5~7朵簇生，呈伞形总花序，开花期4~5月份。花色先为红色，后逐渐变成粉红色。花瓣5片，有时为半重瓣。结果期为每年9~10月份，果实呈球形，内含种子4~10粒。海棠不但花色艳丽，果实也甜酸可口。一到秋季果实成熟，红黄相映，恰似红灯点点，十分艳丽动人。海棠花在我国栽培历史悠久，有些原属于中国，也有些产于国外。

（1）木瓜海棠（Chaenomeles sinensis）：为落叶小乔木，又名木梨、海棂。它枝形优美，先叶后花，花期4~5月份，蔷薇科木瓜属植物，花色有白、红、乳白相间的，十分美丽，其果为木瓜，可作食用。

（2）贴梗海棠（Chaenomeles lagenaria）：系蔷薇科木瓜属落叶灌木，4月份开花，秋季结果实。其花梗极短，花簇生，花为绯红色或白色，果实呈梨果形，长12~15厘米。贴梗海棠可制作盆景观赏。

（3）西府海棠（Malus nicromalus）：系蔷薇科苹果属落叶小乔木，是园林观赏花木中的名品。花淡红色，极为美丽。原产于河北省，果实可以食用，现南北各地园林均有栽培。它是海棠花和山荆子的天然杂交种。

（4）垂丝海棠（Malus halliana）：系蔷薇科苹果属落叶小乔

木，其花梗细长下垂。它树姿扶疏，花蕾初如胭脂点点，十分细腻，艳如朝霞，形似小莲花。变种有重瓣和白色两种，是园林、庭院之著名花木，也可作盆景种植。

【观赏价值】 海棠花为著名春季观花植物，尤其垂丝海棠，花朵繁茂，色泽鲜艳，可庭院丛植，成片成林，花开之时，一片花海。贴梗海棠植株稍矮小，可配植于庭院角隅或门庭入口，更可制作盆景，妩媚动人。木瓜海棠春可观花，秋可观果。西府海棠也宜地植，春季花密，秋能结海棠果，常做蜜饯。

【栽培技术】 海棠花性喜阳光，不耐阴，能耐寒，耐旱力较强，怕水涝。地栽宜种在向阳处，以种植在天然肥沃、深厚、排水良好的微酸性至中性砂质壤土中为好。

海棠花宜在春季萌芽前移植，应带泥球。栽植不宜太深，太深会引起窒息，过浅会倒伏。栽后填土，按实，浇透水。冬季不需要防寒。海棠在生长期应适当浇水、追肥，这样可使它花繁、叶茂、果多。海棠在开花前尤要及时施肥，可用腐殖土或成熟的有机肥，秋后落叶时需再施 1 次基肥，使其来年株壮、枝繁、叶茂。落叶后要对海棠进行 1 次大修剪，徒长枝应短截，多摘心，使其多开花。如是海棠盆景，更应加强修剪，使其姿态美观。若在结果后干旱时多浇水，可保果实丰满。结果的海棠，如木瓜海棠、西府海棠，果实采摘后要施入基肥，并进行修剪，剪去病枝、徒长枝和枯枝，果太多时要疏果。贴梗海棠以制作盆景种植为多见，制作盆景的贴梗海棠应放在阳光充足之处，若要提前开花需保湿催花。

【繁殖方法】 ①嫁接：枝接大多在春末进行，在秋末落叶时也可以枝接。可以海棠的实生苗为砧木，接穗取健壮的 1 年生枝条。枝条上需 2~3 个饱满的芽眼，接后即覆土。②扦插：贴梗海棠扦插一般在春初芽叶萌发时进行。选取上年生的健壮枝条当插穗，插穗长度 15~20 厘米，插入土中约1/3，1 个月后便可生根。③分株：分株在初春，初秋时进行，从根际挖萌生的蘖条，每枝需带

2～3 个枝杆，再进行分植即可。

【病虫害防治】 海棠花主要会受锈病（赤腥病）、蚜虫、刺蛾、大蓑蛾等病虫害危害。预防治疗方法，请参阅书后《家庭养花病虫害防治一览表》。

【点　评】 海棠花为观赏花木，有四大品种："西府"、"贴梗"、"木瓜"、"垂丝"。为种好这 4 种花树，除掌握施肥、阳光、修剪、消灭病虫害 4 大要素外，还需注意栽培地远离积水处。大雨后要及时排水。

专家疑难问题解答

怎样使西府海棠花色秀美

西府海棠性喜阳、耐寒、怕涝。为使西府海棠花色秀美，应将其种在排水良好、肥沃湿润的土地上。栽植时间宜早春芽萌动前进行，栽前施入腐熟的有机肥。幼苗期浇水要勤，保持土壤湿润，但不能积水，雨季需及时排涝。每隔 2～3 周需中耕松土 1 次，以利通气。每年秋季落叶后在其根际周围挖个环形沟，施入腐熟有机肥，覆土后浇透水，就能使枝繁叶茂，花多色美。成株每年早春萌芽前，需将过密和过细的枝条以及枯枝、病虫枝修剪掉，以利通风透光，这样既有利生长和孕蕾，又可减少病虫害。为使老龄植株萌发新枝，在早春需将小枝不多的大枝用利锯截去一段，注意锯口要平滑，以利伤口愈合。到了夏季萌发新枝后选留几个健壮枝，其余的均剪掉，第 2 年便可开花。花谢后应及时摘去幼果，节约养分和水分，以期来年花繁叶茂。

西府海棠为何多年不开花

西府海棠无性繁殖苗与播种的实生苗，两者开花习性有很大差异。实生苗开花慢，约需经 10 多年的栽培才能开花，且变异大。

而嫁接苗开花早，当杆径达到 2～3 厘米时便能开花。

怎样让西府海棠在春节开花

利用海棠树芽苞对温度的敏感性，在隆冬时，将盆栽海棠移入温室向阳处，浇透水，加施液肥，每天向枝干上适当喷水，室内白天保持在 20～25℃，晚上保持在 6℃以上。经过 30～40 天就能在春节开花。

怎样使木瓜海棠结果

①水分管理。在管理中要掌握“不干不浇，浇则浇透”的原则。②合理施肥。每年最好在春季换 1 次盆，盆土中应加入一些磷、钾肥（蹄脚、猪毛等），以促发枝条健壮。③开花的多少与结果大小之间的关系应调节好。由于开花过盛，会导致营养物质消耗过多，使已经形成的幼果因营养不够而落下。因此，每年花开后，应及时疏花，将花的数量控制在一定范围内，使丰满的花朵结出硕大的果实。

垂丝海棠应怎样科学栽培管理

①适当修剪。早春发芽前应及时修剪病虫枝、枯枝及过密枝，对老龄植株进行老枝更新，将小枝不多的大枝锯去上端，萌发新枝后，再将细弱枝剪去。②及时摘果。花谢后应及时摘去幼果，节约养分有利来年增加开花数目。③浇水施肥。北方地区常春旱，因此早春需浇 2～3 次水，每年秋季需挖沟施入腐熟的有机肥。④病虫害防治。应时刻注意观察，及时防治病虫害。

怎样使贴梗海棠孕蕾开花

要使贴梗海棠开花，养护管理最重要。不论是地栽或是盆栽，每年 4 月份待花谢后，应及时追加以氮为主的肥料 1～2 次，以促进新长枝叶，孕蕾开花。至 7～8 月份花芽分化时，应添加以磷为主的液肥 1 ~2 次。如果不增添营养，翌年早春难以见到花。贴梗海棠性喜阳，忌湿，盆栽的应放置在阳光充足处。应注意修剪，随时剪去枯枝、弱枝和短截徒长枝，剪去从根部长出来的萌糵。盆栽的每隔 2 ~3 年需换土 1 次。通过以上精心养护，翌春便能开花。

夏季贴根海棠干枯落叶怎么办

①增强湿度。空气湿度低于 50% 会引起枝条前端干枯。②锈病或干枯病。可用 800 ~1 000 倍液百菌清粉锈宁喷洒。③土壤的酸碱度 pH 宜大于 7。施入硫酸亚铁和硫酸锌溶液，浓度为 1 ~2/1 000。

珠　　兰

珠兰是一种十分香的花卉，它的叶像茶叶，花能熏茶，所以又叫“茶兰”。珠兰的花是一种奇特的花，不但很小，而且花瓣一片也没有，连起码的构造也不具备，更谈不上色、韵之美，可人们都很喜欢它，这主要是因为它很香。珠兰花的香，清雅、醇和、耐久，颇似兰花，而浓郁又胜于兰花。就这一香味，而被列入“兰”之林。珠兰花期极长，约有 3 个月，每年自 5 月下旬至 6 月上旬为“头花”，6 ~7 月份为“中花”，8 月份一期花为“尾花”。其中以“头花”为最香，“中花”质量次于“头花”，“尾花”最差。常见的珠兰有两

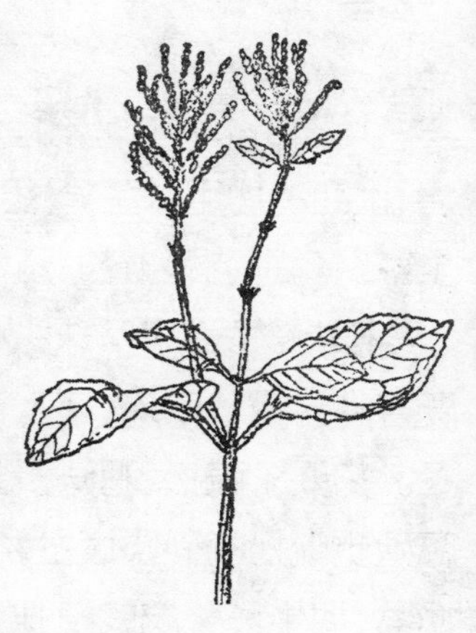

珠　兰

种：茎部直立，节间较长，花白色的称普通珠兰；茎部下垂，节间弯曲，枝叶碧绿，花黄色的叫鸡爪珠兰。

珠兰又叫“金粟兰”、“鱼子兰”、“茶兰”等，是金粟兰科多年生常绿草本植物或亚灌木。原产我国南部，其中以福建、台湾、广东、广西、云南为最多。

【观赏与应用】 珠兰是我国极名贵的花卉，室内置一颗珠兰就会馥郁盈室，清香广溢，令人心旷神怡。珠兰幽香清雅，内含勃勃生机，是公园、庭院中的添趣雅花。袁牧有诗“谁把之湘草，穿成九曲珠。粒多迎手战，香远近闻无。帘外传芳讯，风前过彼姝。闲将璎珞索，仔细替花扶”逼真地描绘了珠兰绿叶金花、清姿优雅、芳香浓郁的韵态。珠兰盆栽于室内，不仅增添景色之美，而且又是醒神消倦的佳品。和其他艳丽花卉配植，以香烘色，互衬性极强。采集珠兰鲜花需在日出以前未开之时进行。一待日出，花立即开放，香气也即散失，采下的花枝必须浸入清水，俗称“水花”。采后的花枝速送加工厂提炼芳香油。在中国的熏茶中，有一种名叫“珠兰茶”的熏茶，十分畅销且闻名世界。珠兰在安徽歙县栽培也极有名。盆栽珠兰放在阳台或窗沿都十分馥郁芳香，室外庭院栽植，满枝香花，广逸清香。

珠兰茎叶还可入药，它性温，味甘、辛，有祛风、除湿、消积、止痛、止血的功用。主治风湿疼痛、癫痫、跌打损伤、刀伤出血等症，全草入药是抗癌新药“抗癌平”的主要原料。

【栽培方法】 珠兰性喜温暖、隐蔽湿润的环境。在广东、福建等省为露地栽培，在上海、北京等地区为盆栽，入冬移入室内越冬。它要求疏松、肥沃及排水良好的砂质土壤。栽培时应用大量腐殖质疏松的砂质壤土，盆栽每年或隔年早春4月，结合分株进行换盆，把生长繁茂的植株从根部切分为2~3株，装盆后放在温暖处，以促进迅速生根。珠兰要求高度湿润，除保持盆土的湿润外，还应经常向叶面上喷水，否则空气长期干燥会使叶子干边，严重影响植株生长。夏季移到室外后，要加强遮荫，不能受直射强光的照射，或放在荫棚下种栽。珠兰特别好肥，生长期每周施用薄肥（豆饼水）1 次，花前可重些，花后可轻些。施肥时盆土以八成干最好，而且要经常施含硫酸亚铁的肥水，以保持叶子浓绿，施肥也要注意定期施磷肥，这样可使花蕾扎实，开花密集。盆栽珠兰根部细弱，盆内不能积水或旱裂。花前适当整形及缚扎，以利开花。为促进多分枝、多开花，需加强修剪。

【繁殖方法】 用扦插、压条、分株法繁殖，在早春可分株以结合翻盆进行。扦插以剪二年生枝条可在春、秋两季进行，取健壮枝条 7 厘米，齐节剪下插入土壤，约 30 天便可生根。

【点　评】 珠兰是草本植物，它开的花不亚于米兰的花，且幽香阵阵，若要种好，需精心掌握温度和水分、保暖、通风四环节。如有病虫害则以蚜虫、红蜘蛛为主。可用多菌灵灭杀之，土壤要以微酸性为主。

专家疑难问题解答

珠兰开花为何有时不香

主要是肥料不足或光照不够，生长期需每周施稀薄肥 1 次，以磷钾肥为主。花前需多些，花后可少些。同时珠兰根部细弱，盆内不能积水或旱裂。

圆盖阴石蕨

在观赏蕨类植物中，有一种根状茎密被绒状披针形的植物，如狼尾，叫作“狼尾山草”，其草株形奇特优美，是观赏蕨类中的佼佼

者，它的正式名叫“圆盖阴石蕨”。它分布在我国华东、华南及西南地区，属多年生草本植物。在野外多附生于树下、岩石旁。

【观赏与应用】 制作圆盖阴石蕨盆景，宜用高深盆，便于长垂，但也可把多株细茎缚在预制模型上，如小鸭、小鸡或长颈鹿，使它们栩栩如生，活泼可爱。这种植物极适宜于中小学和幼儿园的教学上使用，尤其它生长适应性强，所以能作教学用的植物材料。它还可悬挂于窗前、门旁、楼梯口或摆于茶几、案桌、花架、柜橱上观赏。

【栽培方法】 圆盖阴石蕨性喜温暖、阴湿的环境，8～9 月份休眠，有部分老叶发黄脱落，10 月份继续生长萌发新叶，若制作盆景赏玩，十分雅致而富有野趣，若悬挂在窗台上，更是形状奇、优、美。

圆盖阴石蕨有较强的抗逆性能，较易栽培。栽培上盆时，不要埋得太深，以防其根腐烂。这种植物不能太干燥，过分干燥会使叶子老化，失去观赏性。它在生长期应放在半阴处，充足的水分和肥料，并向其叶面和根部、茎部适当喷水，就会长得更加葱绿鲜嫩。冬季来临，要移入室内给予充足的阳光，室温保持在 10℃左右，就会使其长得很有生气。

【繁殖方法】 圆盖阴石蕨繁殖可用扦插法和分株法。扦插法可将如狼尾状的根茎切成约 10 厘米一段，在切口上涂上草木灰，斜插入砂或腐殖质土中，遮荫并保持湿润，春季插后约 20 天便能成活。分株在春季换盆时进行，将根状茎分开，每段保留 2～3 片叶或芽，放在表土再覆土，加以固定，置阴湿处，进行喷雾，待长出新根后再移至半阴处养护。

【点　评】 圆盖阴石蕨是一种很好的观赏盆景材料，其茎叶奇特，也可悬挂在木板、墙面上种植，观赏性很强，俗称“狼尾山草”。很粗犷原始，也很细腻典雅，是成活率较高的蕨类植物。

专家疑难问题解答

圆盖阴石蕨为何会干萎

主要是水分太少，太阳太强或闷热湿热而导致植株霉烂。种植圆盖阴石蕨要阴而透风，要有一定的低光照散射，盆土宜保持潮湿，不能太干，需经常向叶面喷水。这类植物要有一定的条件才能种好，尤其作盆景十分有情趣。

菊　花

每年深秋季节，正是菊花盛开之时，那红如朝霞、白似素玉、黄若金丝、紫犹宝石、黑类皂染的花朵，千姿百态，竞相媲美。

菊　花

菊花为菊科菊属多年生草本植物，别名寿客、金蕊、黄华。菊花以其色、香、姿、韵取胜，是我国的传统名花，自古至今，深受人们的喜爱。菊花株高 0.2～2 米，茎色嫩绿或褐色，具绒毛，多分枝，基部半木质化。花期为 10～12 月份，花序的大小、颜色及形状变化极为丰富，品种繁多。按花序大小分，有大菊、中菊、小菊；按舌状花的变化分，有平瓣、管瓣、匙瓣；而管瓣又有粗瓣、中管、细管之别；按开花时间分，有早菊、中菊、晚菊之分；按整枝方式分，有独本菊、多头菊、塔菊、扎菊、大立菊、悬崖菊等。我国现有菊花 3 000 多种。楚国著名诗人屈原在《离骚》中有

“朝饮木兰之坠露兮，夕餐秋菊之落英”之句。在《礼记·月令》中也有“季秋之月，鞠有黄华”之说。可知我国栽培菊花历史之悠久。菊花原产于我国，8世纪前后，作为观赏的菊花由我国传入日本，被推崇为日本国王室的徽章。17世纪传入欧洲，18世纪引入法国，19世纪传入北美。

菊花花色有白、黄、红、紫、绿、橙、黑、紫8个正色，正背两面、上下两段二重色及中间色等。依花期分为夏菊(6~7月份开花)、早菊(9~10月份开花)、秋菊(10~11月份开花)和寒菊(12月份至翌年1月份开花)。

【观赏价值与应用】 在深秋霜近之时，菊花顽强不屈、高洁清雅而为人们所敬重。菊花与梅、兰、竹并列，号称花中“四君子”，盆栽观赏，十分清高雅致。用菊花布置花境、花坛，可使环境优美，菊花还是作切花、花束、花篮的重要材料。园艺家们还通过艺术加工使菊花形成各种造型，如“独本菊”、“大立菊”、“悬崖菊”、“塔菊”。最为著名的菊花观赏品种有黄鹦鹉、春生玉笋、朝晴雪、赛半球、长风万里。此外，菊花对有害气体，特别是二氧化硫、氟化氢、氯化氢等有较强的抗性。

菊花还可药用。它性凉、味苦，具有清风热、益肝、补阴、明目的功效。主治外感风热、头痛、眩晕、目赤、疔疮、肿痛等病症。野菊花含有丰富的黄酮，治疗冠心病有效率达85%以上。菊花还可作美食，嫩茎嫩叶做菜为最佳蔬菜。古时用白菊花入鱼羹，味甚鲜美，名曰“菊花羹”。

【栽培技术】 菊花适应性强，喜凉爽和空气流通之环境，较耐寒，生长适温为18~21℃，最高32℃，最低10℃，地下根茎耐低温极限为-10℃，花期最低气温夜间可为17℃。菊花喜阳光，稍耐阴，忌炎热、雨涝，宜以腐殖土多而排水良好的砂质土壤栽植，pH应在6.2~6.7之间。浇水是培育菊花的关键栽培措施。要经常保持湿润，浇水宜用河水或雨水，不要用冷水、自来水，因为自来水碱性强、含氯量高，对菊花生长不利。

要使菊花提前开花，在生长期每日应给予8~9小时光照，70~75天后便可开花。遮光时间仅在早晚进行遮光即可，且遮光要严格。为延长花期，可在9月上旬每晚给予3小时电灯照明，每100瓦可照1.2平方米面积，于停止光照后起蕾开花。菊花植株生长到30厘米时，必须立支柱保护。对蚜虫、粉虱要及时防治。

【繁殖方法】 菊花一般可用扦插、分株等多种方法繁殖，最为常用的是扦插与分株法。

（1）扦插：可选用菊花的芽、枝、叶等部位进行扦插。

① 芽插：用菊花脚芽作为繁殖材料，扦插时间为当年11月份到翌年5月份之间。用利刀深入盆内切割菊花根上的脚芽，把带上少量土的菊花芽种入培养土内即可，置于2~5℃室内过冬。干燥时浇些水即成活。

② 枝插：剪取粗壮的枝条作为插条，长10~15厘米，下部剪成斜口，用0.15%~0.3%的吲哚丁酸处理后，斜插于苗床上或盆中，保持湿润20天以后便可生根。

（2）分株：在11月份进行。选择粗壮、无病虫害的植株，齐地面把叶、茎修剪齐，再挖根兜起，重新种植覆土。翌年3~4月份扦条生长，选健壮植株，在苗长到20厘米左右时挖出全株，单行种植即可。

【病虫害防治】 菊花主要会受褐斑病、黑斑病、白粉病、根腐病、蚜虫、天牛等病虫害危害。预防治疗方法，请参阅书后《家庭养花病虫害防治一览表》。

【点　评】 菊花叶子发黄主要原因为浇水后积水过多，从而导致根烂叶黄。所以在大雨后要积极排水。菊花属于短日照植物，不能受光照太长，它需要有12小时的黑暗条件，否则开花会不正常。

专家疑难问题解答

盆菊栽培有哪些关键技术

①适期控肥。菊花喜肥，基肥应多施磷钾肥，追肥不可过多或过早，立秋以后从孕蕾开始到现蕾为止，肥水要充足。②适当浇水。春季浇水宜少。夏季浇水要充足，秋季浇水量需适当增加。冬季幼苗越冬要严格控制浇水。③适盆换土。菊花在整个生长过程中一般需要换盆 2 ~3 次，幼苗期移入口径约 12 厘米的小盆，壮苗期换入口径约 15 厘米的盆，花芽分化前再换入口径约 20 厘米的大盆中。④及时摘心。菊苗定植后留 4 ~5 片叶摘心，待其侧枝长出 4 ~5 片叶，每个侧枝再留 2 ~3 片叶时进行第 2 次摘心。⑤抹芽疏蕾。菊花壮苗期萌发许多腋芽，需及时用手指捏掉，孕蕾期有时在顶蕾下小枝上出现的旁蕾，也应及早用镊子去掉。⑥防病虫害。发现红蜘蛛等害虫要及时杀除；病害要趁早防治，可经常喷洒波尔多液、百菌清等药液。

香菊为什么没有香味

香菊分两类，一类开花时花有香气，这类菊花又分大花类和小花类，大花类品种不多，小花类品种多数开花时散发出香味。另一类叶片缺刻较深，触摸叶片时产生香气，故而称为香叶菊。香菊属喜阳性植物，必须在全日照的充足光照下才会有香气。如果光照不足，通风不畅，生长不良，通常就没有香气。

菊花不开花有哪些原因

①内因。菊花属短日照植物。在每天光照 12 小时以下的条件下才能分化花芽，并形成花蕾开花。菊花花芽分化在自身生长阶段已完成，同时需要在短日照、气温较低、昼夜温差 10℃左右的

环境条件下，顶芽才能转化为花芽，孕蕾开花。②外因。养护不当。比如苗期浇水过多，施氮肥过量而又缺乏磷钾肥，修剪不及时，过早或过晚摘心、剪枝。如采用扦插繁殖，在幼苗期，浇水不宜多，盆土中除施入基肥外，幼苗期一般不必施追肥，可使小苗生长健壮。定植后留 4 ~5 片叶时注意及时摘心。摘心时应将不需要的过密枝、病虫枝全部剪除，对保留枝条进行摘心，以促使花芽形成。成株期盆土要见干见湿，防止积水。入秋后每隔 7 天左右施 1 次充分腐熟的稀薄液肥，孕蕾期再增施 2 ~3 次 0.1％磷酸二氢钾或 1％~2％过磷酸钙。经过这样的养护，“白露”前后即可见花蕾，“霜降”前后则可鲜花怒放。

怎样使菊花提前开花和推迟开花

①提前开花。在 7 ~8 月份间将盆栽菊花在每天下午搬入暗室内，使之完全断光，全天控制日照在 8 ~10 小时内，但夜间要在室外通风见露水。经过 50 ~70 天就可见花蕾，菊花提前到 10 月国庆节开花。如无暗室，可用黑纸或黑布罩代替遮光，但要完全让下部不漏光。②推迟开花。即在 9 月初菊花现蕾时，用灯光补充光照。在傍晚用 100 瓦(7)电灯，距植株 1 米内增加 2 ~3 小时光照，抑制菊花形成花蕾，到 11 月份停止增光，可推迟开花到 12 月份。

怎样让菊花一年四季开花

菊花除夏菊外，都属短日照植物。若要菊花一年四季开花，只要每天遮光，只给少于 10 小时的光照即可，连续 60 ~70 天，就能形成花芽而开花。①“五一”开花。将秋菊保留 3 ~5 个壮芽置室内养护，1 月中旬以后逐渐加温至 20℃以上，适量施肥，控制浇水量，并适时遮光，3 月下旬至 4 月初即可形成花蕾，5 月初便可开花。②“七一”开花。4 月下旬进行遮光处理，每天只给 8 ~10 小时光照，“七一”则可开花。“八一”开花，可推迟在 5 月下旬进行遮光处理。③“十一”开花。11 月芽插或扦插，冬季室温保持

10℃左右，最后一次摘心时间在7月上旬，7月中、下旬进行遮光处理，并注意通风降温，9月中旬陆续吐色，国庆前后即可盛开。④春节开花。8月中旬进行秋扦育苗，9月中旬分株上盆，11月份移入低温室内，12月逐渐加温至15~20℃，进行遮光，2月上旬即可开花。

怎样使菊花开上千支花朵

①选芽。9月下旬至10月上旬，选第一代脚芽扦插育苗。要求芽全长10厘米，出土部分5厘米左右，长势茁壮，丰满饱头，下带根系。②摘心。在植株展开6~8片叶时，进行第一次摘心，当一级侧枝展开4~5片叶时，进行第2次摘心。摘心要连续进行5~6次，直至7月下旬。③换盆。第一次摘心后，可换上二缸筒盆，第2次摘心后，换上三道箍筒盆，第3次摘心后，植株已长出几十支枝条，应搬到室外背风向阳处。培养千朵左右的大立菊，最后应定植于八套盆。④追肥。每次摘心后，需施肥催芽。夏季10天左右施1次肥。7月下旬最后一次摘心后，再追施1次肥。9月中旬施第3次追肥。9月下旬以后，每周追液肥1次。⑤标扎。立秋以后，先在盆内插入竹竿，再用细竹围成大小不同的圈绑扎在立竿上，中间用细竹纵横连成“十”字或“井”字形框架。花蕾发育定型后，即开始标扎，使花朵整齐、均匀地排列在竹圆圈上。

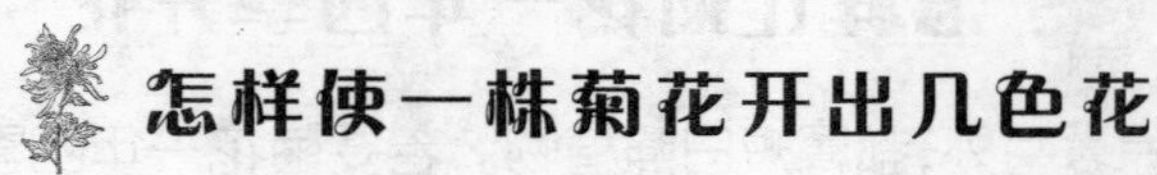

怎样使一株菊花开出几色花

4月间挖取2年生独心白蒿培植，或于秋末采收白蒿种子在阳畦播种，翌年4月初带土坨挖取，用普通培养土装入二缸筒盆，以备种植白蒿。5月初，按大立菊定植方法把备作砧木的白蒿定植在水桶盆或四套盆内养护。将白蒿30厘米以下的腋芽全部去除，保留30厘米以上的腋芽。待具有30余个腋芽时将主茎摘心，以促进腋芽发育成枝。接穗应选择花期相近、花型丰满、花色谐调、茎节相似、观赏时间一致的品种。从6月上旬至7月上旬，根据分枝生长情况，从下至上依次嫁接。嫁接时应注意时机，砧木枝条要老嫩适度，如枝条截断后髓心稍呈白色，最为适宜。

怎样让多头菊高矮一致

①针刺法。8 月下旬，当枝条生长高低不齐时，用大头针在枝梢下 2～3 厘米范围内进行枝秆穿刺。高出的枝条多刺几针，中等的少刺，矮的可以不刺，如此进行 2～3 次。②促矮法。在生长期用 B9 或多效唑可控制高度，浓度一般控制在 0.2%～0.4%，喷施间隔要大致相同，遇阴雨天要补施。现蕾后用高浓度的多效唑涂菊秆高出的花柄，矮化效果明显。③促长法。花蕾显色后，对有个别菊秆过矮达不到平头的，用赤霉素液涂花柄 1～2 次，可促进花柄延长生长。

怎样使盆菊叶茂花艳

①浇水。要做到适时适量，如果清晨 1 次浇足，下午叶不萎蔫，傍晚可不必浇水。天气干燥时可在傍晚补充喷水 1 次。天雨少浇或不浇。浇水时忌直冲，防止盆泥溅到叶面上。浇水应随天气变化而定，以清晨和傍晚为宜。②施肥。菊花喜肥，但也应适时适量。平时每隔 5～7 天施肥 1 次，掌握薄肥多施原则，施肥后应及时用喷壶喷清水（俗称还水）。小苗上盆半月后，每隔 7～10 天施肥 1 次，见花蕾后肥料浓度应稍浓。待花蕾绽开二三分时，应该停止施肥。③病虫害防治。菊花主要病害是叶斑病，从春到秋均可发生，雨季更为严重。防治应从 4 月份开始，每隔 2 周喷洒 1 次 500 倍液可湿性代森铵或代森锌。此外，培养菊花还应该做好松土、摘心、摘芽、疏蕾等工作。

菊花的色彩为何会深浅不同

光照的强弱与色元素的形成有很大的影响。光照强烈可以促进花青素的形成，花的颜色就会变得鲜艳，而光照不足，会抑制花

青素的形成，花的颜色会逐渐退浅。光照对于绿色菊花品种却有不同反映，常见的绿牡丹、绿云、绿朝云、绿鹦鹉、绿松针等，在花朵开放时进行适当遮荫，反而能保持娇嫩鲜绿，增加观赏效果，反之颜色则淡。此外，菊花颜色的深浅还与温差、通风、施用肥料等诸多方面有关。当花蕾初绽时移至通风良好、昼夜温差大的背阴处，则花色较深，反之则淡。9～10 月份有机肥不足，无机肥量大时花色深，反之则淡；空气湿度适度则深，干燥则淡。

菊花生长期为什么要摘心

摘心是促使菊花分枝的主要技术措施。如果不注意摘心，会使菊花无序生长，还会影响菊花的生长势。第一次摘心可在菊苗已形成根系时，即菊苗扦插后约 3 周。摘心时摘去尚未开展的顶梢。第 2 次摘心是在顶端叶腋发生新芽，长出 4～5 片叶时。以后每隔 1 个月左右摘心 1 次。一般大立菊需摘心 7～8 次、多头菊摘心 2～3 次。8 月下旬后停止摘心，选留生长势好的萌枝，一般多头菊每株 5～9 枝、独本菊一株仅留 1 枝，多余要剪除。摘心工作应选择晴朗天气进行，阴雨天气伤口易腐烂或易发生霉病，不宜摘心。每次摘心后，应该施腐熟肥 1 次，使侧芽萌发健壮。在选定枝条时，要选健壮、芽头丰满的枝条，不要留长势瘦弱的枝条，以免影响花蕾的盛开。

怎样培养独本菊

一般的秋菊品种都可作独本菊栽培，栽培方法有直接上盆法和地栽上盆法两种。直接上盆法培育的独本菊，从扦插到生长开花均应在介质中进行，以利人为控制其生长。另外，整个生产过程应在设施栽培条件下进行，应注意的是生长势弱的品种应早一些扦插，而一些生长势很强的品种，应迟一些扦插。水肥控制应以品种特性有所调整，生长势弱、植株矮的品种，水肥应充足一些。生长势强的品种，水肥应减少一些，以保持品种之间的生长整齐。

怎样培养大立菊

大立菊栽培以蒿草做砧木，嫁接秋菊，再经过整型培育而成。大立菊栽培时选用青蒿做砧木，一般在隔年的 11～12 月份选择蒿草，经过人工培植养大，第 2 年的 4～5 月份开始嫁接。嫁接的秋菊品种应选择花型比较整齐的作为接穗，以保持开花整齐而形成良好的观赏效果。大立菊的整形做扎有一定的规律，可分为枪、档，以着花数来确定枪、档的数量。

怎样培养案头菊

案头菊是用口径 12～15 厘米的小盆培植，株高在 20 厘米以内，叶茂、花大。独具特色的案头菊的品种，应选择花大、瓣丰、茎秆粗挺、叶大有光泽、花型整齐的品种进行培育。栽培时应注意：培育壮苗，选择节间较短、生长健壮的侧芽作插穗，扦插生根时和生根后应严格控制水分，以免迅速生长，节间拉长。扦插时间较独本菊晚 2～3 周。生长期间需进行矮化激素处理并进行换盆与套盆处理。严格掌握水肥管理，特别是夏、秋多雨季节和阵雨天气，必须进入设施栽培，同时做好抹侧芽和疏蕾工作，以培养高品质的案头菊。

怎样培养悬崖菊

悬崖菊一般都用小菊品种作栽培，品种应是生长快、长势旺、分枝力强、顶端优势明显、枝长而柔韧、耐修剪等特性明显的品种。要培养品质优良的悬崖菊，一般均在隔年培育小菊，在设施条件下过冬，第 2 年 3～4 月份气温回升后在室外栽植。悬崖菊一般均在 30 厘米以上大盆中生长。为使植株生长旺盛，栽培用的介质必须含有丰富的养分，肥力充足，以使植株生长至一定的高度。悬崖菊生长至一定高度后，将盆倾斜至 45 度左右，并搭架子进行牵引，使植株向一侧生长侧芽，并形成花芽。在侧芽生长中不断摘心或修剪，使其花朵整齐，达到良好的观赏效果。培养特长的悬崖菊，需进行2年时间的栽培，在第1年秋花芽分化前进行光照处理，至第2年3~4月份，使植株一直处于营养生长条件中持续生长达到一定高度。也可以应用嫁接的方法进行培养，选择青蒿作砧木，利用砧木的生长势和生长长度培养特长的悬崖菊。

怎样栽植吊篮菊

吊篮菊与其他菊花不同，是用满天星小菊（如一棒雪、墨小荷、白星球等）培育而成。每年11月份，将所需品种的脚芽切下，扦插在二号筒盆中，每盆1株，置温室内越冬。扦插后的前2周，需经常喷水。约3周后便可生根，即可在根际浇水，并施以稀薄的腐熟有机液肥，直到翌年2月份，换入头号筒盆，清明前后移于室外并进行换盆。换盆时应将植株地上部从盆内由排水孔向外穿出，使枝干露在孔外，而根系留在盆内，盆内垫以托物，将其倒置。浇水时应用去除喷头的喷壶，从盆孔徐徐浇入，每周施薄肥1次。6月下旬将花盆正置悬挂，使植株倒悬。开始的前2周必须蔽荫，并在盆面上盖草。吊篮菊也需进行摘心。一般从4月份开始，至7月上、中旬止，每隔3周摘心1次，共摘心4~5次。每次摘心，保留5~7片叶，以增加分枝。

梅　花

冬末春初，万里原野群芳摇落，惟独梅花凌寒独开，它以“万花敢向雪中出，一树独先天下春”的坚强不屈斗志独步早春，获得中华民族的赞誉。1919年，梅花曾被我国人民定为国花。

梅花是我国特产的名花，也是十大名花之一。早在春秋战国时代，越国爱梅之风就很盛行，有把梅作为馈赠礼品的习惯。《说苑》中记载，越国使臣出使魏国，向梁王赠送梅花以表敬意，并开始引种野梅，使之成为家梅。果梅（家梅系对野梅而言，因开始变为家梅的首先是果梅，所以有家梅－果梅之称）。从果梅到花梅，始于汉初。梅花在我国已有3 000 多年栽培史。梅花为蔷薇科李属落叶乔木，高约10 米，于早春先花后叶。西南地区花期在12 月份至翌年1 月份，华中地区花期在2～3 月份，华北地区清明前后开花，初花至盛花4～7 天，至终花15～20 天。开花最早为红梅，一般于2 月初开花；最迟为绿萼梅、送春梅，一般于3 月上旬开花。

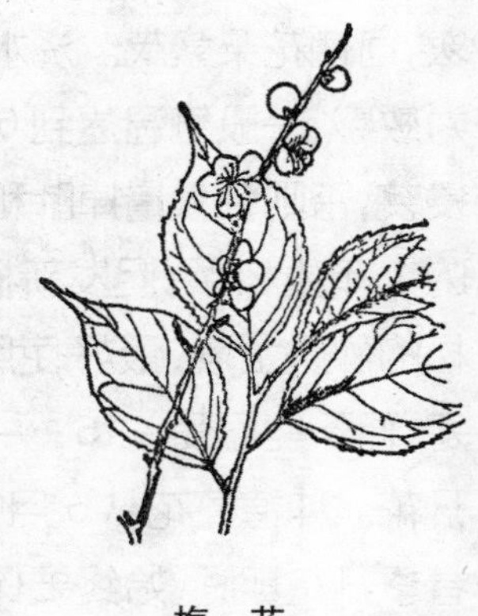

梅　花

【观赏价值】 古人由爱梅而赏梅，由赏梅而植梅。开辟梅花专类园，将千百株梅树集聚一处，建成梅林、梅岭、梅花坡、梅花园，突显出梅花的形、香、韵、姿等观赏特性。梅花开时，姹紫嫣红，香飘数里，暗香浮动，疏影横斜，极有韵味。梅花与垂柳相配，又能够刚柔结合。明窗、疏篱、院落、庭际植梅数株，幽香入室，别有情趣。

现有梅景之地，不少与松、竹搭配，组成“岁寒三友”。这三类花木，都具斗霜之性。松苍劲古朴，曲干虬枝；竹翠影摇风，超凡脱俗；梅暗香疏影，清寒雅洁，三者相配，相得益彰。

前人品梅，多以“横斜、疏瘦与老枝、怪奇者为贵”。另外，人们也赞梅花有四贵：“贵稀不贵繁，贵老不贵嫩，贵瘦不贵肥，贵合不贵开。”这确有道理，枝疏则风神洒落，干瘦则骨骼清癯，株老则苍劲古朴，花合（欲开未开）则含蓄不露，枝条斜横方多姿而不呆板。

【栽培技术】 梅花是阳性树种，喜欢通风良好、光照充足、温暖湿润的气候，忌潮湿阴暗的环境，喜欢地势高燥之处。盆栽管理要注意盆土疏松、肥沃，加施基肥。平时要注意追施稀薄肥，特别在夏季花蕾形成之时和秋花孕蕾期，应重施追肥，每半月施肥1

次,可使花朵繁茂。浇水掌握润而不湿,防止积水。梅花对温度颇为敏感,一般气温达到6~7℃时开花。但在开花期间不能遭暴雨侵袭,否则会大量掉叶和出现黄叶。花谢后应进行修剪,截短已花的1年生枝条,促发新梢。地栽梅花要选择腐殖质丰富、肥沃、疏松的砂质土壤,最好使用中性或微酸性土壤。梅花喜光,也较耐寒,但不能忍受-15~-20℃的低温,一般气温达到7~8℃时即可开花。种植梅花从5月中旬到6月中旬的花芽分化期起到翌年的春季开花期间,始终要保持土壤湿润,这样可使花芽分化较多,而且顺利。施肥也需适量,如5~6月份花芽分化时可施过磷酸钙等促进花芽分化,在秋季至初冬时可施豆饼肥作基肥。浇水不宜太湿或太干,太湿或太干都不利于梅花的生长。孕蕾期要控制水,开花时要增加浇水,但到盛开时又要控制浇水,以延长花期。

盆栽梅花上盆后要加强修剪,造成矮小多姿的树形。如制作盆景,需将细枝做弯,对粗枝通过切割、斧劈、雕刻,甚至火烘烤等方法造型。较大的梅树移栽时需要重修剪,促使萌发枝更强盛,否则头一二年生长纤弱。盆栽梅花在花谢后换土修剪,将开过花的1年生枝条剪短,只保留茎部2~3个芽,使2~3个新梢成为新的花枝。

【繁殖方法】 梅花的繁殖以嫁接法及扦插法多见。

(1)嫁接:以桃及梅为砧木,通过枝接及芽接均可繁殖。

(2)扦插:在花后剪15厘米的粗枝插入砂土15厘米,保持湿润,2个月后便会生根。

【病虫害防治】 梅花主要会受红蜘蛛、桃蚜、刺蛾、介壳虫、白粉病,煤污病等病虫害危害。预防治疗方法,请参阅书后《家庭养花病虫害防治一览表》。

【点　评】 梅花如在生长期出现整株叶片发黄,多数为缺铁引起,应及时浇含1%硫酸亚铁的水来补铁质。另外,如一直落叶,应注意通风并防止土壤过湿。

专家疑难问题解答

怎样让梅花早开花

①入室养护法。盆栽小梅株在室外经过一度低温后，于11月下旬或12月上旬移至室内向阳处养护。室内养护期间追施1~2次肥料，每日喷水1次，保持盆土湿润，以促使花芽萌动，花蕾膨大。由于室内平均温度在10℃左右，可比自然花期提前20~30天开放。②套袋增温法。较大盆栽梅株，可采用套袋方法增温（玻璃纸袋、塑料编织袋），套袋时间与入室时间大致相同。套袋前先在盆边插几根细棍或竹片作为防护，以防在套袋或去袋时折伤花枝，然后将袋子连盆底向上套住。晴暖天气将袋口张开，阳光照过后及雨雪冰冻天气，则把袋口扎住。浇水时将袋卷至盆沿，浇完后再恢复原状。由于袋内温度高于袋外，套袋后还可起到防风与保温作用，为盆梅营造一个温暖的小气候，从而促使梅花提前开花。

盆栽梅花不开花怎么办

①光照不足。梅花为阳性花木，除休眠期外，其他时间均应有充足阳光，尤其是7~11月间花芽形成及生长阶段更需充足的阳光，才能促进花芽分化。②土壤贫瘠，营养不足。需及时换盆，施足肥料，盆栽7~10天施1次，直至叶片变厚，甚至上卷，花芽膨大。③浇水过多，影响了花芽分化。花芽分化时，要给予“扣水”，即减少浇水量，浇水应视叶片边缘反卷、嫩梢略显萎蔫时再浇，如此反复2~3次，可抑制新梢生长，促进花芽分化。④修剪有误。梅花长枝上着花少，而中、短枝上着花较多，因此在修剪时，要剪长留短。此外，在花谢后，将所有的花枝从基部2~3厘米处剪断，以促使萌生短枝，多孕育花芽。

怎样让盆梅在春节开花

①要选择早花品种，如粉皮宫粉、粉红朱砂等，这些品种在早春就能形成花芽。②控制好温度。元旦后当盆梅已经形成大量花芽时，将其移入低温室内，促其开花，此时气温应维持在 5～10℃，每天让盆梅接受直射光照，并向梅枝上洒水 1～2 次，保持盆土湿润，以促使花芽迅速膨大。在临近春节前 10 天花芽已经膨大时，将室温提高到 15℃，进一步催花。在临近春节一周时，如果尚未见花蕾有绽放的迹象，应及时将室温提高到 20～25℃，以促进其开花。在盆梅花苞已含苞欲放时，再将其搬回到 10℃左右的室内，这样可使花期延长，增加花期的观赏时间。③保持适当湿度。在催花期间应经常给枝条及花盆四周喷水，提高室内空间的相对湿度，盆土应保持湿润为宜，不宜过干或过湿，过干会导致花蕾干瘪，过湿则易造成烂根落蕾。

欲使梅花四季开放有哪些秘诀

①让梅花在“五一”节开放。在年初 1～2 月间就要将晚开品种，如虎丘晚粉、送春、丰后等，放进 0～1℃冷藏室中冷藏，4 月中旬取出，放在荫棚下，加强肥水管理，“五一”节即可如期开放。②让梅花在国庆节开花。要选择开过花、又易于形成花芽的品种，如白须朱砂、变绿萼、淡丰后等，在 1～2 月份换土时放入基肥，待新梢萌芽后，每周施 1～2 次饼肥，促使新梢迅速生长。4 月中、下旬，新梢长至 20 厘米以上进行摘心，适当控制浇水，抑制第二次侧枝萌发，以积累营养。新梢停止生长 15～20 天后，花芽开始分化。第一阶段为生理分化，为 50～60 天，此时应适当控制浇水。第二阶段为形态分化，为 40～50 天，这时应加强肥水管理。8 月下旬摘叶并放在低温荫凉处，控制浇水，使盆土干旱，迫使其短期休眠；9 月下旬放置阳光下，加强肥水管理，国庆节即可开花。③让梅花在元旦开花。应选择早花品种，如粉皮宫粉、粉红朱砂等。在

12 月初放进温室，温度保持在10~20℃，加强肥水管理，元旦即可开花。

怎样使盆栽梅花形美花繁

①适当修剪。梅花花芽大多着生在短侧枝上，顶端长出的花枝花芽很少。一般盆栽嫁接苗长到 10 厘米左右时，把主干短截，促发侧枝。根据生长强弱留 3~5 枝侧枝，其余侧枝自基部剪除。当侧枝长到 8~10 厘米时，还需进行短截。侧枝上粗壮徒长枝、瘦弱纤细枝、交叉枝、重叠枝、密集枝、内膛枝等均随时自基部剪除，使枝条偏疏，树姿优美。秋天可将短枝留 10 厘米、长枝留 5~6 个芽即可进行短截。②及时换盆。在春天花后新芽尚未萌出时，选无风晴天进行换盆，将梅株从盆中倒出，将根球周围土壤剥除部分，剪去大部分细根，将根球托起晒半天后上盆，盆以微小为宜。上盆时，盆土只需装大半盆，并使根部稍露为好。盆土以疏松肥沃排水良好的培养土为宜。③初夏扣水。为使长枝多孕蕾，可在 5 月底或 6 月初，新梢长到 20 厘米时，进行扣水。先进行短时间停水，使植株因缺水而致叶片翘卷，枝条呈萎蔫状，然后浇小水缓苗。小水连续浇几日后，再作短时间停水。如此反复扣水几次，新梢停止生长，集中养分促使花芽分化。另外，应注意将花盆放置在向阳通风处，雨季防涝。

怎样使一株梅桩开出两种不同颜色的花朵

①选用复色梅花品种。这是一种特殊的洒金型梅花品种，如复瓣梅枝、单瓣梅枝等，它不同于普通的梅花品种，只开出单色花朵，而是在同一植株上常开有粉红、粉白、半红半白、白底红纹、白底红斑等不同颜色的花朵。②人工嫁接法。在春季 2~3 月份间，选用 1~2 年生的杏、毛桃或果梅等实生苗为砧木，选用两个或两个以上不同颜色的梅花品种，如白色的玉蝶、绿萼，红色的朱砂、骨

红、胭脂等为接穗。将这些不同颜色的芽或枝条在同一砧木上进行切接或劈接，待成活后，一株桩上便能开出不同品种不同颜色的梅花来。

雪　松

雪松以其特有的瑰丽、苍翠的树姿被人们誉为风景树“皇后”，它为高山树种，属松科雪松属常绿大乔木。大枝平展，小枝下垂，树冠呈塔形，挺拔苍翠，叶呈针状，在枝上螺旋散生或在短枝上丛生。雪松又名喜马拉雅杉，分短叶型、垂枝型和翘枝型。它原产于喜马拉雅山麓，经过长期人工栽培，它已适应了各种栽培环境。在我国长江中、下游一带，由于气候温暖湿润，土壤肥沃疏松，到处都有它们的踪迹，而且长势优良。我国以厚叶雪松、垂枝雪松和翘枝雪松为多见。雪松雌雄异株，雄花比雌花早 10 天左右开放，单株雪松很少结果。但可靠采用扦插等无性繁殖方法培养幼株。

【观赏价值及应用】 雪松高大苍劲，高可达 60 米，胸径可达 3 米，是理想的城市庭院绿化树种。尤其它树干通直、雄伟，在庭院作庭门或广场前对植、孤植都十分成景。它的木材坚实、纹理致密、抗菌防潮力好，经久耐用，为良好的建筑、桥梁、枕木、造船和家具用材。用雪松木材蒸馏提取的香油涂皮革，可防止水浸。瑞雪纷飞时，雪松傲然挺立，枝条上白雪披身，实在美丽动人。

【栽培技术】 雪松喜欢阳光，稍耐阴，能耐低温，很适合于温暖、湿润、雨水较为充沛的黏质土中生长。它喜欢肥沃、深厚、富含腐殖质的微酸性、微碱性的土，不能种在排水不畅的低洼地。

栽植雪松株穴要大，种植时 1/4 个泥球要高出地面，并需放置端正。树穴内土要踏实，防止树穴下有空洞，再下土覆盖，堆成馒头形，并用竹扁担做桩固定。气候干旱特别需要浇足水，后再逐步加肥。

【繁殖方法】 雪松可用扦插、压条、嫁接法繁殖。

（1）扦插：选长势强健的幼龄母树，以 1 年生侧枝为插穗，带踵或不带踵的都可扦插，但不能剪去顶端，需带枝叶扦插。由于它不耐高温，经不起风吹，因此要搭棚遮荫，保护扦插苗床。扦插进土的枝条要留顶端，并将扦插枝条基部用 500×10^{-6} M 萘乙酸浸一下，促使其早些生根。插条要斜插进土，并用手指压实，插后要浇足水，但不能积水，以免插条腐烂。

（2）压条：可选用 1~2 年生枝条，先用锋利的刀在压条上横切一刀，到达木质部，然后把切口下方压土中，深约 7 厘米，再用竹竿等物固定，不让其弹起。一般当年可发根，翌春长至 6 厘米的 2 条根时，可与母体分离移入苗床。

（3）嫁接：可在 2 月上旬用切接法进行。接穗采用阳面 2 年生枝条，长约 20 厘米，用黑松作砧木，采用嫩头顶枝劈接。

【病虫害防治】 雪松主要会受红壳介壳虫、皮虫、红蜘蛛、锈病等病虫害危害。预防治疗方法，请参阅书后《家庭养花病虫害防治一览表》。

【点　评】 雪松对城市烟尘抵抗力较弱，所以应种植在环境整洁无烟害和风害的地方，并需通风。

常 春 藤

常春藤是室外垂直绿化的理想材料，或作攀附观赏，或作盆景小品玩赏，尤以悬垂式最为赏心悦目。常春藤为五加科常春藤属常绿藤本植物，又名爬树藤、爬墙虎。常春藤生性滋蔓，借气根攀

援树木，绰约可爱。

常春藤

常春藤的主要观赏品种有全绿色常春藤，叶片多呈三五裂，基部截形或心脏形，叶缘微有波状，脉络青白，色较显著，叶面长有紫红色晕，经霜后色彩更多，果实为橘黄色。在常春藤园艺品种中还有花叶常春藤、加拿大常春藤、瑞典常春藤等，但瑞典常春藤是属唇形科的常绿灌木，而其余为五加科的多年生常绿藤本植物。加拿大常春藤叶片大，叶色调和，风姿淡雅清新，叶片犹如一幅水墨画，富有诗情画意。花叶常春藤藤枝蔓叶终年常青，叶片姿态潇洒，稀疏相间，错落有致，色彩斑斓。

【观赏价值】 常春藤作小品盆栽，可用疏松砂质土壤或腐殖土，栽植高深盆中，以悬崖式最为美观；也可使用圆盆，可用两根细些的各自两端沿盆壁插入泥土，交叉构成十字形长圆框架，使藤蔓盘旋缠绕其上。富有立体感，秀逸飘洒。尤其开花后鲜红球形果缀以其间，与叶片相对，相形得彰，犹如一幅美丽的油画，清新爽目，富有诗情画意。

常春藤的茎叶可入药。其性味苦，有祛风、利湿、平肝、解毒的功用。可治关节酸痛、脱肛、产后感冒头痛等病症。

【栽培技术】 常春藤为亚热带植物，耐半阴，性喜温暖湿润的气候，对土质要求不严，一般多用肥沃疏松的土壤作基质。常春藤一般生长适温为 20～25℃，怕酷热，可放在有散射光线的通风处。冬天室温须保持在 10℃以上。但有斑纹的常春藤不宜终年放在室内阴暗处，否则叶片会失去原来的色彩而变成全绿色。平时不宜多浇水，盆土应保持湿润。生长季节每月施 1～2 次薄肥，肥料以氮为主的 20％腐熟透的饼肥水。生长旺季可向叶片上施 1～2 次0.2％磷酸二氢钾液，这会使叶色更美丽。为适应室内栽培需要，植株长到一定高度可摘心，以促使其萌发侧枝，保持株形优美丰满。

【繁殖方法】 常春藤常用扦插法繁殖，可在早春或黄梅季节进行。应选粗壮的嫩枝10厘米左右插入土中5厘米深，因为老枝不易生根，即使生了根，日后的攀援性也很差。另外，注意入芽点不被抹掉，否则会影响新株成活。

【病虫害防治】 常春藤主要会受蚜虫、红蜘蛛、介壳虫等病虫害危害。预防治疗方法，请参阅书后《家庭养花病虫害防治一览表》。

【点 评】 夏季要经常用水喷常春藤叶面，增加空气湿度，使叶片翠绿有光泽。春、夏、秋三季浇水要见干见湿，不能使盆土太湿，否则会伤根落叶。

专家疑难问题解答

培养洋常春藤需掌握哪些要领

需掌握以下要领：①适宜温度。洋常春藤生长最适温度为20~25℃。如放置在室内养护时，夏季要注意通风降温；冬季室温宜保持在10℃以上，最低温度不能低于5℃。②适量光照。洋常春藤喜欢光照，也较耐阴，因此，宜放置在半阴半阳条件下培养，可使节间较短，叶形一致，叶色鲜艳，生机旺盛。如放在室内，宜放于光线明亮处。如春秋两季放置于室外，应选择有遮荫处，使其早晚多见些阳光。夏季应注意防止强光直射，否则易引起日灼病。③适量水分。洋常春藤在生长期间要见干就浇水，但不能让盆土过于潮湿，否则易引起烂根落叶。冬季应控制浇水，保持盆土略湿为宜。冬季气候干燥，每周需用与室温相近的清水喷洗1次枝叶，这样可保持空气湿度，使植株生长茂盛，叶色嫩绿有光泽。④合理施肥。盆栽洋常春藤除盆土选用腐叶土或泥炭土、加1/5河沙和少量骨粉混合配成的培养土外，生长季节每2~3周还需施1次稀薄

饼肥水。夏季和冬季一般不需施肥。更重要的是施肥时切忌偏施氮肥，否则叶片上的花纹、斑块等色彩会退掉（氮、磷、钾三者的比例为1∶1∶1为宜）。为了使叶色更美丽，在生长旺季应向叶面喷1～2次0.2%磷酸二氢钾溶液。另外，在施有机液肥时要注意避免玷污叶片，以免引起叶片枯焦。⑤及时修剪。洋常春藤小苗上盆后，长到一定高度时要注意及时摘心，促使其多分枝，株形更丰满。

洋常春藤变为全绿色怎么办

①不可偏施氮肥。肥料中氮、磷、钾的比例以1∶1∶1为宜。②植株应摆放在室内有明亮光线的地方；春、秋季应移到室外遮荫处摆放一段时间，早、晚多见阳光。

瑞典常春藤养护有哪些要点

需掌握技术要点：①光照。由于瑞典常春藤耐阴性强，所以夏季可放在北窗台上，其他季节可放在南窗附近。夏季要避免强光直射，否则会导致叶片变黄。若长期放于阴暗处，枝叶会徒长，叶色将变得暗淡无光泽。②温度。瑞典常春藤最适生长温度为20～25℃，冬季室温宜保持在10℃以上。③水分。生长季节应经常保持盆土湿润。④肥料。生长季节每月需施1～2次液肥。⑤土壤。每年需换1次盆，盆土可用腐叶土、园土混合配制。⑥摘心。因瑞典常春藤比其他常春藤生长快，因此需经常摘心，以促使其萌发侧芽，株形丰满。

室内应怎样养好冰雪常春藤

冰雪常春藤性喜光照较好并通气良好的环境，较耐阴。但怕热，夏季几乎停止生长；较耐寒，越冬室温应保持在3～15℃，不可太高，温度是常春藤最敏感的生长条件，夏季宜放在阴凉处才有利于生长。春季生长期间，每隔2～3周需施1次肥料。冰雪常春藤喜湿忌干，若等盆土半干再浇水已来不及了，虽不会枯死，但容易引起基部叶片脱落，同时易发生介壳虫。因此，夏季应经常向植株及周围环境喷水，以增加空气湿度。

怎样使中华常春藤水插成活

方法是：在早春2～4月份或在秋天8～9月份，剪取顶芽枝条一段，长15～20厘米，剪去基部1/3以下的叶片，而后插入水瓶内，插入深度约为基部的1/3。插后放置在室内向阳或半阴的窗台处，20天左右，在基部切口处会长出白色的嫩根，并逐渐增多；同时，在枝梢上也会逐渐长出新的叶片。在这一过程中，应勤添水或换水。每半月至1个月加入1次营养液，用0.05%～0.1%的磷酸二氢钾也可。但应注意：水插水养的时间切勿选在盛夏高温时，因这时中华常春藤正处于半休眠时期，水养不易愈合生根，有时还会引起叶片枯焦和枝条腐烂。

悬　铃　木

悬铃木是江南不少城市的落叶行道树，又名法国梧桐，属于悬铃木科悬铃木属落叶乔木。它高可达30米左右，树皮光滑，4～5月份开花，为良好的遮荫树种。它结的果在11月份成熟时呈下垂状，酷似悬挂的铃子，故名悬铃木。悬铃木是法国梧桐和英国梧桐的杂交种。

【观赏价值与应用】 悬铃木树形端正，主干直，分枝多，树冠大，叶上绒毛多，能耐灰尘，又耐修剪，管理粗放，因此可作城镇、街道、社区庭院的行道树或遮荫树。其缺点是开花时，有大批柔软细毛随风飘扬，刺激行人眼、鼻。悬铃木也可作工厂防护林，其木材可作建筑业和家具制造业用材。

【栽培技术】 悬铃木为阳性树种，而且较耐寒，能适应各种土壤，尤其喜欢深厚、湿润的土壤。大树形成后，每两年修剪1次，可避免开花时飘出的细毛污染。幼树，要根据环境需要，在达到一定高度后截去主梢而定干。当主梢定干后，在冬季及生长季节需多次进行修剪，控制枝条的高度，修剪过密、过长、重叠、交叉枝条。

【繁殖方法】 可采用插条繁殖。在春季随剪随插。也可选择在12月份至翌年3月份进行。插条要粗壮、新鲜，枝条粗细要大于1.5厘米以上，长度在20~25厘米，每根插条要有3~4个芽眼。插入土中3/4以上。扦插后要将土揿实，使扦条与泥土紧密接触，以提高成活率。

【病虫害防治】 悬铃木主要会受刺蛾、天簑蛾等病虫害危害。预防治疗方法，请参阅书后《家庭养花病虫害防治一览表》。

银　杏

“鹅毛赠千里，所重以其人，鸭脚虽百个，得主诚可珍。”这是北宋文学家欧阳修在接到远隔千里的诗友梅尧臣寄赠的“鸭脚”以后写的诗句。诗中所云“鸭脚”就是人们今天所熟知的银杏。因其别致奇特的树叶形如鸭掌而被古人称为鸭脚。在我国名刹古寺、园林胜境中，常有银杏巍巍屹立。

银杏是裸子植物银杏科中独一无二的树种，也是地球上残存的最古老的植物“活化石”之一。两亿年前，银杏的祖先分居在地球上的大部分地区，后来由于地壳和气候的突变，特别是第四纪冰川以后，它才在世界各地先后绝迹，而唯独在我国和日本幸存。

银杏是中国的特产，因其形状似小杏，而核色白，故名“白果树”，又名公孙树、佛指甲、鸭掌树，属银杏科银杏属落叶乔木。叶呈折扇形，花期 4～5 月份，果为椭圆形，果熟期 10 月份。银杏在我国的栽培历史悠久，早在汉末三国时，江南一带就开始人工种植，宋代后扩展到黄河流域。如今，我国北自辽宁，南至粤北，东起台湾，西到甘肃，银杏的足迹遍布 20 多个省区。在浙江西天目山海拔 1 000 米以下有野生银杏，寺庙附近有栽培银杏，均长成大树。世界各地均从中国引种栽培成功，朝鲜、日本及欧美各国庭院均有栽培。

【观赏价值与应用】 银杏树树姿雄伟，叶形很美，冠大荫浓，极适作庭院树、行道树和孤植风景树，为珍贵的园林绿化彩叶树种。另外，它叶色多变，春淡夏深秋天呈金黄，树形雄伟，呈塔状，是庭院中理想的观叶观果植物。银杏树龄可达千年以上，材质优良，是建筑业及上等家具制造业的用材。种子富含营养，可供食用，熟食有补肺、定喘、止咳、利尿之功效。但由于它含少量的氢氰酸，因而不宜多食，否则会引起中毒。银杏叶还可提取活血化淤的化合物，是治疗心血管系统疾病的新药。夹几片银杏叶子于书页之中，可驱除书内讨厌的蠹虫。银杏园林中夏天一片葱绿，秋天金黄可掬，给人以峻峭雄奇、华贵典雅之感。

选择株形优美的银杏，通过艺术加工可将其制成盆景。供放案头，可令人怡情悦目。银杏品种有大叶银杏、垂枝银杏、斑叶银杏绿（叶上有乳晕斑晕）、黄叶银杏（叶色上终年带鲜黄色）、乳铃银杏（树皮显乳头状下垂被视为盆栽珍品）等。银杏，味甘，微苦，能益肺、定喘、缩小便，止带浊。治痰喘、咳嗽、白带、白浊、小便频数、杀虫、消毒等功能。

【栽培技术】 银杏树是长寿树种，它喜阳光，不耐庇荫；喜肥沃、深厚、湿润的土壤，pH 宜在 5～8。盆栽的银杏一般为盆景观赏，在春季生长萌发叶时，每月施薄肥 2 次，盆栽以培养土与砂 10∶1比例混合。不耐盐碱、忌涝。根系深，抗干旱，对气候适应性强，对大气污染有一定的抗性。

【繁殖方法】 银杏多用播种、扦插、嫁接等方法繁殖，以嫁接

和播种为主体。

（1）播种：多春播，播前混砂催芽。垅播、畦播均可，覆土厚度3~4 厘米，2~4 周便可出土。

（2）嫁接：一般在（3~4 月份）春季进行。选用银杏实生苗为砧木，选择至少有3 年左右的带有3~5 短的壮实枝条作接穗，进行枝接。

银杏入冬落叶前要整枝修剪，剪去徒长枝、交叉枝和病枝。为保持树形美观，另外可在开花前或开花后施磷钾肥，使长势良好。

【病虫害防治】 银杏主要会受大蓑蛾、金龟子、叶枯病、褐斑病等病虫害危害。预防治疗方法，请参阅书后《家庭养花病虫害防治一览表》。

【点　评】 银杏宜在早春萌芽前栽植，株距6~8 米，成活率很高。定植后每年春季发芽前及秋季落叶后各施肥1 次，以保持健壮生长。

梨　树

梨是世界上非常重要的树木，许多品种原产于我国，在汉武帝时已经广为栽培。全世界已知的品种达7 000 个以上，中国也有3 000 多个品种，主要为秋子梨、新疆梨等。现在也大量栽培西洋梨。其他栽培的还有天津的鸭梨、辽宁绥中的秋白梨、山东莱阳梨。

梨树是蔷薇科梨属落叶乔木，别名雅梨、罐梨、白梨、莱阳梨等。春季4 月份开花，果实在9~11 月份成熟，花多为白色及淡红色，果肉多汁，是著名的果品。株高达6~9 米，叶花同放或先花后叶。

【观赏价值与应用】 梨树高大，姿态优美，春季开花时满树雪白，鲜艳夺目，是极好的春季观花风景树，在庭院可丛植、片植，也可孤植。由于梨树树冠较大,寿命也很长,而且叶大花多,作为行道树也非常好看。梨的果实松脆多汁,甜而稍酸,营养极其丰富,内含多种维生素和钙、铁等无机元素。梨树木材细致,可制成各种农具及家具。梨的果实可食用,能止咳祛痰。

【栽培技术】 梨树喜欢干燥、冷凉气候,以表层深厚、排水良好、肥沃、湿润的砂质土壤最为适宜。且梨树耐涝,抗寒,种植要在向阳处。要使梨树长得好,需要掌握修剪技术,并注意盛果期前、盛果期及衰老期的修剪的侧重各不相同。另外,生长期内要注意施磷钾为主的薄肥,每隔10天施1次。

(1)盛果期前修剪:要使树冠大和加以展枝,需培养中央主轴干,使其具有强盛的生长势,以抑制旁侧枝。应削去斜枝上的一些枝条,使主轴干粗壮有力同时培养出大量的结果枝。

(2)盛果期修剪:删除过密的小枝、受病虫危害的枝条和衰老的枝条,留下果枝。果太多时也要疏掉小果留大果。

(3)衰老期修剪:把衰老的枝条剪掉,并减少短果枝,使有充分的空间展现。

【繁殖方法】 梨树多用嫁接法繁殖。以杜梨为砧木,在春季进行嫁接,切接、劈接、腹接都行。

【病虫害防治】 梨树主要会受赤星病等病虫害危害。预防治疗方法,请参阅书后《家庭养花病虫害防治一览表》。

【点　评】 移栽梨树小苗需带宿土,大苗移植更需带泥球,否则会损伤根系,影响梨树生长。

猕　猴　桃

猕猴桃又名羊桃,是我国的特有树种之一。唐代诗人岑参曾

有“中庭井栏上，一架猕猴桃”的诗句，可知我国劳动人民早在1 000多年前就知引种栽培猕猴桃了。

猕猴桃属于猕猴桃科猕猴桃属多年生落叶藤本植物，又名羊桃毛梨、红藤梨，因“其形如梨、其色如桃，而猕猴喜食”得名。它外形别致，圆形或广椭圆形的叶片生得很对称，叶色面绿背白，叶背有毛。花开在4月份，花小而香，先白后黄。果实棕绿而有茸毛，大如鸭蛋，小似红枣。果实成熟后可在枝头悬挂数月而不掉落，产量高者一株结实可达500千克以上。我国中华猕猴桃资源十分丰富，广布于长江流域和珠江流域间16个省区，尤以河南省较集中，仅西峡县年产量就达几千吨。猕猴桃花期5～6月份，果熟在10月份。

【观赏价值与应用】 猕猴桃是一种良好的观赏花木。一到夏天，它绿叶滴翠，攀摇缠绕，茎叶扶疏，叶形多变，白色花朵自枝间缓缓透出，婉丽动人，清风徐来，香气扑鼻。它可作为花架、绿廊、绿门配植；给庭院和园林增添无限的情趣，是美化环境的良好观赏花木。

猕猴桃在我国唐朝就有栽植。在猕猴桃栽培品种中，以浑身披毛、果实硕大的中华猕猴桃和抗寒耐旱、光滑无毛的软枣猕猴桃为上好佳品。猕猴桃素有“维生素之王”的称号，既可作为航空人员、高温工作者和运动员的特殊食品，又可作为老人、儿童、孕妇、体弱多病者的滋补食品。

【栽培技术】 猕猴桃为暖带树种，喜温暖湿润气候环境。

常在土壤湿润的微酸性或中性土中生长，特别以最肥沃的腐殖土为适宜。一般种后4～5年就能开花结果，种植达到8年以上进入盛果期。

猕猴桃具有攀缘习性，种植时要搭棚架，使其攀缘生长。在冬季可施入豆饼或菜子饼等基肥，在春天萌发芽叶时最好再追施磷肥，一般施2～3次。施肥在开花前的4月份最为适宜，结果后再施2～3次磷、钾肥，使果实结得大而牢靠扎实，不易脱落。

在种植中也需进行修剪。修剪以修去交叉枝、重叠枝、瘦弱枝、病枝为主，使其长得树形优美，通风、透光能使长势优良。

【繁殖方法】 繁殖常用播种、扦插、嫁接及压条4种方法。

（1）播种，常在9~10月份之间，采收成熟种子。到翌年春季3月份，室温达到3~8℃时，用种子与细沙混合均匀后一起种下。当长到有2~3片幼叶后可移植。

（2）扦插：在初夏6月，用半木质化（半成熟的）枝条（10~15厘米）作插穗，插入土内，短期遮荫，保持湿润，大致1个月左右便会生根。

（3）嫁接：可以播种繁殖的实生苗作砧木，选优良品种中的优良单株的枝条作接穗进行枝接或根接。

（4）压条：8月份选当年生长健壮的枝条，把它弯倒在地上，使枝条埋入土中15厘米深，再把埋入地下的枝条进行部分割去，或轮状剥皮，枝条顶端露出地面，覆土压紧，到秋季或翌年春断开即成新株。

【病虫害防治】 猕猴桃主要会受蛀螟虫等病虫害危害。预防治疗方法，请参阅书后《家庭养花病虫害防治一览表》。

【点　评】 在炎热的夏天，猕猴桃会因为缺水而生长受阻，结果欠佳。要注意浇足水分，栽培土不能太干，但也不能积水太多，否则会烂根。

专家疑难问题解答

怎样培育猕猴桃实生苗

关键栽培技术：①收集已充分成熟的猕猴桃果实，洗出种子，经阴干后备用，切忌暴晒。②种子需用70℃的温水浸泡1~2小时，然后用5~10倍于种子的湿润细河沙均匀混合，沙藏40~50天。③在3月上、中旬及时播入已整好的苗床上，播后覆草保湿。④出苗后，

揭去覆草，用遮荫网遮荫，每天浇水 1～2 次，勤除杂草，以促使幼苗迅速生长。⑤待幼苗长出 3～5 片真叶时，可带土移栽。

应怎样掌握猕猴桃硬枝嫁接技巧

猕猴桃硬枝嫁接是一种工效高、见效快的嫁接繁殖方法。在冬季修剪时，收集枝条充实、芽眼饱满的母树枝条作接穗，保湿冷藏保存。5 月中旬选当年萌发的粗壮实生苗枝，在 10～20 厘米左右距离短截，利用冷藏保存的冬季接穗进行劈接。接后保存砧木下部的叶片，经常抹除下部叶腋间萌发出的实生芽。这样嫁接，成活率可在 90％以上。

盆栽猕猴桃能在阳台上挂果吗

栽培注意要点：①选择生长势中等、节间短而紧凑的鲜食品种，如中华猕猴桃中的魁蜜、武植 2 号；美味猕猴桃中的徐香等品种；其他如观赏、鲜食兼用型的繁花猕猴桃和毛花猕猴桃等也可用于阳台盆栽结果。②栽培容器应选较大一些的，以满足猕猴桃生长旺盛、叶大果多对水肥消耗较多的要求。③猕猴桃属于雌雄异株，要正常结果，必须搭配种植花期相同的雌雄株各一，或者在雌株上嫁接一雄枝，以解决授粉问题。④注意水、肥的供应和调节，在雨季和休眠期需保持盆土稍干；夏、秋季节生长期间需经常浇水，保持湿润。

黄　栌

当"霜叶红于二月花"的秋天，赏红叶时节来临时，黄栌和枫树是叶色变红的佼佼者。北京香山叶色最好看、最红的是黄栌，它与

其他树种构成红、黄、绿等叶色，“层林尽染”的景色令人陶醉。

黄栌属漆树科落叶灌木或小乔木，它原产于中国华北、西北、华中及华东等地。南欧、叙利亚、伊朗、巴基斯坦与印度北部也有分布。它的别名有“红叶树”、“黄道栌”等。花期为5月份，果序长约20厘米，核果为肾形，红色，果期8月份。果序生有许多羽毛状不孕性伸长的小花梗，紫绿色，远眺犹如“烟雾”围绕树冠，所以又叫“烟树”，很为别致。国外已选育出不少变种，如垂枝黄栌、紫叶黄栌等。

【观赏与应用】 黄栌是我国北方漂亮的观叶树种，尤其入秋，叶色变红，鲜艳夺目。夏初花开时，不育花梗伸长成羽毛状，犹如万缕罗纱绕林间，奇观成景。它能成片植于山坡、河岸或配植于假山石旁，很为适宜。叶、树皮、木材含鞣质，可提取栲胶。叶含芳香油，枝叶入药，可消炎、清湿热。木材含黄色素，可提取黄色染料，是很有经济与观赏价值的树种。

【栽培方法】 黄栌，性喜阳光，稍耐半阴，也耐干旱，耐寒冷。适应性很强，在贫瘠的碱土上均能生长。它忌水湿及黏重土壤，它生长迅速，萌芽力强，它根系发达，侧须根多而密布。

黄栌宜种在山坡上，可与松、柏类材木混交作为林的下木，它能遮盖土壤，尤其在秋天赏叶后，落叶量大而覆盖于土上，作腐叶土，有利于改善土壤，是农田、防护林及造林的良材。

黄栌在高温高湿季节，如通风不良易生白粉病和遭毛虫危害。可在冬季清除感病枝条，剪去病稍，集中烧毁，予以防治。

萱　草

在炎炎烈日中，有一种能与夏日花树紫薇、石榴、夹竹桃互相

萱 草

映衬，增加夏天庭院之美的花卉，就是 2 000 多年前在我国庭院栽种的萱草。萱草又名黄花菜、金针菜、忘忧草。它为百合科萱草属多年生宿根草本植物，6 ~ 8 月份开花。萱草的叶片又细又长，粗看很像兰叶，花冠状如漏斗，有的开展如盘，有的直立如杯，有的花瓣飞舞，有的反向卷扬。花色以橘黄最多，有的花色彩淡雅，有的重浓艳，有的全朵花色均匀，有的花瓣中央有色斑，有的花喉中央呈现鲜明的晕圈，有的花瓣上点缀着洒金斑点。有些品种的花朵直径近 20 厘米，一些珍贵品种一茎上可开 40 ~ 50 朵花，真可谓千姿百态，绚丽多彩。萱草可分为观赏与食用两类。食用的花多属单瓣，专供采花蒸熟晒干后出售，俗名金针。而观赏的花多属重瓣，专供布置原料小景。这两类的花都较为细小，现经杂交改良，已培育出大花新品种。

萱草品种极多，其变种主要有：①长管萱草，花被管长，花橘红色至淡粉红色。②千叶萱草，又称重瓣萱草，花橘黄色。③黄花萱草，又称北黄花菜，叶片深绿色，常呈带状拱形，花淡柠檬黄色。④黄花，叶片宽大，呈深绿色，花淡柠檬黄色，背面有褐晕，花梗短，有芳香，常在傍晚开放。⑤大花萱草，叶低于花葶，花黄色，有芳香，花梗极短，有三角形苞片。此外，还有玫瑰红萱草、斑花萱草等。

萱草原产于我国南部地区，秦岭以南各省区有野生品种。全国各地常见栽培，湖南的祁东、邵阳，江苏的宿迁，不仅有大面积栽培，且品种优良，为名产区。

【观赏价值与应用】 萱草是庭院中理想的观花观叶花卉。其适应性强，庭院种植数丛，既可怡情忘忧，其花（金针菜）还可以食用。萱草以三五株成丛点缀于山石旁为宜。除观花外，早春嫩绿叶丛也很美观。萱草还可以用来瓶插，也可配置成花盘或花篮

欣赏，别具风韵。明代袁宏道曾作诗：“朝看一瓶花，暮看一瓶花，花枝虽浅淡，幸可托贫家；一枝两枝正，三枝四枝斜，宜直不宜曲，斗清不斗奢，仿佛杨枝水，入碗酪奴茶，以此颜萱斋，一倍添妍华。”把萱草作瓶插描绘得妙趣横生。

【栽培技术】 萱草性强健，耐寒，在北方可露地越冬，性喜湿润，阳光充足长势较好；也耐半阴，对环境适应性较强，对土壤要求不严，以富含腐殖质、排水良好的砂质壤土为好。生长开始后至开花前，如天气干旱，要注意浇水。在生长季节，每月追施1次肥，花谢后应及时剪去花茎以免消耗养分。

【繁殖方法】 萱草的繁殖以分株为主，多在春季发芽前或秋季休眠期进行，每丛带2~3个芽栽种。春季分株，当年即可开花，一般3~5年分株1次。栽种时，行距1米，株距0.5米，穴深30厘米，栽后覆土2~3厘米，先施基肥，薄盖细土，压实浇水。

也可在秋季播种。春天播种的种子当年不能发芽，应采收后即播，3个星期出苗。播种后培植2年即可开花，分株后头一年要注意中耕除草。以后随植株覆盖度增加，可减少次数。

【病虫害防治】 萱草主要会受白绢病、锈病、金龟子等病虫害危害。预防治疗方法，请参阅书后《家庭养花病虫害防治一览表》。

【点　评】 萱草可作环境监测植物，当叶子尖端出现红褐色时，说明有氟的污染。

葡　萄

葡萄是葡萄科葡萄属藤本落叶花木，可高达30米，树皮红褐色，条状剥落，花期5~6月份，果熟8~9月份。原产于亚洲西部，

葡 萄

我国分布较广，品种繁多，如玫瑰香、黑罕、鸡心、龙眼、富士、金石等。葡萄在我国已有2 000多年栽培历史。古时称之为“蒲桃”（《汉书》）、“蒲陶”（《史记》）。葡萄在汉武帝派使臣张骞出使西域时，由大宛国（今俄罗斯费尔干纳盆地）传入的。对这段历史，《史记·大宛列传》是这样记载的：“宛左右以蒲陶为酒，富人藏酒至万余石，久者数十岁不败。俗嗜酒，马嗜苜宿。汉使取其实来，于是天子始种苜宿，蒲陶肥饶地。”“蒲陶”也即葡萄。一切记载都说明，汉前我国已有葡萄生长，只是那时野生于甘肃玉门关以西的山谷之中。到了张骞出使波斯湾沿岸的一些国家之后，才将人工栽培的葡萄种子，从大宛先带到新疆，再经甘肃而入关，东传内地栽培，后又传到华北、东北各地。到唐代时，栽培葡萄已比较普遍。当时有不少诗词与文献都有葡萄和葡萄酒的记载。唐朝诗人王翰在《凉州词》里就曾写下“葡萄美酒夜光杯，欲饮琵琶马上催”的著名诗句。

【观赏价值与应用】 葡萄姿态古雅，枝蔓粗化，叶形美观。8~9月份串串玛瑙一般的浆果挂满枝头，若选择它作为庭院棚架材料，不仅可供观赏，遮荫、美化环境，还可供食用。葡萄还具有结果早、产量高、寿命长等优良经济特征，适宜山区、沙荒、盐碱地区种植。葡萄除可供作果品外，还可以用来制葡萄干。我国新疆吐鲁番出产的无核白葡萄干誉满全国，闻名于世界。葡萄大量用于酿酒，它是水果中最优良的酿酒原料，因葡萄汁中糖酸含量适当，并具有香味，且色泽鲜明。

盆栽葡萄可放在阳台或窗台上，不仅绿叶满窗，还可得到青翠晶莹的果实，具有净化环境、美化环境的效果。

葡萄的应用：葡萄的果实、果皮、藤、叶、根均可入药。《本草纲目》上说，葡萄可逐水、利小便、除肠间水，心悸盗汗，风湿痹痛等病症。还可防治高胆固醇、血管粥样硬化、冠心病、脑血栓等病。身体虚弱之人,可常吃些葡萄,能滋补身体。

【栽培技术】 葡萄的祖先原是生长在阳光充足的开阔地带的低矮灌木,后来开阔地带逐渐形成了森林,它为适应环境,逐渐变为茎干柔软细长、新梢生长迅速、叶大并增生卷须的攀缘植物。葡萄性喜阳光充足的干燥气候,较耐寒,要求通风和排水良好,对土壤要求不严,除重黏土、盐碱土以外,对砂土、沙砾土、轻黏土均能适应,尤以肥沃、疏松的砂质壤土最为适宜,pH 在 5~7.5 时生长最好。冬天温度不低于 -5℃,能安全过冬。

庭院栽培葡萄,可将葡萄修剪成棚架式、篱壁式、棚篱式和架式,并适时实施扶蔓、摘心、摘须、疏花、疏果、施肥、病虫害防治、埋土越冬等栽培管理措施。盆栽葡萄施肥要坚持少而勤的原则。若新梢生长衰弱,叶小而色浅,果穗与果粒均小,则要施氮肥;若花芽分化不良,可施磷肥;若大量落蕾,叶缘和叶脉黄化,叶面凹凸不平,则要施硼肥;新梢节间变短,叶片小,叶肉黄化,严重时干枯脱落,说明缺锌;若枝蔓成长不好,抗寒力降低,浆果着色不良,那就是缺钾,缺铁还可以引起黄化病。

【繁殖方法】 可用扦插,嫁接繁殖。

(1)扦插:可在 3~4 月份间,截取健壮枝条约 20 厘米长,上需留有 2~3 个腋芽,插入土中约 2/3,腋芽眼最好面向南,插后浇足水,大致可在 5 月下旬至 6 月初生根。待长到 6 片叶子时,可以追施肥料。每年施 1~2 次肥。

(2)嫁接:一般选用抗性较强的品种做砧木,插入土中一年培育,再在翌年春季用枝接法将优良品种的枝条作接穗。

【病虫害防治】 葡萄主要会受灰霉病、白粉病、炭疽病、天蛾、金花虫等病虫害危害。预防治疗方法,请参阅书后《家庭养花病虫害防治一览表》。

【点　评】 种植葡萄往往会出现叶片枯焦现象,这是由于太阳光太强及闷热引起的,所以对植株适当避免强光灼伤,并保持通

风。另外施肥不当，尤其施未腐熟的肥料及缺少氮肥会引起灰霉、锈病等。所以应适当补施氮肥。

专家疑难问题解答

怎样使盆栽葡萄果多粒大

①盆土宜用腐叶土、田园土各4份，河沙、草木灰各1份拌匀配制。盆底需施少量饼肥或骨粉作基肥。②生长期需经常保持盆土湿润，夏天还要向叶面喷水。休眠期要严格控制水分。③每年春季换盆要施足基肥。生长季节每周需施1次稀薄液肥（稀薄豆饼水或复合液肥）。茎叶生长期，要以氮肥为主，开花前和坐果后以磷钾肥为主。7～8月份，每月向枝叶喷1次0.2%磷酸二氢钾；开花期喷1次硼酸液；果实收获后施2次追肥。④一年四季都需光照充足，不能遮荫。⑤冬季除保留1年生主蔓8～9个成熟节外，将上部与副梢全部修剪去。第2年春季，从主蔓上选留4～5根生长粗壮的结果枝，每个结果枝上保留一个果穗，待花蕾出现后，在花序以上保留5～7片叶并摘心，还应摘去花序尖及卷须生长点。冬季选留4～5个不同方向生长健壮的结果枝，每根枝保留2～3个冬芽，其他全部剪去。第3年萌芽后，每根结果枝上选留10～12个新梢作为结果枝，参照第2年的修剪方法进行修剪。以后每年均可参照上述方法进行夏剪及冬剪。⑥可采用扦插法进行繁殖。

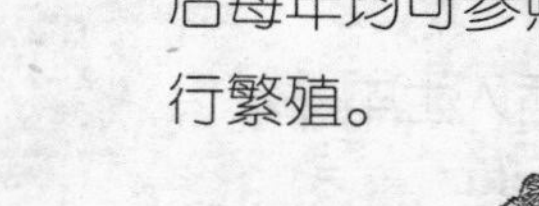

盆栽葡萄叶片枯焦原因

主要原因：①日灼之故。葡萄生长新枝叶的时间，大多在5～6月份间，这时光照弱，又逢阴而多雨天气，叶片薄而嫩，待梅雨过后，晴天较多，太阳猛，又闷热，这样葡萄叶片的边缘易被烈日灼伤而枯焦。②施肥不当。冬季施入未经发酵腐熟透的磷质肥料过

多,而氮肥过少,叶片生长得不到充足的氮肥,叶片也会枯焦。③炭疽病。是一种真菌所引起的病害,如盆土经常过湿,浇水太多,排水不良,环境闷热,温度又高,易得该病。对这些病害的防治方法是:将盆放置在通风之处,防止盆土过干,尤其要防止过湿,磷、氮肥施用适当,注意盆内清洁,这样病情会大大减轻。

葡萄枝枯果落怎么办

家养葡萄树的枝秆上,有时会发现有一个个小洞,并有黄色粉粒状的东西从洞口排出。不久,枝杆部分先萎蔫后枯焦,果实和叶片也脱落。这是被天牛害虫危害树干所致,一经发现必须及时消灭之。消灭方法:找到树洞,用细铅丝插入洞内,把天牛从洞内慢慢地勾出来杀灭。如果洞小,钩不出天牛,可向洞内注入"灭害净"等药剂(对树木无害),把它毒死在洞内,然后用水泥补好洞口,堵塞虫洞。如果某部分枝条,从上到下都受到虫害,已无法再恢复生机,那么干脆把全部病枝剪去销毁。

葡萄不结果怎么办

①采光不足,通风欠佳,均会造成少挂果甚至不结果,应加强光照与通风。②葡萄的肥料应以基肥为主,开花前应停止施氮肥。③每年要冬剪和夏剪各 1 次,包括除芽除萌蘖、摘心除须卷等作业。

葡萄大量落果怎么办

①水、肥不匀引起的生理落果。这时要少浇水,增施磷、钾肥,不施氮肥,控制新梢徒长,可防止过量落果。②强光直射引起的日灼落果。盆栽葡萄可在夏季套袋保护果穗,合理进行夏季修剪,除去部分新梢。③病菌感染引起病害落果。主要是在雨季、高温、高湿环境条件下,需保持盆栽葡萄干燥和通风,条件许可时使用波尔多液喷洒。④因虫害引起的落果。虫害以红蜘蛛等螨虫危害较多

见，常规用杀虫剂或杀螨药喷洒；家庭为避免环境污染，也可用碾碎的大蒜浸出液喷施。

阳台盆栽葡萄为何结两年果就会枯死

主要原因：①主杆内有蛀心虫。②盆中有蚂蚁穴。③冬季盆土过湿。④冬季土壤过干、温度过低，造成干冻。⑤结果期没有注重肥水管理，植株本身营养耗尽。⑥生长期间超量施肥或施生肥。⑦修剪不当。遇此现象，首先要仔细检查主杆枝，用刀尖戳之，如有蛀心虫能戳进去（组织比较软）；其次清除蚂蚁穴。另外，注意冬季盆土不要过湿，视情况1周浇1次水即可。如冬季气温低，可用粗麻布包扎盆壁2~3层，盆底再垫稻草或干草。生长期、结果期要注重肥水管理，不过量，也不施生肥，并注意修剪。阳台盆栽葡萄，最好备用闲盆养土，将氮、磷、钾等有机物在夏季放入盆中发酵培养，隔年换盆时换入，如此轮年换用。此外，每年冬剪后，宜转动盆体，将向阳的一面转向背面，背阴的一面转向向阳。这样，来年有利于主蔓萌发生长。

棕　榈

棕榈挺拔秀丽，它多栽植在建筑物的两侧，庭院、动物园或植物园中，富有亚热带风情。棕榈为棕榈科棕榈属常绿乔木，又名棕树、山棕。可高达10米。花形奇特，为佛焰苞花形，花小、黄色，开花期在春季4~5月份，10~11月份果实成熟。它原产我国，分布于长江以南个省区，以湘、黔、滇、鄂、陕为多。棕榈生长缓慢，栽后7~8年方能剥棕，但寿命长，可连续受益40~80年。棕榈在我国栽培历史十分悠久，战国时代的古地理专著《山海经》中就有“石翠之山，其本多棕"的记载。《本草纲目》和《本草拾遗》记载，棕片"可织衣、帽、褥、椅之属，大为时利"，棕片织绳，"入土千岁不烂"。棕榈本是经济林树种，清代以后引入庭院作为风景林栽植。棕榈可分为热带棕榈和耐寒棕榈两种。热带棕榈在冰点以下要死亡，而耐寒棕榈可存活到0℃以下。

【观赏价值与应用】 棕榈为亚热带大乔木，茎干直立无分枝，大叶簇生于顶端，巍然挺拔。我国北方城镇都作盆栽栽培，布置在厅堂走廊会议室及庭院中。棕榈主干粗犷，叶形美观，英姿勃勃，常年翠绿。棕榈在园林中孤植、列植、丛植或片栽均可，也可设立专类观赏园点缀假山石，种植地被植物，一派异国风情。据《被墅抱瓮录》载：墙角植棕榈，高可齐檐，微风乍拂，轻涤自主，极潇洒之趣。棕榈也可作为海边河岸旁游泳池及建筑物边的绿化树种。棕皮的叶鞘纤维拉力强、耐磨、耐腐，可编织蓑衣、渔网、地毯及床垫。棕榈的种子是优良的马饲料，果皮含蜡量达16.3%，可制复写纸、地板蜡。棕榈的树干可搭小溪便桥，作凉亭屋柱。

棕榈的叶鞘纤维，又名棕榈皮，可供药用。性味苦、涩、平。因其苦能泄热，涩可收敛，故为收敛止血之药，用于吐血、衄血、便血、崩漏下血、赤白下痢等病症。

【栽培技术】 棕榈喜温暖较耐寒，属阴性树种，成年树可耐-15℃的低温。棕榈在南方以地栽为多。在湿润肥沃的黏质土壤上生长良好，也能耐一定的干旱和水湿，耐轻盐碱土；喜肥，耐阴，抗有毒气体，有很强的吸毒能力；根系较浅，须根较为发达，生长缓慢，为长寿树。棕榈在生长期适当追肥1~2次，会长得茂盛。夏季高温过干时应多浇水，以满足它的生长需要。北方若在-15℃以下盆栽可入室保暖或种植在温室或温棚内过冬，夏季盆栽的棕榈应放在半阴处或阳台上，每天浇2次水，每周施肥1次。幼龄树以施氮肥为主，配合磷、钾肥；成龄树应增强磷、钾肥。盆栽的棕榈冬季放在向阳的室内，3~5天喷1次水，培育3年后换盆。换盆时注意不要伤根，只将腐烂根剪掉，生长更旺。热带地区栽植应在夏

季遮荫、降温、通风，以减少病虫害。

【繁殖方法】 棕榈播种繁殖较为容易。在10~11月份果实充分成熟时随采随播。种子播前先用60~70℃温水浸泡24小时，播后60天左右会发芽。棕榈苗期生长缓慢，需3~4年才可移植。种子也可冬季砂藏后于翌年3~4月份播种。播后要遮荫，第二年再分苗移栽。棕榈多在4月份栽植，栽前先剪去小叶顶部，防止栽后萎蔫，适当浅栽，以免烂根。

【病虫害防治】 棕榈主要会受炭疽病、叶斑病、叶枯病、腐烂病、棉蝗、白蚁、介壳虫等病虫害危害。预防治疗方法，请参阅书后《家庭养花病虫害防治一览表》。

【点 评】 一般要到树干干茎达到10厘米以上时剥棕，过早剥会使树干长不粗。剥棕皮时，可先用利刀在棕皮茎部环切一刀，不能太深，每年在5~10月份剥1~2次。剥3~6张为宜，不宜多剥。

专家疑难问题解答

盆栽棕榈养护有哪些要点

①带土移栽不宜太深，放在阴凉处并保持盆土湿润，经常给叶面喷水。②10~15天后，可接受太阳光照。③生长期尤其是夏季每7~10天施1次稀薄有机肥，盆土宜适度偏湿。④冬季盆土不宜太湿，宜放在有阳光处。

雁 来 红

雁来红是在秋天茎叶呈红色的美丽花卉。据《草花谱》记载，

雁来红因于秋天大雁飞来之际显示娇红色，而得名。

雁来红为苋科苋属一年生草本植物，它又称老少年。叶为卵形或菱形，除绿色外，常呈红、紫、黄色彩斑，犹如朵朵盛开的大花，鲜艳夺目。

雁来红茎光滑直立，分枝少，高 80 ~ 180 厘米，初秋顶部叶片可呈鲜红色（雁来红），或带浅黄、橙黄色（雁来黄），或呈红、黄、绿色（锦西风）。花期为 7 ~ 9 月份，胞果卵形，种子黑色光亮，9 ~ 10 月份成熟。雁来红原产于亚洲热带地区，中国南北各地广泛栽种。据资料记载，大约在宋代前我国已引种雁来红。

【观赏价值】 雁来红在秋天开花，其顶叶鲜红艳丽，花叶互相衬托，相映成趣。寒秋来临时 10 ~ 11 月份，空中不时掠过排成斜队的大雁，在百花凋零后空荡荡的台阶旁，只有一枝雁来红开出紫色的花朵，叶子也变得透红，比春天还要美丽。雁来红最适宜丛植，也可作花坛中心、花径背景，或美化院落角隅，也可盆栽，或作切花。嫩叶可食，也可入药。雁来红性味甜，微涩、凉，无毒。有明目、解毒功能。

【栽培技术】 雁来红原产热带地区，喜充足阳光，喜湿润肥沃的砂质土壤，土壤以偏碱性为好，并要保持排水良好，喜通风良好环境。能耐旱。在花期需要短日照，在雨季怕积水，喜高温干燥，不耐寒。

【繁殖方法】 雁来红繁殖力强，能自播繁殖。一般用播种法繁殖，3 月于温床播种，5 月间可露地直播。生命力强，管理粗放。

雁来红也可扦插繁殖，于春季 5 月插于露地苗床，保持 20 ~ 25℃，约 1 周便可出苗。经过间苗，长到 4 片叶可移植 1 次，株高 10 厘米左右，可在园内定植。如苗多可多次间苗，不用移植，可直接在苗床生长，长大后移植。苗少要在株高 10 ~ 20 厘米时摘心，促使下部萌发新枝，利用剪下的嫩枝扦插。保持土壤和空气湿度，并遮荫。1 周后便可生根，当年即可开花。

【病虫害防治】 雁来红主要会受红蜘蛛等病虫害危害。预

防治疗方法，请参阅书后《家庭养花病虫害防治一览表》。

【点　评】　雁来红分枝性较差，生长时以少摘心为好。

专家疑难问题解答

怎样使雁来红叶色艳丽

雁来红喜阳光、较耐干旱、不耐湿，宜种植于阳光充足、疏松、肥沃、排水良好的土壤中。通常用播种法繁殖，4～6 月份均可繁殖。在肥沃的壤土中整地作畦，做好苗床，然后播种。少量种子或家庭培养也可盆播。播后 7～10 天可出苗，要及时间苗，将弱苗、徒长苗拔去。当小苗具有 4～5 片叶时可移植，宜在阴天傍晚移植。移植前苗床先要浇水，使土湿润。当植株长至10～15厘米时即可定植。露地栽培的，定植株行距为 30～60 厘米。植株过高定植，下部容易落叶，这在高温天气尤为严重。雁来红分枝性较差，幼苗期不宜摘心。每次移植或定植后第一次浇水要浇足；定植时若天热、阳光强烈，需遮阳 6～7 天，以后保持土壤湿润；生长期每隔 2～3 周，结合田间中耕除草，施 1 次稀薄肥水。发现徒长，要及时控制肥水。

阔叶十大功劳

在南方庭院中，常可见到暗蓝色的浆果上有白粉的常绿灌木，十分有趣。叶上有小刺，入秋时叶变成紫红色，十分美丽，这就是阔叶十大功劳。

阔叶十大功劳为小蘖科十大功劳属常绿灌木，高可达 4 米。

又名黄土柏，花为褐黄色，有芳香。阔叶十大功劳原产于我国湖北及中部各省温暖的山坡及丛林中，在我国华东及中南地区都有栽培。花期为8~10月份，浆果为卵形，11~12月份果熟。同属品种有十大功劳（M. fortunei）。

【观赏价值与应用】 常植于庭院中的观果观叶植物，常作绿篱、绿墙。其形态高低一致，叶片茂密，适宜做衬景。入秋后果实累累，璀璨夺目，极雅致。其花、叶全株均能供药用，可清热解毒、消肿、止泻，也能治肺结核病。

【栽培技术】 阔叶十大功劳适应性很强；性喜光，也耐阴，更耐干旱及寒冷；能耐贫瘠土壤。在生长期增施薄肥水即可。

【繁殖方法】 繁殖以扦插为主，也可采用分株法繁殖。

（1）扦插：取硬枝，在3月份下旬到4月初扦插，嫩枝扦插可在6月份梅雨季节进行。剪取当年生枝条15~20厘米，顶端留叶。扦插时将叶片剪去一半，插入疏松的土壤，插后及时遮荫，成活率达90%以上。

（2）分株：在春季2~3月份进行。连根掘起，剪截分开带根的植株，上面要有叶子进行分植。

【病虫害防治】 阔叶十大功劳主要会受白粉病等病虫害危害。预防治疗方法，请参阅书后《家庭养花病虫害防治一览表》。

【点　评】 阔叶十大功劳宜在春秋两季移植，小苗要带宿土，大苗移栽要带泥团。

专家疑难问题解答

阔叶十大功劳养护有哪些要点

①对土壤要求不严格，营养要求不高。②生长期间需保持土壤湿润，追施1~2次肥。③冬季需修掉枯枝、过细枝、过密枝，使株形完善。

紫 荆

每到春天，紫荆柔嫩的枝条上绽满了一簇簇紫色或白色的花，争艳斗芳，十分美丽。古时有一传说，言兄弟两人因阋墙分家，院内紫荆也花萎枝蔫，经人劝解，兄弟两人和好如初，紫荆又花繁叶茂。似乎紫荆也有灵性，喜欢和睦家庭。

紫荆是豆科紫荆属落叶灌木或小乔木，原产于我国，高可达15米。我国华北、西北、华南、西南等地区均有分布，鄂西有野生紫荆大树。开白花的为白花紫荆，花为纯白色。花开时状如蝴蝶，缀满枝头，春夏盛放，栽培观赏，令人开怀。古人云：“紫荆处处有之，人多种于庭院间，木似黄荆，叶小无丫，花深紫可爱。”紫荆花期为4~5月份，果期为8~9月份。白花紫荆是一种罕见的、欣赏价值很高的观赏植物。

【观赏价值与应用】 紫荆叶色浓绿明亮，叶形秀丽奇特，且先花后叶。当花紧贴在枝条上时，满条紫红可爱，故又名“满条红”。紫荆的老枝仍能鲜花盛开，常种植于常绿树林或常绿树木的背后，使其产生“万绿丛中一点红”的美感。紫荆适合于庭院、公园内单植，也可在墙隅、篱外或亭际山后种植。若在常绿树前或树下栽植，则相得益彰，若与棣棠并植则金紫互映，如同白花品种的紫荆互相配置，紫白相间，十分艳丽。

紫荆对氯气有一定的抗性，滞尘能力也强，是城市绿地点缀景色的好树种。

紫荆还可药用。紫荆花性味苦平，有清热凉血、祛风解毒之功效，可治风湿筋痛、鼻中疳疮。其种子有驱虫效用，可作农业杀虫剂。

【栽培技术】 紫荆性喜温暖，忌水涝和严寒，喜肥沃、排水良好的土壤。紫荆也十分喜光，适宜种在向阳地方，幼苗抗寒能力较差，一二年实生苗在北方应覆土防寒越冬。实生苗一般 3 年后即可开花。移栽多于春季芽未萌动前或秋季叶落后进行，移栽时要带土球，并保持土壤疏松。雨后及时排除积水，旱时要及时适量灌水中耕。通常于秋季落叶后施基肥，早春施腐熟粪肥和饼肥。紫荆的萌蘖性十分强，秋后要多进行修剪，剪除多余的枯枝、病枝、蘖枝。紫荆在南方可长成高大的乔木，北方多呈灌木状。

【繁殖方法】 用种子播种，种子可在播种前用温水浸泡 1 天左右，播后约 1 个月便可出芽。

【病虫害防治】 紫荆主要会受刺蛾幼虫等病虫害危害。预防治疗方法，请参阅书后《家庭养花病虫害防治一览表》。

【点　评】 紫荆的根不容易挖掘，移植时要小心。如丛栽的紫荆，需于每年萌芽前修剪丛株老枝。

专家疑难问题解答

紫荆应怎样科学修剪

紫荆的着花均在 2 年生枝条上，故对 2 年生枝条应给予充分保留，但可酌情剪除 2～3 厘米的梢端。由根部发出的萌蘖枝、枯枝、病虫枝应在冬季或早春彻底修剪掉，这样有利于养分集中。

紫荆应怎样科学繁殖

紫荆大多采用播种繁殖，每年深秋荚果成熟（变成褐色）时采收。播种可采用条播，也可采用点播或撒播方式。播种前需用 40℃温水浸泡一昼夜，这样可催促种子早发芽；也可用 20℃温水浸种，第二天改换清水浸泡，每天换水 1 次。浸泡 4～5 天后，待种子吸足水膨胀后捞出，用湿布覆盖，置于 15℃左右房间内，见种子萌动露白，然后再进行播种，2 周以后便能出齐苗。

紫　薇

紫　薇

在清波翠盖、幽香远溢的荷花开满池塘的时候，能开百余天的紫薇花也繁花竞放了。紫薇强健、烂漫，是点缀夏日的重要花木。

紫薇属千屈菜科紫薇属，在我国已有1 500多年的栽培历史。白居易诗云："丝纶阁下文章静，钟鼓楼中刻漏长，独坐黄昏谁是伴，紫薇花对紫薇郎。"这首诗说出了当时唐玄宗对紫薇花的好感。（公元714年）特令中书省改名为"紫薇省"，连一些官职也冠以紫薇。

紫薇花也叫"百日红"、"痒痒树"，为落叶灌木或小乔木，株高可达3~7米，分为大叶和细叶两种。大叶的叶如掌，花多成簇，极为豪放、壮观，是园林绿化中不可缺少的夏天庭院观赏花木之一。细叶紫薇则枝干光滑，色泽浅褐，姿态扶疏，叶片较小，花粉紫带红，是现在种植最为普遍的一种。

紫薇原产中国，分布在华南、华中、华北、华东、西南等地。花期为7~10月份。连续开花，尤其在炎热的7~8月份天热花少之时，它能"独占芳菲当夏景"，果熟期为10月份。紫薇花大多为紫色品种，也有红、白及紫带蓝焰的，分别称为红薇、银薇及翠薇。一到开花之时，万紫千红竞艳斗秀，尤其花期颇长，达4个月之久，故得"百日红"的美名。最正色的紫薇即是开紫色花的花树。

【观赏价值与应用】 紫薇树态优美，树皮光滑洁净，花色艳丽，红英灼灼，婀娜多姿。数十枚雄蕊位于花朵中心，恰似精巧的

花篮，皱褶的花瓣，绰约的姿韵，甚动人情怀，故古人谓之“天桃固难匹，芍药宁为徒”。骄阳似火、彩蝶离去之时，紫薇则开出艳丽的花朵。紫薇不仅美丽迷人、长寿，而且还具有叶细、枝密、干粗、根露的特点，做成树桩盆景十分有韵味。清人苏灵在《盆玩偶录》中，把它和枸杞、山茶、石榴、六月雪等并称“十八学士”。它适宜种在草坪之中、常绿树之前，或成片、或成丛种植，可体现群艳热烈的气氛。如种植在水池前，给人以“花落池心片片轻”之感。紫薇的根形态独具，盘曲有力，是制作盆景桩头的佳品。另外，紫薇很适宜植于庭院、池畔、路边及草坪四周，构成一片夏秋佳景，在建筑物附近点缀风景也十分适宜。

紫薇的根、叶、花可供药用，性寒，味微酸，有清热解毒、止痢、止血、止痛功用。紫薇皮与野烟根、银花藤、麻柳叶、蓝桉配伍煎水，水洗可治皮肤湿症。另外，紫薇具有较强的吸收有害气体和粉尘的作用，特别对二氧化硫、氟化氢、氯气的抗性较强。据测定，每千克紫薇干叶能吸收 10 克左右的硫，仍能保持生长发育良好。在距污染源 200～250 米处，每平方米紫薇叶片可吸粉尘 4. 42 克，因此可将紫薇作为理想的保护环境的绿化树种。

【栽培技术】 它喜欢温暖环境，稍耐寒、喜阳光，耐旱不耐涝，可种在排水较好的肥沃砂质土壤中。紫薇的根十分发达，极会形成根巢，对吸收营养不利，因此要经常注意对根的修剪，这可结合翻盆进行，促使新根萌发，另外还可预防植株过早衰老。紫薇属于阳性花卉，不需遮光，使它能多接受光照。在夏天生长旺季，要适当喷雾，使它有一个良好的温润小环境，这有利于新芽的萌发。在开花时施肥要多施含有磷和钾的肥料。若花开后不需留种子者，应将花枝剪去，减少养分的消耗，并选用健壮枝进行缩枝，即将当年新枝萌发的新枝尽量修去，留到 5 厘米长，这样能使来年开花多。紫薇极耐修剪，一般可以修剪成高干乔木及低矮圆头形状的不同树形。用重剪锯干法可控制它的生长高度，萌发枝条多数会在当年开花。紫薇若采用盆栽，一般大盆以 3 年左右翻盆 1 次，小

盆则每年1次。

若要把紫薇制作盆景，可在冬天紫薇的根际老桩上，选择带有须根的蘖枝或截下带有细枝的老根，可先种于泥盆之中，重新截枝干，待成活后进行攀札造型成景。

【繁殖方法】 紫薇的繁殖有3种方法：①扦插，②分株，③播种。

（1）扦插：选用优良品种的老嫩枝进行，在3月下旬扦插。选粗的1年生枝条做扦头，剪成15厘米，扦插于疏松肥沃的土壤中，让其1/4露出土面，并保持土壤的湿润。嫩枝扦插可在梅雨季节进行。嫩枝扦插长度为12厘米，枝条要半木质化，不可用太嫩的枝条，扦条上扦插长度应带有3～4片叶子，插入土中，扦条为2/3或1/3。扦插后遮荫，保持湿润，30～45天便可生根成活。

（2）分株：可在春天在紫薇的根部用快刀或铁锹切割出新株，必须带根须另行栽种即可。

（3）播种：在秋季10～11月份，采收种子，到翌年3～4月份先种在沙床中，待幼苗出来，长到15厘米时，进行施肥。2～3周施肥1次，一般用种子播种的苗3年左右可开花。也可进行定植。

【病虫害防治】 紫薇主要会受煤污病、红蜘蛛、蚜虫、叶枯病等病虫害危害。预防治疗方法，请参阅书后《家庭养花病虫害防治一览表》。

【点　评】 紫薇的修剪要合理，尤其是一年生枝条要合理地修剪，应在休眠期修剪。另外，还需修剪枯株上的徒长、病弱、过密的枝条，使之形成良好的造型。对枯株基部的萌蘖枝也需修去。

专家疑难问题解答

匍匐紫薇有何特征

匍匐紫薇是紫薇的一个变种，株形较矮，一般40厘米左右，耐修剪，病虫害少，花色艳丽，花期又长，是作为屋顶绿化难得的好材料。匍匐紫薇冬季落叶，故家庭盆栽时，最好与常绿植物合种在一个盆内。如盆四周种一些花叶常春藤或金边扶芳藤、金边蔓长春花等，一方面可互相衬托，另一方面又不至于在冬季落叶后盆内光秃。匍匐紫薇在绿地种植时，最好有常绿植物作为背景，以衬托其花色。匍匐紫薇喜光照，不宜种在背阴处。

怎样使紫薇年年繁花满树

紫薇花开最久，烂漫十旬期，夏日逾秋序，新花续故枝。表明紫薇的花期，一年中在长江流域可盛开半年以上。紫薇的开花枝均为 1 年生枝条。因此，每年冬季整枝修剪是件十分必要的工作，修剪去弱枝，对粗壮枝也应作短截处理。通常留存部分长 3~5 厘米即可，以促使次年萌发新枝条。秋冬季节施足基肥，是确保紫薇年年繁花满树的关键措施之一。城市生活垃圾和适量的人粪尿是紫薇的优质基肥。施肥应严防偏施氮肥，不然会引起枝条徒长，抑制花芽分化。着生在枝上的秋果，一旦成熟应及时采收。

怎样使阳台盆栽紫薇开花超百日

关键养护要点：①盆的选择。盆要大一点，以利紫薇发根。②盆土的选择。盆土宜疏松肥沃，应富含腐熟有机肥，酸碱度适中。③水肥管理。在紫薇生长期，应薄肥勤施；初期以氮肥为主，促进新枝生长；到 5 月底 6 月初，应多施磷钾肥，以促进花芽分化。④修剪。春季紫薇芽萌动后，保留健壮的芽，除去弱芽，芽的分布要匀称，花后枝条要及时剪短，以促使侧枝生长，并及时施肥，促进侧枝进行花芽分化，形成第二批花。⑤除病虫。及时喷药，除去新芽上的蚜虫，以防形成煤污病，影响观赏效果。⑥光照。紫薇喜光，如置于阴处，只会徒长枝条而不开花，即使开花，也很少，且花期短。应置于阳光充足之处。

怎样让盆栽紫薇多次开花

①冬季需进行1次强度修剪。②5月上旬对新梢进行摘心，保留新枝8厘米左右，上部全部剪除。③6月上旬，经过修剪的枝条上已长出了双杈枝，待新生枝条达到8厘米后会长出花序来。此时对其中一根枝条进行修剪，剪去花梗下方、芽的上方（作为第2次开花枝条）。④第一次开花在6月下旬或7月上旬，花后及时剪去残花，促进腋芽生长新的枝条（作为第3次开花枝条）。⑤第二次开花在7月下旬或8月上旬，花后也应剪去残花，促其再长出新枝条（作为第4次开花的枝条）。⑥第三次开花在8月下旬，花后也应及时剪去残花，以保证第4次花朵的开放。⑦第4次开花在9月中下旬开始，盛花期正是国庆节，如果气温高，还可以在10月份开第5次花。

怎样使紫薇在国庆节开花

关键技术：①水肥管理要跟上。紫薇属开花灌木，对肥料需求很大，除施足基肥外，平时还需适时进行追肥。②温度。这对于北方尤其重要，北方10月份天气已很冷，要使紫薇在国庆开花，只能把盆栽置于温室。③修剪。紫薇是在当年生枝条上进行花芽分化而开花的，故需在9月初把花剪去，促进侧枝萌发，肥水供应充足，到国庆节前后便会开花。

怎样延长紫薇的花期

①春季换盆换土时，要施足基肥。②每月施1~2次有机液肥。③花芽分化时期每7~10天施1次稀薄有机液肥。盛花期，应加大施肥浓度。④为了使花开得更多更艳，每10~15天用0.2%磷酸二氢钾喷施叶面。⑤紫薇开花时，每天早晚各浇1次水。⑥防治病虫害。紫薇主要遭受蚜虫、介壳虫危害，可采用相关药物防治。

 紫薇开花不繁的原因是什么

紫薇开花不繁主要原因有:①根部长期积水引起烂根,生长受抑或土壤长期干旱,枝条生长严重受抑,即使开花,花朵也不鲜艳。②土壤中氮肥量过多,引起枝条徒长,营养生长过旺抑制生殖生长。③长期没有修剪。紫薇花均着生在1年生枝条上,若长期不作修剪,枯枝、无效枝和弱枝的比例越来越多,养分在植物体内的分配过分分散,开花会受到严重抑制。④虫害危害。枝叶严重遭受虫害的危害,叶片存留甚少。

紫　藤

弯曲的老干犹如游龙绕柱,春末夏初"绿蔓浓阴紫袖垂",花如蝴蝶,夜夜含苞,朝朝开放,又带香气,这花就是紫藤花。

紫　藤

紫藤花枝蔓粗壮,攀缘能力强,花大而美,香气迷人。它属于落叶大藤本植物,又名藤萝、黄环、轿藤。一串串的紫藤花,花序长达30厘米,有花30~100朵,极为美丽。花期4~5月份,先花后叶,果9~10月份成熟,形似蚕豆荚,坚硬,种子扁圆形。

紫藤是我国著名的观花藤本植物,属豆科紫藤属落叶藤本,攀缘花木,栽培历史悠久。早在1 200多年前的唐代,长安城中就有人在园圃里以大架种紫藤,把它引向架上作门槛之饰。现在我国山东、河南、河北、江苏、浙江、安徽最为盛产。目前,在秦岭还有野生的品种。

紫藤栽培品种有："一岁藤"有白、紫两种花色，开花多，盆栽最好；"麝香藤"花白色，香味最浓烈，开花较多，也是盆栽佳品；"野白玉藤"，花初开紫红色，后变成全白色，只适于地栽；"本红玉藤"色桃红，花大，花序短；最佳的为"半花紫藤"，荷兰选育，全欧栽培，开花特多，花序长而尖。

【观赏价值与应用】 紫藤在我国有着悠久的栽培历史，多栽于庭院、园林，有中国传统特色。紫藤攀附于花架、立柱、拱门和枯树之上，开花时节，碧绿的叶片，串串花序，格外秀丽。

紫藤是我国传统的大型绿阴藤本花卉，既可设大型棚架，谀其攀附生长，也可倚墙栽植，使枝干横卧墙头，花、叶半掩墙面。若栽于庭院，紫藤生机勃勃，尤在春末花繁叶盛开之时，花影缭乱，似朝霞般绚丽，繁艳花朵与莓苔相辉映，十分富有诗意。紫藤也宜作树桩盆景，经剪扎造型，老树虬枝，更能擅发古趣。

紫藤也是能丰富空间景观的垂直绿化的良好材料，它对二氧化硫、氯气、氟化氢及铬有较强的抗性，是一种理想的环保树种。

紫藤的根、茎、叶及种子均可药用，性味甘、温，有除风、止痛的功用。紫藤叶和种子有毒，内服宜慎。紫藤花还可用糖渍烙饼，为藤蔓饼，是北京著名糕点之一。

【栽培技术】 紫藤种植较为容易，它对气候和土壤均有较强的适应性。它喜欢光照，也能耐阴，也能耐寒，即使种在瘠薄土壤中也能生长，另外它还能耐干旱。如制成盆景，放在室内需每隔几天移到室外接受大自然的抚慰。紫藤极需要土层深厚、排水良好的砂质土壤，它有较为发达的主根，即使苗木离开苗床时间较长，也能成活。紫藤生长极迅速，几年后就很高大，所以修剪整枝十分重要，尤其紫藤的花芽多数生在枝条下段，所以不修剪就会长出许多细长枝，会消耗许多营养。因此，要在冬季修剪重叠、徒长、病弱枝，使它生长茁壮，为多开花作准备。一般以 6~8 月份修剪最宜。这样可使营养充分集中到粗壮枝条上，从而达到多开花目的。

在栽培紫藤的树穴中要多施有机肥作基肥，栽植后浇透水，成活后可以少浇水。秋冬时节，紫藤栽培可结合浇肥再浇 1 次冷冻水，以利来年长势好。

【繁殖方法】 可用播种和嫁接、扦插法进行。

播种：可在 10～11 月份进行。先采收种子，把它们埋在湿润的砂土中。到翌年播种时再取出，播种前可用清水浸泡种子，然后再播种。播种时用点播法：株行距大致掌握在10～18 厘米 ×30～50 厘米，出苗后待一段时间再分苗移栽。点播后在种子上覆土约 3 厘米，压紧后 20～30 天后便可出苗。

嫁接：以紫藤粗根为砧木，在 3 月中旬前后挑选粗壮的 2 年生作接穗，接穗要带两个芽，切接后覆土，把接穗埋入土中，等新芽伸出土层再把土摊平。

扦插：秋天等它落叶后，可取 1～2 年生健壮枝条，以 15～20 厘米的长度，埋进约 30 厘米土中。到翌年 3 月中旬，取出枝条插入疏松土中。根插可把插条全部埋进土内。枝插枝条进入土为 1/3。

【病虫害防治】 紫藤主要会受金龟子、木蠹蛾、褐斑病、锈病、枯叶病等病虫害危害。预防治疗方法，请参阅书后《家庭养花病虫害防治一览表》。

【点　评】 紫藤为大型棚架藤本植物，树的冠幅重量很大，定植时要搭棚架，以钢筋混凝土花架或铁架较为安全。用好的木架也可以，但不能用竹架。

专家疑难问题解答

培养紫藤应注意些什么

①紫藤属于深根性植物，侧根甚少，故尽可能种植在土层较厚、排水好和避风、向阳的地块。②紫藤生长势旺盛，数年以后的

生长量简易棚架难以支撑，必须搭建牢固的棚架，最好用水泥桩作支撑。③每年秋后应对枝条作修剪，剪掉徒长枝和过细的弱枝，以促进花芽的形成，并进行人工引导，使藤架上的枝条有一个合理的分布。④注意防治虫害，如红蜘蛛、豆天蛾、金龟子等。

怎样使盆栽紫藤连年开花

关键技术：①盆栽紫藤如在室内越冬，室温不宜偏高，否则紫藤得不到充分休眠，过多消耗了储存养分，影响来年开花。紫藤较耐寒，在室外0℃以下的气温也不会受冻。②适量施肥。盆栽紫藤缺肥或过量施肥都会影响开花。一般在花前施稀释的饼肥水，花后施长效磷肥，以促花芽分化。冬、夏两季不再施肥。③盆栽紫藤的枝蔓会伸长攀绕消耗养分，发现这种情况，应立即剪去。否则缠绕枝蔓迅猛生长，植株将不会开花。④紫藤在 4 月底至 5 月初开花，花后结肥厚的荚果，长达 20 厘米。一株盆栽紫藤可结多个荚果，需消耗大量养分，到第二年很难再开花。为此要及时剪去残花，防止荚果生长。

紫藤只长叶不开花怎么办

需注意以下几点：①应选择高燥、通风的环境，防止湿度过高或土壤经常过湿，否则生长不良，甚至会引起烂根。②冬季应施足基肥，否则难以孕蕾和开花。紫藤的花芽多着生在枝条的基部，如果任枝条自然生长，枝条上部的叶芽萌发后即可发出许多徒长枝，消耗大量营养，使花芽不能正常开花。冬季要进行修剪，将过密枝、弱枝、徒长枝修剪掉，使营养集中，长出花蕾并促使多开花。花开后长新枝叶时，应及时剪去花梗，还应及时追施肥料，以补充已消耗了的养分。

紫藤应怎样科学修剪

紫藤属大型落叶藤本，盆栽前期以培养树型为主，及时剪除多余萌蘖、分枝，促成树型形成。已成型的盆栽紫藤，生长期要及时剪除徒长缠绕的枝条，花后剪去残花；休眠期剪去枯枝、过密枝等。地栽紫藤生长速度快，应年年修剪。紫藤的花芽主要着生在枝条的基部，如不加修剪，上部叶芽会长出许多徒长枝，消耗大量养分，影响正常开花。所以要求每年春季对枝条进行短截，并剪去过密枝、病弱枝，促进花芽形成。对当年生新枝适当引绑，使其在架面上均匀分布。花后如不留种，可及时剪去残花穗。

腊梅花

数九寒天，朔风凛冽，百花俱凋，唯有腊梅迎霜破雪冲寒而开。宋朝黄山谷赋诗“金蓓领春寒，恼人香未展；虽无桃李颜，风味极不浅”。腊梅甜醇诱人，香气别具一格，令人陶醉。

腊梅花

腊梅一作蜡梅，本名叫黄梅，属于腊梅科腊梅属落叶灌木。因其花黄似蜡而被命名为腊梅，宋代苏东坡首先将它改称腊梅。腊梅原产我国秦岭、大巴山和武当山一带，近年植物科学考察工作者在湖北神农架发现了266.7公顷野生腊梅林。河南省的鄢陵县就是古时腊梅大产地。

腊梅的品种不少，据查现有300多个品种。主要分为以花色为观赏对象的荤心和素心两类。素心腊梅中有磬口腊梅，它花形大、花瓣正圆，盛开时如磬状，开花早、香气浓郁。另外，素心中的荷花腊梅，以花大、花瓣圆、或尖端略尖，盛开后翻卷，形似荷花，颜色内外都呈黄色而得名。荤心腊梅花瓣外瓣黄色，内瓣紫红，原始

的野生腊梅就属于此类。它花香较平淡，花瓣狭尖。

腊梅寿命较长，可达百年以上。腊梅花成熟时花托发育成朔状，口部收缩，内含瘦果（俗称“种子”）。花期为 12 月中旬至翌年 3 月中旬，1 ~ 2 月份盛开，单朵花通常开放 15 ~ 20 天。剪下的凡已现色的花蕾都能开放，做成切花可继续开花达 30 天以上。一枝在瓶，满室生香。

【观赏价值】 腊梅在园林中常与南天竹搭配种植，黄花、红果、绿叶，色彩之美，令人叫绝。腊梅适宜种植于窗前、墙隅、假山旁，丛植成腊梅林，点缀怪石，雅致万分。也可小丛栽植，与枇杷等常绿植物配置，十分雅致。

【栽培技术】 腊梅喜光、耐寒、稍耐阴，但怕水涝、水湿，怕冷风吹袭，所以最好种植于朝南处。栽培腊梅应选排水好、肥沃、疏松的土壤。干旱季节要适时浇水，入伏后施 1 次肥水，入冬前再施 1 次肥水就可生长良好、开花众多。不留种的话，应将残花剪去，以免以后影响开花。种植腊梅还要控制根部的萌蘖，不能让它生长，避免过多消耗养分。盆栽腊梅生长后也要修剪，促使新枝生长良好。

【繁殖方法】 腊梅繁殖以嫁接为主，其次是分株。

（1）嫁接：以切接为主，靠接次之。嫁接在 3 ~ 4 月份叶芽萌动、有麦粒大小时进行。约在切接前 1 个月，从嫁接后生长2 ~ 3年的壮年腊梅上，选最粗壮的较长 1 年生枝条，削去顶梢，使养分集中于枝的中段。接穗取长 6 ~ 7 厘米的枝条，削成斜面，以略露出木质部为度。砧木用分株后培养 2 年的“狗蝇腊梅”或 4 ~ 5 年生的腊梅实生苗。切接时用刀不要太紧，接穗用塑料袋缚扎，然后用堆土封住切口。嫁后 1 个月左右，可扒松封土，检查成活与否。嫁接后的腊梅 2 ~ 3 年即可开花。

上海地区盆栽腊梅制成盆景欣赏较多。可选取生长力旺盛、根际萌发分枝多的老根，移入盆中，盆土采用肥沃疏松的土壤，并保持潮湿，使其成活。

（2）分株：可在冬季落叶后进行。用铁锹把腊梅连根掘起，去掉根上宿泥，用刀分开一些小株，每小株需有主枝 1~2 支，再把小株主秆剪截，剪截在主秆留下 12 厘米，再栽种。

【病虫害防治】 腊梅主要会受蓑蛾、介壳虫等病虫害危害。预防治疗方法，请参阅书后《家庭养花病虫害防治一览表》。

【点　评】 种腊梅常遇落蕾，主要是盆土太干或太湿。另外，在孕蕾时要追施氮磷钾肥混合肥 3 次，特别要保证足够的磷肥。土壤宜干不宜湿，这样才不会落蕾。

专家疑难问题解答

怎样使盆栽腊梅每年开花

①翻盆。每年在芽萌动时进行翻盆，并施足有机基肥。②修剪。花后休眠期进行修剪，重剪长枝，短截小侧枝；结合翻盆剪去枯枝、重叠枝、弱枝和过长根、烂根；夏末秋初要修去当年生新枝顶梢。③施肥和浇水。春季萌芽展叶时应施稀薄复合肥；花芽分化时应施 1~2 次磷、钾肥；入冬前再施 1 次肥料。腊梅耐旱、忌水湿，冬季入室后应控制浇水。

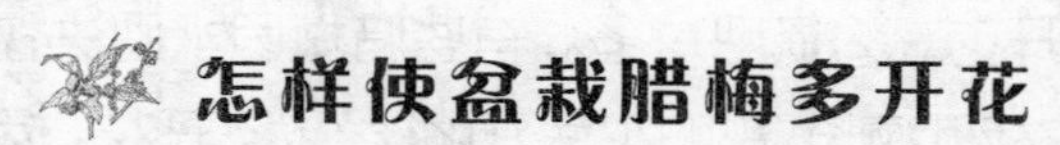

怎样使盆栽腊梅多开花

①盆栽宜选用大型深筒花盆，并用疏松肥沃、排水良好的砂壤土作培养土。上盆时在盆底施入腐熟基肥，每年或隔 1 年换 1 次盆，于春季发芽前进行，平时放在向阳处培养。②及时施肥。春季宜施 2 次展叶肥，6 月底至入伏前 10~15 天施 1 次复合液肥。伏天正值花芽分化期，也是新根生长旺盛期，可再施1~2次磷钾肥，促使花芽分化，伏天施稀薄肥。秋凉后施 1 次干肥（每盆约 50 克饼肥末），以充实花芽。入冬前再施 1 次稀薄复合液肥。③适当浇水。腊梅耐旱，忌积水。盆土以保持半墒状态为

宜。夏季天气炎热不可缺水，生长旺季浇水也要多些。生长停止，控制浇水量，停止施肥。④花谢后重剪，促其多发枝、多萌花芽，花朵凋谢时尽早将残花摘除，不让其结实，减少养分消耗，以利来年开花繁茂。

腊梅花越开越少、越开越小怎么办

腊梅开花少而小，可能是缺肥，适时施肥会促进花芽分化，多开花。庭园栽植，每年早春和初冬分别需施 1 次肥。若作盆栽观赏，春季展叶时需施肥，6～7 月份还应追施薄肥水，以促进花芽分化。入冬前需适当施花肥，供给开花所需的养分。腊梅的修剪也很重要，其萌枝性强，故有"腊梅不缺枝"之说。早春花谢后的修剪，基部需保留 3 对芽，或者待新枝长出 2～3 对芽后抹去顶芽，以促使多抽新枝。夏末秋初要修去当年生新枝顶梢，以保证花芽发育充实、饱满，为多开花打下基础。腊梅怕涝，盆栽不宜浇水过多，否则会影响开花。

盆栽腊梅生长茂盛不开花怎么办

①栽培的是实生苗。腊梅播种苗要经 3～5 年的生长才能进入开花结实期。因此，虽然盆栽种子苗因水肥充足，枝繁叶茂，但并不会提早开花。②氮肥过多。有些腊梅因水肥失控，尤其是氮肥超量，造成枝叶疯长，影响花芽分化，导致不开花。因此，腊梅春天宜施氮肥，入夏及秋季应增施磷钾肥，少施或不施氮肥，以促进花芽尽早分化。③过度阴湿。腊梅喜光，光照不足会影响花芽分化；盆土过湿或放置场所过于阴湿，也不利于花芽分化。为此，夏末秋初应"扣水"，并始终将其置于阳光充足处，这样大大有利于花芽的形成和膨大。④未打顶摘心。对已进入开花阶段的腊梅，若在春夏营养生长期任其自发抽枝，不给予必要的打顶控梢，同样会因营养生长失控而影响花芽分化和生长。一般当梢头抽出 3～5 对叶片时，应及时摘去顶端的 1/3 部分，促进下部侧芽的萌发和花

芽的正常分化。夏末秋初尤其不可忽视打顶摘心。

腊梅落蕾怎么办

①腊梅性喜肥。从生长季节到冬季落叶前，宜施适量有机肥，特别是在早春开花后、入伏前、入冬前等3个时期，应施肥水或全元素花肥，以及时供给腊梅花芽分化和开花所需要的养分，保持旺盛的生长势。此外，伏天正值花芽分化期，也是新根生长旺盛期，应再施1~2次磷、钾液肥，如0.2%磷酸二氢钾或含磷钾元素的花肥；秋凉后需再施1次干肥，以充实花芽。②腊梅耐旱忌涝，要适量浇水，腊梅在疏松、排水良好的土壤中生长良好。冬季入室后要控制浇水，可每隔3~5天在中午浇1次水，水量不宜过多。落叶后应再次减少浇水量，每隔7~10天浇1次水。花前及盛花期浇水要适量，水大易落花、落蕾。③科学修剪。因腊梅在当年生枝条上大多可以形成花芽，尤其在短枝上着花最多。盆栽腊梅宜在花后、叶子没有出生前进行修剪，将每一根花枝，从基部留两个芽，剪除上部的枝条，促使它萌发新枝。以后新枝每长出10厘米时摘心，以促使多生短壮花枝，使株型优美，树冠圆满。④腊梅喜阳光。冬季要将盆株置于向阳处，室内过于荫蔽，也易造成花蕾脱落。

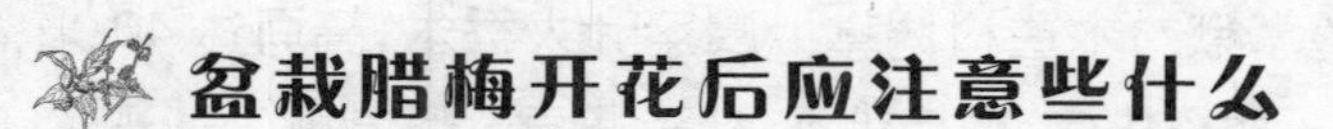

盆栽腊梅开花后应注意些什么

养护要点：①及时移出室外，放在向阳温暖处，盆土干后应照常浇水，不要久放室内。②定期翻盆换土。一般每1~2年翻盆1次，时间宜在3~4月份腊梅萌动之时。③修剪短截。把腊梅从盆中磕出，剥去或削去泥团的一部分旧土（去除一半或1/3旧土），然后把过长根须剪短，并剪去枯枝、弱枝、重叠、交叉枝条。特别要适当剪短过高的徒长枝。通过修剪，促使生长新根、新枝和花枝，并促使株型生长美观。④盆栽土可用园土加山泥各半拌和，再加入豆饼屑、鱼屑、骨粉或发酵腐熟后的饼肥，或有机复合肥即可。

鹅　掌　楸

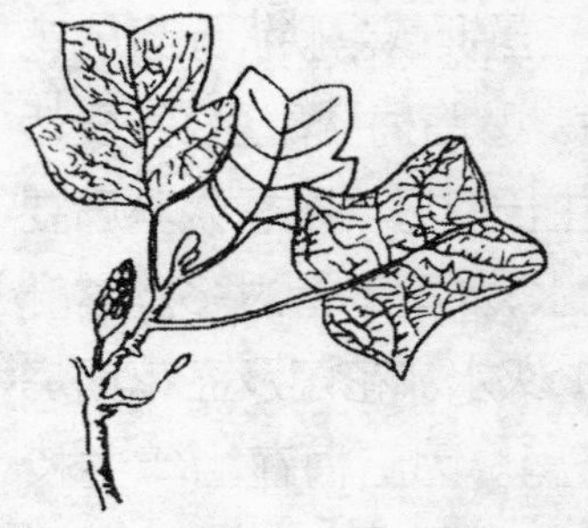
鹅 掌 楸

冬尽春来之际，有一种叶如“马褂”的树木嫩芽新萌，让人眼睛一亮。尤其在秋天，悬挂树梢的“马褂”由绿变黄，十分耀目，使人领略秋的魅力，所以大家都喜欢叫它马褂木。

马褂木的正式学名为鹅掌楸，是起源于第三纪的古老植物，在新生代有10多种。它在地球上曾辉煌一时。由于第四纪的冰川和海侵，欧洲及其他各地鹅掌楸属植物多数已灭绝，目前，只保存下2种，一种为中国鹅掌楸，它分布于中国长江流域以南各省及越南北部；另一种为北美鹅掌楸，它分布于美国和加拿大。

鹅掌楸为木兰科鹅掌楸属落叶大乔木，高可达40米，胸径1米左右，树姿雄伟，树枝美观，树干通直。鹅掌楸生长迅速，叶形奇特，犹如鹅掌，花似金杯，为世界著名观赏树，现为我国国家二级保护植物。

【观赏价值】 鹅掌楸树体雄伟，叶奇花丽，每年4~5月份间，一朵朵黄红色花朵开于枝头，极为美观。入秋，叶色金黄，呈现一派浓浓秋景。它适宜作庭荫树和行道树，是上佳庭园景观树。它还能抵抗二氧化硫污染，可植于草坪及建筑物前，在城市工矿污染区作抗污染树种。

鹅掌楸也是优良的用材树种，木材纹理通直、结构细致、木质

软轻，适用于建筑业、造船业、家具制造业和造纸业。其茎、叶、皮、根皆可入药，有祛风湿和强健壮骨功效。主治因寒湿风寒所致的咳嗽、气急、口渴、四肢水肿等症，具有医药开发价值。

【栽培技术】 鹅掌楸为阳性树种，它喜光，也喜欢温暖湿润及气候凉爽环境，以种在深厚肥沃、排水易通的微酸性土壤中生长良好。它能耐低温，一般能耐 -13℃左右的低温，而北美鹅掌楸耐寒性更强，成年树可耐 -25~30℃的寒冻低温，但幼小的小树则耐寒力差，所以种植时应注意区分开来。现已成功地把北美鹅掌楸与中国鹅掌楸杂交，取得了很优良的品种。这种鹅掌楸抗性强、生长势比双亲更旺盛，并且落叶较迟，但有耐水力较差的缺点，所在地栽时，应注意不能有积水及坑洼，积水时应及时排水。鹅掌楸对肥力的需求性不高，一般在春季生长旺季及冬季可施较薄的豆饼及菜子饼等基肥，春天施 2~3 次肥。

【繁殖方法】 以种子、播种及扦插为主。

（1）播种：它由于雌蕊比雄蕊早成熟，所以用自然授粉会产生空瘪，种子发芽率较低。用人工授粉，可使结果率提高。

（2）扦插：春夏季 5~6 月份采用嫩枝扦插为主，要用全光照的喷雾法保持环境的湿润，提高成活率。

【点　评】 鹅掌楸移栽大苗较为困难，但可移小苗，移苗时需带泥球，在早春芽叶萌动时移植最佳。

瑞　香

立春前后，瑞香以碧翠滴绿、繁花盛开、幽香飘逸而被称为“花中珍宝”。尤其盛开于“万粉丛芳破雪残，曲房深院闭春寒”的时候，被人们视为瑞气盈门，象征吉祥如意。

瑞　香

瑞香在战国时代就是我国的名花，许多诗人都以瑞香为题材，写了许多诗篇。宋代苏轼称赞瑞香为“幽香结浅紫，来自孤云岑。骨香不自知，色浅意殊深”。战国时屈原在《楚辞》中称之为“露甲”。

瑞香为瑞香科睡香属常绿灌木，株高 1.5~2 米，又名瑞兰、千里香、蓬莱花、雪冻花，以芳香而闻名。原产我国和日本，分布于我国长江以南各地。瑞香冬天生花蕾，春始开花，头状花序顶生，密生成簇，形似丁香，有白色或红紫色，芳香浓烈。优良品种有金边瑞香、蔷薇瑞香、白瑞香等。瑞香的同属植物约有 80 种，我国有 35 种，其中常见的栽培品种有：①毛瑞香，花白色，花瓣外侧有绢状绒毛。②金边瑞香，叶边缘金黄色，花淡紫色，花瓣先端五裂，白色，基部紫红，花香浓烈为瑞香之珍品。③蔷薇红瑞香，花淡红色。

【观赏价值与应用】 瑞香枝干婆娑、株形优美、枝条柔软、易于攀扎，是制作盆景的优良材料。若室内置放，在新春时节开放，可谓瑞气盈门。它也可植于庭院中阴凉光弱处局部环境，显得十分幽雅。它的花可以提取香料，花、叶、根和树皮都能入药。

瑞香性寒，味微苦。有消炎解毒、消肿止痛、祛风活血之功效。花主治咽喉肿痛、牙痛、风湿痛。现代医学证明，其花还含有白瑞香苷、伞形花内脂等成分，可促进体内尿酸排泄，降低血液凝固性。瑞香有麻醉性，需在医生指导下服用。

【栽培技术】 瑞香喜凉爽通风的环境。喜阴不耐寒，应植于排水良好、富含腐殖质、肥沃湿润的土壤中；忌烈日直晒，如烈日后遇潮湿很易引起萎蔫，甚至死亡。另外，在黏重土和贫瘠土中它生长也不良。

瑞香的种植需精细管理，浇水过多或盆土过干都会烂根落叶，用土不当也会烂根。盆栽应以塘泥作基质，它喜肥但不能施浓肥，尤其忌施未经腐熟的人粪尿。种植时应以腐熟的饼肥加过磷酸钙作基肥。春季需修剪徒长枝和过长枝。由于瑞香根软并有香味，容易吸引蚯蚓翻土而影响生长，应予以注意。明代王象晋著《群芳谱》对其栽培要点说得十分具体：瑞香，性畏日晒，又恶太湿，尤忌人粪，犯之輒死。头垢拥根，叶绿花茂。蚯蚓好食其根，叶萎时即瑞香被害之症，小便浇之，事后应以河水濯之。

【繁殖方法】 以扦插为主，也可用压条法。

（1）扦插：宜在芒种至夏至期间进行。选用当年生健壮枝条作插穗，长8～10厘米，摘去下部叶片，下端点蘸吲哚丁酸或生根液，插进湿沙床，留枝条的1/2，遮荫，保持湿润。插后50天左右便会生根。

（2）压条：在春、夏、秋三季进行。可挑选2年生枝条，作环状剥皮，刀口宽2厘米。待伤口干后，用塑料袋套住枝条，加些苔藓，稍喷水，湿润后约3个月便会生根，可剪下盆栽。

【病虫害防治】 瑞香主要会受蚜虫、介壳虫、红蜘蛛、花叶病等病虫害危害。预防治疗方法，请参阅书后《家庭养花病虫害防治一览表》。

【点　评】 瑞香种植水分不宜太干太湿，尤其不可在烈日下直晒太久，所以种植应选有些遮荫的地方。

专家疑难问题解答

瑞香为什么会落叶

①浇水过多。特别是冬季浇水过多，或雨后长期积水，根部长期缺氧导致烂根，最终引起落叶。②用土不当。使用了重黏土，一旦浇水造成高度板结，同样因根部缺氧造成烂根。③盆土过干。根系长期吸收不到水，引起叶片萎蔫。④施肥不当。施入过浓或施入发酵不充分的有机肥，灼伤了根系，而导

致叶片萎蔫而脱落。

怎样使金边瑞香在春节前后开花

①栽培时要用疏松、肥沃、排水良好的偏酸性土壤，忌用碱性土。生长期要放在通风、凉爽、湿润的地方。盛夏高温季节要避开烈日暴晒和闷热环境，增加叶面喷水次数，提高环境湿度。浇水时盆土不可过湿或积水，否则会造成叶片枯黄、脱落并死亡。②注意合理施肥。从9月份开始追施氮、磷、钾结合而以磷为主的肥料，每隔10～15天施1次，连施2～3次。不久枝端上就会逐步长出粒粒花苞，否则很难孕蕾。霜降以后再增施薄肥1～2次，促使花苞长大。5℃低温时需移入室内向阳处保暖越冬，盆土不要过干过湿，保持滋润即可。这样在春节前后可如期开花。

金边瑞香叶片萎蔫下垂怎么办

①马上换盆，换上新土重新种植。②清洗根部，修净烂根并剪去2/3的枝叶。③重新种植后放在通风阴凉的地方精心养护，等到秋天天气转凉时再放到光线充足处。④霜降之前搬入室内向阳、空气流通的地方养护，温度需保持在5℃以上。

金边瑞香为什么夏天容易死亡

盆栽金边瑞香一般在春、秋、冬三季较易管理，而炎夏难以过关（多数易死于盛夏）。原因是：酷暑时环境闷热，通风不畅。而金边瑞香性喜凉爽、怕高温、忌烈日，夏季又处于半休眠状态，如果这时浇水过多，盆土过湿，尤其是盆土排水不良，雨后积水，突然遇到烈日暴晒和环境闷热，最容易引起枝叶枯萎而死去。因此，盆栽金边瑞香，在盛夏时一定要设法遮荫，保持盆土湿润而勿过湿，不要施肥，放置于通风、凉爽之处养护。

榆叶梅

榆叶梅花色、花形似梅花，也是先花后叶。早春，粉红色的小花密如繁星，缀满枝头，煞是好看。

榆叶梅因其叶像榆树叶，花像桃花，也称小桃红。又因花满枝头，故有鸾枝之名。它是蔷薇科落叶灌木或小乔木，可高达2~5米，花粉红色，常1~2朵生于叶腋，核果红色，近球形，有毛。花期4月份，果期9月份。

榆叶梅原产于我国，分布于黑龙江、河北、山东、山西、江苏、浙江等省。它喜阳、耐寒，微碱土也能适应，不耐水涝，根系发达，耐旱力强。榆叶梅的常见栽培品种有毛瓣榆叶梅、重瓣榆叶梅、红花重瓣榆叶梅、截叶榆叶梅、半重瓣榆叶梅等。重瓣榆叶梅4月上中旬开花，单株花期10天左右。

【观赏价值与应用】 榆叶梅花果并美，重瓣品种以花大且色彩艳丽而闻名。它十分适宜栽于庭院中的墙角、草地边缘或路旁。如配置植山石处，以绿树陪衬，则景色动人。特别是它与连翘等配置，呈现一派万紫千红的春景，十分美妙。宜在园林、路边、池畔种植。

【栽培技术】 榆叶梅喜阳光，栽植时应选择排水畅通高爽之处，可春植、秋植。起掘时，必须带有完整的宿土球，栽前要适当修剪枝条，减少水分蒸发，以保成活。榆叶梅栽培管理较为粗放，以每年施2次肥、浇4~5次水为宜。栽培过程中对过长枝条要适当短截和疏枝，以使翌年萌发更多新枝，增加更多花蕾。花后需浇水施肥，以利花芽分化，使来年开花时花朵更大。榆叶梅每年花后都应进行1次修剪，以保持其旺盛的生长势和美丽的花朵。榆叶梅有较强的萌芽力，花芽都着生在1年生的新枝上，因此保持新枝健壮十分重要。通过合理修剪，疏去内膛的稠密枝与纤弱枝，确保新枝的质量。在枝条稀疏之处，留15厘米的短截壮枝，就能确保其长势良好

【繁殖方法】 榆叶梅常可用嫁接法繁殖。

嫁接法：选用山桃或苦杏在离地10厘米处嫁接，培养成丛生状的矮棵。另外，切接法选2年生山桃作砧木，选择粗壮饱满的当年生枝条接穗，在3~4月份芽萌动时切接，然后封土，于5月份抽芽后设立柱条。

【点　评】 要使榆叶梅花芽多分化，开花大而色艳，必须在花后多浇水与施肥。

专家疑难问题解答

怎样让榆叶梅花多色艳

①榆叶梅喜光照充足。②以中性土壤为最佳。③耐寒，怕水淹。④冬季需施足基肥，浇透防冻水。⑤开春前修掉过长枝、徒长枝、病虫害枝、枯枝和过密的内堂枝，剪后施1次液肥。⑥生长期注意除草、松土。

怎样控制榆叶梅的花期

榆叶梅是极好的催花材料，被催花的植株必须生长健壮，而且无病虫害，催花前应满足较长的低温时间。因此，一般在农历小雪时带土球起挖，假植于露地，冬前移至温室，先放在北面，温度维持在10~15℃。经4~5天以后，待枝条恢复柔软时，便可“盘拍”作弯或整形成其他形状，以后每天向枝条喷1~2次水，湿润花蕾促其早开花。同时视土球干湿情况适当浇水，待花蕾长到3~6毫米时，移到温室前半部，充分接受阳光，花色才佳；每日早中晚各喷1

次水，室温保持在 18～22℃为宜，若加温至 25℃，便可加速催化。但是这种升温宜逐渐进行，才能开出均匀之花。花蕾一旦露色，应停止喷水，数天以后移到 0～3℃的低温室，这样就能延长花期。

虞 美 人

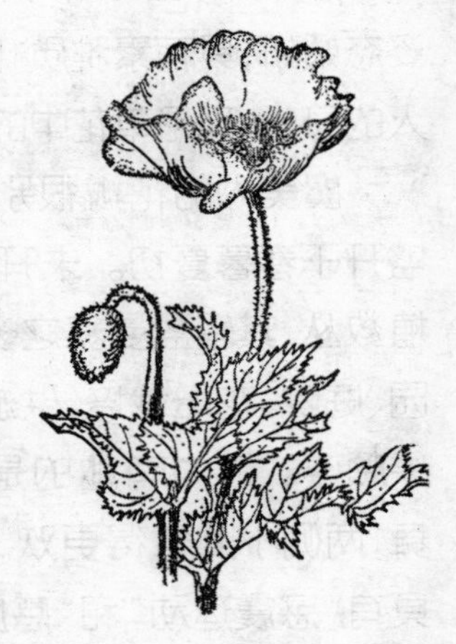

虞 美 人

春天的百花丛中，虞美人以姿态葱秀、袅袅婷婷而获得人们的赞叹。每年 4～6 月份是虞美人吐红的季节，紫红的、粉红的、红中杂白的花朵，宛如彩蝶停息于翠绿丛中，舞动在花园里，满园春色从而更添生趣。

虞美人属罂粟科罂粟属，为一二年生草本植物，别名丽春花、赛牡丹、锦被花、蝴蝶满园春、娱美人。花未开时，蛋圆形的花蕾外面包着两片绿色镶有白边的萼片，独生于细长直立的花梗上，低垂着头，极像中国古画中低头沉思的少女。花瓣 4 片，花色奇特。杜甫诗赞曰：“百草竞春华，丽春应最胜。”

虞美人株高 40～80 厘米，花单生，有长梗。花期 5～6 月份，果熟期 7 月初。其果实形状也很别致，好像一只只小如豆的莲房，房内藏着许多很细小的种子。果实成熟时可整个摘下，晒干储藏。虞美人原产于欧洲，汉唐时引入，我国华中、华南、西南地区尤多栽培。虞美人的花具有素雅质朴兼浓艳华丽之美，两者和谐统一于一身，以其姿容比喻西楚霸王的中国古典美人虞姬而得名。《花镜》生动详细地描写此花：“单瓣丛心，五色具备，姿态葱秀，尝因风飞舞，俨如蝶翅扇动，亦花中之妙品。”

虞美人同属约有 100 种，常见的栽培品种有：①东方罂粟，多年生草本花卉，株高 30～90 厘米，花有红、粉红、白、紫色等。②冰岛罂粟，多年生草本花卉，丛生型，花由叶丛中部抽生，黄色，夏季开花，原产北极。③罂粟，1～2 年生草本，株高可达 1 米，全株被有白粉，花大色艳，重瓣，原产南欧。虞美人与罂粟花的区别：虞美人体内虽有乳汁，但不含阿片酊。虞美人茎细瘦，而罂粟花茎肥壮，虞美人的花和果实较小，而罂粟花及果实都较大。

【观赏价值与应用】 虞美人植株纤秀，花朵轻盈，轻歌曼舞，姿态娇妍，具有素雅质朴兼浓艳华丽之美，其容其姿有中国古典美人的风韵，确是草花中的妙品。

虞美人的花瓣很别致，有四瓣，分紫红、朱红、粉红与紫色，盛开于春暮夏初。未开时花蕾低垂，开花后红艳照人。如庭院植数丛，其轻盈曼舞之姿，将给人以很多的遐想。虞美人宜在公园、庭院、花坛栽培，供游人观赏。作盆栽或瓶插花，室内装点效果颇佳。最为有趣的是当人们拍手、唱歌时，虞美人能随声起舞，两侧小叶舞得更欢，故被称为舞草。现代科学证明，虞美人具有“感震运动”和“感应运动”的功能，在受到外界的声、光刺激后，会不停地舞动。

虞美人对硫化氢等毒气的反应灵敏，可作为毒气污染的检测植物。

虞美人剪花煮水可作含嗽剂，有镇咳作用，茎内和果实内乳汁均有镇痛止泻作用。

【栽培技术】 虞美人喜欢阳光充足及通风良好的环境，忌炎热，较耐寒，怕积水，对土壤要求不高，喜疏松肥沃、排水良好的砂质壤土。具直根，长而深，不耐移植。虞美人能耐寒，开花前可用薄的有机肥（腐熟透）追肥，使其开花大而且颜色鲜艳，能安全地在江淮地区越冬，至夏季全株即会枯萎。

【繁殖方法】 虞美人繁殖以播种为主。种子成熟时收采，晒干收藏，翌春下种或9~10月份播种于苗床上，约7天便可出苗。待幼苗长到6~7片真叶时摘心，促进分枝，带土移栽，保持土壤湿润，株距20~30厘米。最好不要移栽，若要移栽，需在幼苗真叶长出3~4片叶时在阴天进行。移栽时要浇足水，起苗时要带土，不伤根。盆栽虞美人视天气、盆土情况，3~5天浇1次水，越冬时少浇水，开春生长时多浇水。盆栽的生长期半月施1次液肥，越冬和开花时不施肥。

虞美人管理简单，定植后需及时除草、松土和追肥，以使幼株生长健壮。虞美人在植株开花前，一般于4月下旬施1次氮肥，5月上旬施1次磷钾肥，可使它花繁叶茂，结籽丰满。花后及时剪去凋萎花朵，可使余花开得更好。

【点　评】　虞美人作切花，应在半开时剪取，立即插入温水中，如此可使茎内乳汁不致流失过多。否则会使花朵凋谢而无力开放。

专家疑难问题解答

虞美人养护应注意哪些要点

①水肥管理。浇水不宜过多，保持土壤湿润即可。上盆时盆底需加基肥，开花前施1~2次稀薄饼肥水。②光照和温度。每天光照不可少于4小时。生长适温为12~20℃，夏季需遮荫降温。③防寒越冬。冬季严寒需移入室内保暖。

虞美人为何不宜移植

虞美人属于直根性花卉，移植时根系极易受损伤，会造成幼苗生长不良，影响正常生长和开花，一般用播种或自播繁殖。如需移植，最好等到幼苗长出5~6片叶片时在阴天移植。移植前一定要浇透水，挖苗时要尽量多带些原土坨，避免伤害根部。

蜀葵

在5月的四川，到处可以看到花朵很大、娇艳绚丽的蜀葵花，它每年依节开花，灿烂炫目。

蜀葵为锦葵科蜀葵属多年生草本植物，又名一丈红、端午锦。植株高，茎直立无毛。叶粗糙而大，呈圆心脏形。夏季，花蕾生于叶腋，端午节前后开花，所以也叫端午花。蜀葵原产于我国四川，自唐朝起就有种植，因最早在四川发现，故称“蜀葵”。后来逐步走向各地，欧洲、亚洲、美洲都有倩影芳姿。花期5~9月份，蒴果成熟期在10~11月份。蜀葵花具有锦葵科的特点，有副萼，花色有黄、白、墨紫、粉红、红等色。果实为盘状。花朵自下向上开，至末梢形成长穗状。

【观赏价值与应用】 蜀葵花色彩纷繁，鲜艳可爱。丛植开花时十分美丽，一片鲜红或五彩缤纷，将它列植于篱边、墙下或建筑物前，即可成为花的屏障。栽于盆内或陈列于阳台上也十分引人注目。它的子、苗、根可入药，子有利尿通淋、治水肿功效；苗可作蔬菜食用，滑窍治淋；根有利尿排脓，治吐血、尿血、血崩之功效。蜀葵花所含红色素，易溶于乙醇及热水中，常用于饮料或糕点着色。

【栽培技术】 蜀葵性健壮，耐寒，耐旱，喜肥沃、深厚的土壤，但要求不严。较喜冷凉气候，耐半阴。

蜀葵在幼苗期应加强管理：勤施肥，多除草，多松土，使植株生长健壮。为防止植株徒长及植株低矮，防止植株倒伏，在梅雨季节可作植株周围锥形切断根。直径约为20厘米，每2~3周断根1次，这样生长健壮，然后立即浇水养护。花期应适当浇水，以使花期长、花形好。花期结束后，可将植株地上部分剪去，待萌发新芽，可形成丛生植株。

【繁殖方法】 以播种为主，也可进行扦插与分株繁殖。

（1）播种：在春天下种，播种后要勤养护。待真叶长到3~4片叶时进行移植，在生长期可施肥2~3次，在孕花蕾时需施磷肥。

（2）扦插：大多在秋天10月上旬取根部发出的芽，剪成8厘米长的插条，插入沙床，搭棚遮荫，经2~3周便可生根。

（3）分株：多在花后秋凉时分株，将根基抽出的枝条根分割后即可另行栽植。

【点　评】 在春季花序抽出后，如摘心可以促进蜀葵分枝生长，但会造成植株矮化或延迟开花。

专家疑难问题解答

怎样使蜀葵花繁叶茂

欲使蜀葵繁茂，首先应培育壮苗。在种子播种出苗以后，应及时进行间苗，使苗的株行距保持一个合理的空间，进而培育出壮苗来。虽然蜀葵是草本植物，但是植株高大，根系长得较深。因此，栽种前土壤中需掺入适量的腐熟充分的基肥，在生长期间还需施2~3次清淡的追肥。同时，还要疏去多余侧枝。在孕蕾形成以后，还需施1次清淡（发酵充分）的豆饼浸出液，使植株健壮，开花繁茂。

槐　树

槐树在园林中享有盛名，尤其变种盘槐（也叫龙爪槐），在

公园中普遍栽种。槐树是豆科槐树属的落叶乔木，又名豆槐、白槐、国槐，可高达 10 米。7～8 月份开花，花为黄白色，荚果为念珠状。

槐树原产于中国北部，现在野生树种极少，多为人工培育。在黄河、长江流域一带分布较多。

【观赏价值与应用】 它是园林绿化树种中有名的庭院树，也可作行道树，以花、果为观赏对象，也是人皆知的蜜源植物。龙爪槐适宜在庭院入口处、建筑物前和草坪边缘栽植。槐树树材硬而富有弹性，可作建筑、家具制造业用材。树皮、树枝、叶子和花可作药用。它性寒、味苦，有凉血止血等作用。

【栽培技术】 槐树喜光，属于中性树种。要求深厚而排水良好的土壤，可种植于向阳、湿润、肥沃、深厚的土中。但也可在酸性、中性，甚至石灰土中生长。但在贫瘠土及低洼处生长不良，它生长速度中等，不耐湿。

槐树用于庭院和园林布置要以 4 年生苗移植。第一年于秋天掘苗假植后越冬。第二年按 40 厘米 ×60 厘米的株行距培育，秋季截干，以培养强壮的根系。第三年要注意肥料和水分管理，应适当施肥，并注意抹芽，培养好株干。第四年要注意修剪，使株形优美，枝条匀称。

【病虫害防治】 槐树主要会受尺蠖虫等病虫害危害。预防治疗方法，请参阅书后《家庭养花病虫害防治一览表》。

【繁殖方法】 可用播种法繁殖。于 10 月采收种子，阴干保藏，第二年春季 3 月中下旬播种。0.067 公顷(1 亩)需播种 6 000～7 000 克，每千克种子约有 8 000 粒。

春秋两季都能播种，但多春播。可在播种前 20～25 天，将干藏的种子用 80～90℃热水搅拌浸种 4～6 小时，然后掺砂堆积催芽。株距掌握在 10 厘米 ×10 厘米。

【点　评】 槐树若作行道树，株距 4～5 米最为适当。在树冠展开后，要及时修剪。

睡 莲

睡 莲

睡莲是炎热的夏天在水中开花的水生植物，陪衬着绿叶，飘浮在水面上的红色、白色睡莲，亭亭玉立，给人以幽雅的美感。

睡莲是睡莲科睡莲属多年生水生根茎植物，又名金莲、子午莲、水荷花。在我国除普通的白色品种外，还有黄色、红色、蓝色、洒金色。以红色和洒金色品种较为名贵。

睡莲广泛分布于美洲、亚洲和澳洲，由于它的花端庄清丽，外貌像百合的鳞茎，所以英文名为水百合（Water－lily）。睡莲为泰国的国花。

睡莲在3～4月份萌发长叶，5～7月份陆续开花，每朵花期为2～5天，日间开放，傍晚花朵渐渐闭合，仿佛入睡，所以得名“睡莲花”。其实睡莲的入睡并不是真正入睡，只因为睡莲花对阳光的反应特别敏感。当阳光照射到闭合着的睡莲花时，接收了光线的部分生长速度变慢，而躲在里层的花瓣却生长迅速，于是花瓣从里向外翻开，中午过后，花瓣都伸展开了，而花背的外侧层因为没有阳光照射，生长速度加快，逐渐超过内侧层的生长速度，花就渐渐地闭合了。另外，花开后开始结实。随着果实的成熟，分量加重而慢慢没入水中。成熟的果实在水中裂开，散出种子，种子先浮于水面，尔后沉底。7～8月份果实成熟。10～11月份茎叶枯萎，翌年春季又重新萌发。

【观赏价值】 睡莲是十分著名的水生观赏花卉，最适宜庭院

的小浅池内栽培，也可在客厅、书房中摆设。

【栽培技术】 睡莲既可以池养也可以缸养。它喜欢阳光，喜欢高温，最怕阴冷的环境，宜栽于富含腐殖质的黏性土。pH 宜调制在6～8。缸养可在春季取带芽茎，种在有充足基肥的盆土内。先放水3～4 厘米淹没土面，待出芽后再逐步增加水深。在3～8月份，生长期水深可保持 80 厘米左右。每月施 1 次追肥，冬季要移至室内过冬。生长期要施追1～2 次肥，于7～8 月份进行，可用小包将饼肥、过磷酸钙、尿素混合后塞入离植株根部稍远的泥土内。生长期要及时剪去残花，以免污染池水。

【繁殖方法】 睡莲一般多用分株法繁殖。在3～4 月份间将根茎挖起，选择有新芽之根茎，切成 10～15 厘米，平栽于池塘或缸中。芽与土面平，先放入浅水，水深 30 厘米，水应暖些，即可繁殖新叶。待气温上升后再加水。

【病虫害防治】 睡莲主要会受蚜虫等病虫害危害。预防治疗方法，请参阅书后《家庭养花病虫害防治一览表》。

【点　评】 庭院小池塘栽培睡莲，早春应将池水放尽，再疏松近根茎的土，放入基肥后壅泥，然后可灌水。另外，高温季节，要经常保持水面的清洁。

专家疑难问题解答

阳台上能否盆栽荷花

能的，但要选择合适的品种。碗莲花大如酒盅，叶大似碗口，最适阳台栽培。栽培碗莲的容器以口径 25 厘米、深 20 厘米的花盆为最好。每年清明节前后换盆时取种藕，要注意勿伤顶芽、侧芽，每段种藕至少两节。栽培用土及方法与其他盆栽荷花类似，每盆栽种藕 2～5 节。栽植之初，盆泥应呈稀糊状，以便固定种藕。栽后放于阳台向阳通风处，晒 2～3 日。待泥与种藕紧密结合，才浇少量水。随浮叶生长，逐渐提高水面，待立叶挺出后才可浇满水（约6厘米深）。碗莲习性同其他荷花，日常养护方法和繁殖方法同盆栽荷花。

养好碗莲需掌握哪些要领

①容器要适当大而深些。选用口径22~28厘米、深20厘米左右的大碗或腰圆形的花钵较为合适。②碗莲喜水怕淹，要根据不同的生长时期提供水量。苗期灌水宜浅，随着浮叶生长，逐渐提高水位。夏季气温高时，应每天加1~2次清水；入秋后要逐渐降低水位；冬季休眠期间，经常保持钵内培养土湿润即可。③要给予充足阳光。生长期间需放在向阳阳台上或窗台向阳处，接受全日照。浮叶布满盆面时，及时将浮叶压入钵泥中，使其通风透光。夏季和初秋季节中午前后需适当遮荫，避免强光直射。④要适量施肥。碗莲喜肥但不耐重肥。栽植前盆土中应拌入少量腐熟饼肥液或豆麸、花生麸作为基肥。为延长花期，夏季可用一粒梅核大小的腐熟饼作追肥，将其塞在钵中央的泥中即可，切勿施入钵壁周围，以免伤根。⑤若叶片长得过多过密时，可适当摘去部分叶片，以利植株呼吸透气，也有助于着花。⑥碗莲经一年栽培后，宜于每年早春发芽前翻钵换土，在栽种或分藕时，特别要注意保护好种藕的顶芽，不要碰伤。

碗莲不开花是何原因

①种质选择。退化了的种苗，有可能不会开花。选购健壮的种苗是关键。②光照不足。碗莲生长时需要充足的阳光，如果碗莲得不到充足的光照，就会影响碗莲的生长，导致不开花。叶片长得过多或过密时，也会影响花芽分化和开花。③肥料与pH值。碗莲喜欢酸性至中性的土壤环境，一般要求pH为6~7。容器太小，营养介质过少，无法满足植株的生长需要，而且根系不易伸展，从而导致不开花或开花量减少的现象。④保护顶芽。如果种苗顶芽

受损，当年就不易开花。⑤水位的控制。碗莲栽培时若放水太多，土温就会降低，不利生根，从而影响根系的呼吸，会造成烂根而影响生长和开花。

碗莲矮化要点是什么

①选用矮壮素。a. 取多效唑 5 克伴入盆土中即可，注意用量不宜过大，否则会造成药害。b. 采用 B9 喷施，效果也很显著。②喷施方法及时间。用 B9 喷施，一般在碗莲立叶刚抽生 1 周后，需喷施 1 次，浓度一般为 1∶3 000 左右，每 10～15 天喷 1 次。进入盛夏后，根据碗莲的具体生长势再进行喷施，浓度比例可增加或保持，增加后的浓度比例以 1∶1 500 至 1∶2 000 为宜。在碗莲现蕾后仍需喷施 1～2 次，以抑制花蕾抽生过高而影响美观。因碗莲叶片表面具蜡质、光滑，喷施时需加入 1% 洗衣粉液，以利吸收。喷施时叶面、叶背、叶柄都要喷到，才能达到良好的矮壮效果。③增加光照。碗莲每日强光照应在 6 小时以上，因碗莲具有较强的趋光性，应适当转盆，更换方向，保持株形匀称美观。当碗莲进入生长旺盛阶段，还需摘除腐烂、有病虫害的浮叶和多余的立叶。④合理施肥。碗莲喜肥，在立叶抽生后，就应喷施磷酸二氢钾等肥料，10 天左右施 1 次，以确保碗莲花繁叶茂，植株健壮美观。

樟　树

樟树在江南一带是人们最喜爱种植的树木之一。它高大挺拔，树冠呈圆球形，无论在城市街头、庭院、公园或在田头村舍、庙宇、庭院，都能看到它的雄姿。

樟树为樟科樟属常绿大乔木，高可达 20～30 米，又名乌樟、香樟。幼树树皮绿色、光滑，老时会变黄褐色。樟树在我国大约有300 种，在我国已有2 000 多年的栽培和利用历史。司马迁在公元前一世纪著的《史记·货殖列传》中就有“江南出柟、樟”的记载。但人工栽培樟树多从唐代开始，现在在我国南方各地还保存不少珍贵的千年古樟。

【观赏价值与应用】 樟树树身粗大，枝叶茂密，远看就像一把绿色的大伞，在南方适宜作行道树，或孤植于庭院广场、草坪中作主景树，也可成片种植成常绿树林丛。樟树满身是宝，木材可制成樟木箱，根茎枝叶提炼的樟脑和樟油是制造胶卷、胶片等物品的材料。在医药、火药和香料制造，以及防腐、防虫蛀等方面也有广泛的应用。樟树的种子和叶子还可提炼出油料，用樟叶饲养的樟蚕，蚕丝是编织渔网的好材料。对氯气、臭氧等有害物质有抗性。

【栽培技术】 樟树是喜光树种，它喜欢温暖湿润的气候，不耐寒，在富有肥力的黏质、砂质壤土及酸性、中性土中生长发育良好。它还耐湿，在地下水位较高的地方也可生长。

樟树的主根特别长，须根少，所以在播种后需 2 次移栽后才能供绿化用。

【繁殖方法】 11 月份间采果，除去果肉，洗净，薄铺通风处阴干，采到种子后需立即播种。

育苗地要选平坦、肥沃的砂土。育苗期要遮荫，避免烈日暴晒，冬季需防寒。另外，还要做好中耕除草和水肥管理工作。

第一次移栽于春季树芽萌动时挖起小苗，剪去一节主根，留下10~15 厘米长的主根，上面修剪去 1/2~1/3 的枝叶，以减少水分蒸发。然后按 40 厘米 ×60 厘米株距移栽到畦床里培育 3 年。栽培时需要把苗放端正，并压实土壤。第二次移栽可在 3~4 月或秋季 10 月上旬带土移栽，按 150~200 厘米株距栽植，以培育大苗。如樟树叶子过多，可以疏剪大约一半树叶，种在树穴较大的土中，覆好土，仔细养护管理，直到出圃定植。

【点　评】 樟树定植后需要每年不断修剪树冠内的轮生枝

条，使上下两层枝条互相错落有致、有疏、有密。粗大的主枝可回缩修剪以加大树冠。

樱　花

樱　花

阳春三月，樱花与桃花等春花以“花海一片”笑迎春天的到来。著名园林专家、作家周瘦鹃先生的“芳菲满眼占春足，紫姹红嫣绕屋遮。花癖还须分国界，樱花不爱爱梅花”的诗句赞扬了樱花、梅花的秀丽风光。

樱花是春天开花的花木，属蔷薇科李属落叶乔木，又名山樱花、青肤樱，原产中国、日本和朝鲜，是世界名花之一，也是日本的国花。世界上种植樱花最盛的是日本，世界上 800 多个品种，日本就占一半。每当樱花开放时节，日本国土上处处都是樱花。

樱花树的高矮不同，有的只有 1~2 米。有的可高达 20 米，若不开花，根本分不清它们是不是樱花树，所以才有“樱由花显”之说。樱花开放时间很短，说开就开，说落就落，盛开期一般只有 6~7 天，所以又有“樱花七日”之说。樱花不是 1 次开完，而且逐渐开放，一棵樱树从花开到花落，有 16 天左右的花期。

樱花树皮呈紫褐色，光泽而平滑，小枝皮为青绿色，有横纹。单叶互生，卵形或卵状椭圆形。早樱开花在 4 月份，晚樱开花在 5 月初，多为先开花后长叶，也有花叶同放，花色有白、粉、淡红、淡绿等。3~5 朵花簇生成短总状花序，十分独特。樱花盛开时，确是

"繁英如雪，其香如蜜"。

樱花常见品种有山樱花、毛樱花、重瓣白樱花、重瓣红樱花、玫丽樱花、垂枝樱花等。其中山樱花、毛樱花，花为单瓣，能在开花后结果，而重瓣花一般不结果。樱花以日本最有名，大致有300个品种，占全世界800多个品种的40%以上。

【观赏价值与应用】 樱花开花犹如花雪，花落地下犹如花雨。它在春天开花，可作为春天的象征。樱花盛放时，满树繁英，掩映重叠，绚丽动人。樱花也可按花期分为早开种，春分时节就开花，以及晚开种，清明时节开花。樱花有重瓣和单瓣两大类型，最为漂亮的是"垂枝樱"，它枝叶下垂，日本东北地区的垂枝樱被誉为"天下第一品"。

樱花在庭院单植、丛植都能成景，尤为丛植，开花之时，成片樱花如云蒸霞蔚，十分壮观。

【栽培技术】 樱花为喜阳性花木，它耐寒耐旱，最喜欢湿度大的环境，喜阳光，喜欢排水良好的微酸性土壤。pH在5.5~6.5最为适宜。花开时最怕风，栽植时应选背风地段，一般多栽于庭院向阳处。樱花移栽时，必须朝向阳面阳光处，否则会生长不良，甚至死亡。

樱花适应性强，移栽很容易成活，栽培管理容易，樱花根较浅，不耐水湿，但在生长期应浇足水，干旱季节每10~15天浇1次透水。地栽樱花可于每年初春2~3月份浇足水。冬季施足豆饼肥等作基肥，施肥时可挖一些沟，以利生长茂盛。春季每年追施足够的速效肥料3~4.5克，在6~9月份生长期间，每15天施1%~3%磷酸二氢钾溶液。

樱花树在幼龄时要进行适当修剪，长大后尽可能少修剪。修剪樱花要等到当年生枝顶端和顶芽下几个侧枝开花后进行。在生长旺盛期更忌大规模修剪，且修剪要在开花后进行。樱花宜在早春开花前追施磷酸二氢钾薄肥1次，5~6月份间花谢后再追肥1~2次。

盆栽樱花,可在5月份施些薄肥。在夏季高温季节,要多向盆周围地面和叶面喷水,以提高空中的湿度,使枝叶长得茂盛秀丽。

【繁殖方法】 可用嫁接及扦插繁殖。

（1）嫁接:樱花繁殖一般用杏树、樱桃树、山樱花的实生苗于3月份作砧木进行嫁接。接穗取当年生萌生的枝条进行切接。嫁接苗约经3年可进行定植或移栽。

（2）扦插:繁殖在春季可用硬枝插,插穗为15~20厘米,2/3斜插入土中。

【病虫害防治】 樱花主要会受红蜘蛛、介壳虫等病虫害危害。预防治疗方法,请参阅书后《家庭养花病虫害防治一览表》。

【点　评】 由于盆土过干或过湿,夏天叶子容易发黄。尤其在35℃以上高温下,叶子尖缘易发枯,因此要保持盆土湿润,并向叶面喷水,增加空气湿度。

专家疑难问题解答

栽培樱花应注意些什么

①移栽时,种植穴要挖大一些,换上松针土或泥炭土,使土壤呈微酸性。②叶子发黄或生长不良时,应及时浇灌硫酸亚铁500倍液或喷施0.2%磷酸二氢钾。③春季干旱天气,要经常向树冠上喷洒清水,防止叶面附着粉尘。④栽培后幼叶应适当修剪,大树尽量少修剪,因为花芽是由顶芽或几个侧芽分化形成的。⑤幼树需适当施少量追肥,天旱时需浇灌几次水,促使其茁壮生长。⑥乐果等农药对樱花有明显药害,施用后会引起焦叶,甚至落叶,故不宜使用。

北方养护樱花应注意些什么

①樱花适宜微酸性土壤,在北方应多次浇浓度为500~700倍

液的硫酸亚铁溶液和2/1 000磷酸二氢钾。②春天应经常给枝条喷清水清洗尘埃。③樱花只需在深秋或第二年初春将其枝顶端作轻摘心，顶端和顶芽不宜修剪。

盆栽樱花叶黄脱落怎么办

叶黄脱落主要原因：①使用的杀螨净药物浓度过高（3.5%用量），造成叶片或叶缘枯焦或脱落。②盆土过干或过湿，尤其在35℃以上的高温烈日下，如供水不足，叶尖叶缘也会枯焦，并逐渐扩大至全叶。③夏日长期烈日直晒，会加重病情。挽救方法：剪去枯焦病叶，将植株从塑料盆内磕出，换上大一号的泥盆或缸或瓷盆，加入新山泥浇足水后，放置室外半阴处。防止阳光直晒及盆土过干过湿，保持一般湿润，每天向叶面上喷2~3次水，以增加空气湿度。通过以上方法，入秋后如病叶停止发展，那么挽救有望成功。

橘　树

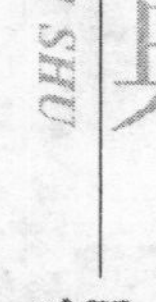

宋代著名诗人苏东坡有一首名诗："荷尽已无擎雨盖，菊残犹有傲霜枝，一年好景君须记，正是橙黄橘绿时。"表明秋天景色最好时，正是橘子成熟时。橘树，在我国已有2 500多年的栽培历史，我国广东、福建、台湾、四川、湖北、浙江等省产橘最多。橘树叶子四季常绿，春天开花，秋季结果实，非常美丽。

橘树属芸香科柑橘属，同属植物品种十分丰富，常见的有红橘、无核橘、酸橘、广橘、橙橘，还有柚、柠檬、金橘。

橘树一都在5~6月份开花，枸橘开花最早，在春夏之交；开花最晚的为金橘，在7月下旬。花期一般为8~10天，果实成熟在11~12月份，成熟最早的为早橘，10月份就成熟了；最晚的为江津五月红，要到翌年5月间才成熟。

【观赏价值及应用】 橘树多数四季常绿，色泽绚丽，可种植于庭院、公园，作观赏树、绿篱、防护林；也可作专类，果园供人们了解橘树的生态习性和旅游，不少小型橘属品种还可制作盆景，如金橘。橘树不仅可作绿化材料，橘子还是著名的果品。新鲜、富含大量维生素C的橘子，是人们维生素C的主要来源，其果皮还含有维生素P，能预防血管硬化。

【栽培技术】 橘树是典型的亚热带果树，喜温暖潮湿环境，一般在年平均气温15℃以上、冬季绝对低温不低于-9℃的地区均可栽植。橘树对土壤适应性强，pH在5.5~7.5均可种植，较疏松、保水力强的土壤都可栽种橘树。

橘树应种植在向阳通风的地方，如光照不足，不会结果。另外，施肥也是栽培橘树的重要措施，一般在冬季要施足基肥，在春季萌发时，再追施肥料1~2次。此时土内不能积水，如积水要及时排涝。花后坐果时，应喷洒2次0.01%的磷酸二氢钾，可使其多结果。

修剪也要做到春、夏、秋三季有侧重，夏季和秋季较长枝应短截1/2或1/3，入冬果熟后进入休眠期要重新修剪1次，剪去病虫枝、弱枝和过密枝。

过冬时，要用稻草或塑料膜包扎保暖。盆栽的要在2~3年后翻盆换土。

【繁殖方法】 主要采用嫁接、扦插、分株、压条法繁殖，以嫁接法为主。

以枸橘作砧木，在3~4月份采用腹接嫁接，采用单芽腹接法嫁接。在2~11月份均可采用此法嫁接，且成活率高。

【病虫害防治】 橘树主要会受糠片介壳虫、红蜡介壳虫、柑橘潜、叶蛾等病虫害危害。预防治疗方法，请参阅书后《家庭养花病虫害防治一览表》。

【点 评】 定植橘树最适宜在春季2~3月份，移栽橘树的土地需深翻，事先要挖树穴、施肥基，移栽苗木时还要带泥垛。

家庭养花病虫害防治一览表

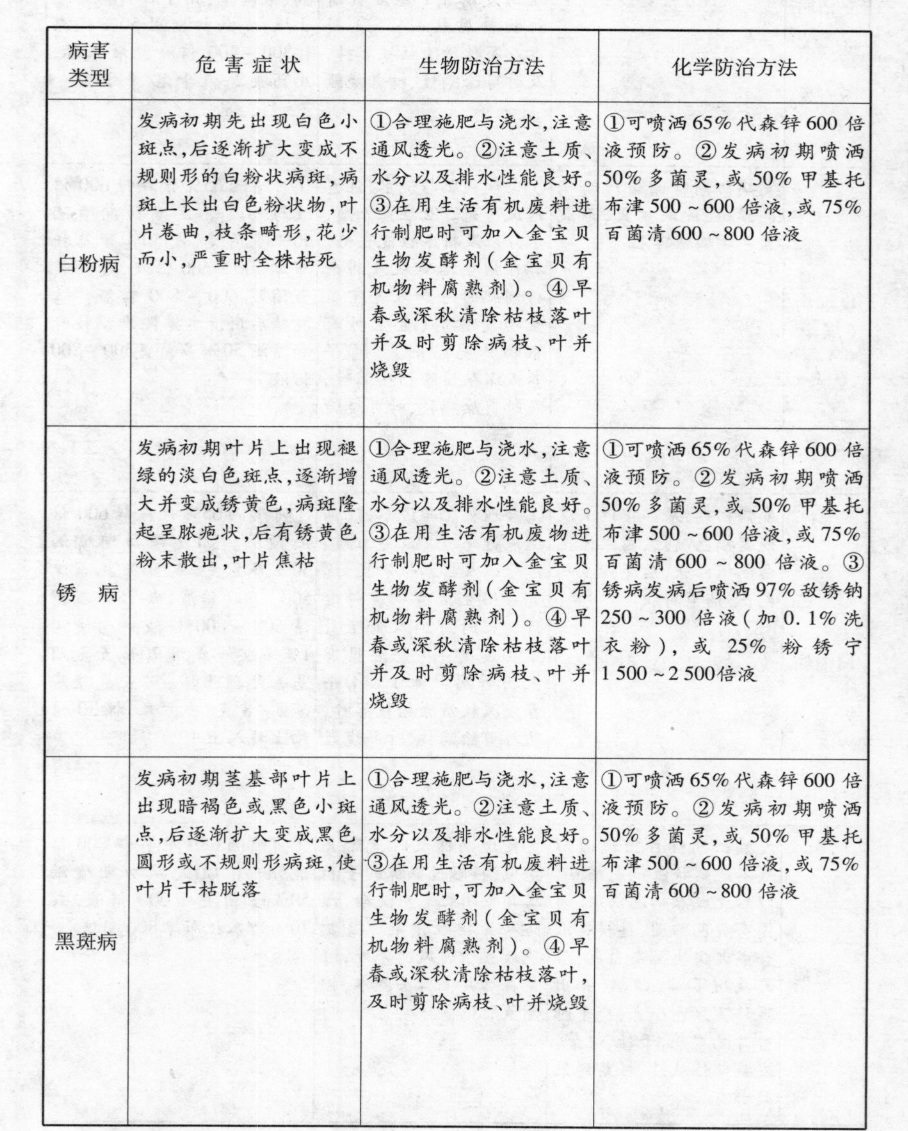

病害类型	危害症状	生物防治方法	化学防治方法
白粉病	发病初期先出现白色小斑点，后逐渐扩大变成不规则形的白粉状病斑，病斑上长出白色粉状物，叶片卷曲，枝条畸形，花少而小，严重时全株枯死	①合理施肥与浇水，注意通风透光。②注意土质、水分以及排水性能良好。③在用生活有机废料进行制肥时可加入金宝贝生物发酵剂（金宝贝有机物料腐熟剂）。④早春或深秋清除枯枝落叶并及时剪除病枝、叶并烧毁	①可喷洒65%代森锌600倍液预防。②发病初期喷洒50%多菌灵，或50%甲基托布津500～600倍液，或75%百菌清600～800倍液
锈　病	发病初期叶片上出现褪绿的淡白色斑点，逐渐增大并变成锈黄色，病斑隆起呈脓疱状，后有锈黄色粉末散出，叶片焦枯	①合理施肥与浇水，注意通风透光。②注意土质、水分以及排水性能良好。③在用生活有机废物进行制肥时可加入金宝贝生物发酵剂（金宝贝有机物料腐熟剂）。④早春或深秋清除枯枝落叶并及时剪除病枝、叶并烧毁	①可喷洒65%代森锌600倍液预防。②发病初期喷洒50%多菌灵，或50%甲基托布津500～600倍液，或75%百菌清600～800倍液。③锈病发病后喷洒97%敌锈钠250～300倍液（加0.1%洗衣粉），或25%粉锈宁1 500～2 500倍液
黑斑病	发病初期茎基部叶片上出现暗褐色或黑色小斑点，后逐渐扩大变成黑色圆形或不规则形病斑，使叶片干枯脱落	①合理施肥与浇水，注意通风透光。②注意土质、水分以及排水性能良好。③在用生活有机废料进行制肥时，可加入金宝贝生物发酵剂（金宝贝有机物料腐熟剂）。④早春或深秋清除枯枝落叶，及时剪除病枝、叶并烧毁	①可喷洒65%代森锌600倍液预防。②发病初期喷洒50%多菌灵，或50%甲基托布津500～600倍液，或75%百菌清600～800倍液

续　表

病害类型	危害症状	生物防治方法	化学防治方法
立枯病	幼苗嫩茎基部最初出现烫伤状黄褐色腐烂，尔后变软倒地而死	①合理施肥与浇水，注意通风透光。②注意土质、水分以及排水性能良好。③在用生活有机废料进行制肥时可加入金宝贝生物发酵剂（金宝贝有机物料腐熟剂）。④早春或深秋清除枯枝落叶，及时剪除病枝、叶并烧毁	①可喷洒65%代森锌600倍液预防。②发病初期喷洒52%多菌灵，或50%托布津500～600倍液，或75%百菌清600～800倍液。③立枯病、根腐病，用1%甲醛处理土壤，发病初期用50%代森铵300～400倍液浇灌根际，用药液2～4千克/平方米
煤烟病（煤污病）	发病初期叶面出现暗褐色霉斑，逐渐扩大，形成黑色煤烟状霉层	①合理施肥与浇水，注意通风透光。②注意土质、水分以及排水性能良好。③在用生活有机废料进行制肥时可加入金宝贝生物发酵剂（金宝贝有机物料腐熟剂）。④早春或深秋清除枯枝落叶，及时剪除病枝、叶并烧毁	①可喷洒65%代森锌600倍液预防。②发病初期喷洒50%多菌灵，或50%甲基托布津500～600倍液，或75%百菌清600～800倍液。③发病后用清水擦洗患病枝叶和喷洒50%多菌灵500～800倍液
白绢病	发病初期，基部接近土壤处变褐色腐烂，菌丝体呈白色绢丝状，后变黄至褐色，如油菜籽状	①合理施肥与浇水，注意通风透光。②注意土质、水分以及排水性能良好。③在用生活有机废料进行制肥时可加入金宝贝生物发酵剂（金宝贝有机物料腐熟剂）。④早春或深秋清除枯枝落叶，及时剪除病枝、叶并烧毁	①可喷洒65%代森锌600倍液预防。②发病初期喷洒50%多菌灵，或50%托布津500～600倍液，或75%百菌清600～800倍液。③使用1%甲醛液或用70%五氯硝基苯处理土壤，用五氯硝基苯5～8克/平方米，拌30倍细土施入土中
炭疽病	发病初期叶片出现圆形或不规则状红褐色斑点，以后变成黑褐色病斑，周围有黄色晕圈，再扩展汇合成大斑块呈灰白色，后期病斑萎缩，凹陷，并出现许多黑色小点，严重时叶片呈黑色、干枯、脱落。发病部位从叶、根茎到果处都有	①发现病株及时清除并烧毁，接触过病株的手和工具要用肥皂水洗净，预防人为接触传染。②盆花放置于通风透光处，避免在叶片上当头浇水，控制氮肥	①可喷洒65%代森锌800倍液预防。②发病初期喷洒50%多菌灵1 000倍液，或70%甲基托布津800倍液

续　表

病害类型	危害症状	生物防治方法	化学防治方法
霜霉病	发病时叶、新梢、花初呈不规则淡绿色块斑，后扩大成黄褐色斑，最后呈灰褐色。潮湿空气下，叶背可见淡淡的白色霜霉层	①注意控制花卉施氮肥的用量。②培育壮苗，可减少病害的发生。	①可喷洒70%甲基托布津800倍液作为保护剂预防。②发病初期喷洒75%百菌清800倍液，或70%甲基托布津800倍液，或50%代森锌800倍液
褐斑病	发病初期叶片出现大小不同的黑褐色斑点，后逐渐变褐色，叶片正面病斑散生十分细小的黑点，严重时整个叶面全是病斑，出现叶片变黄、脱落等症状	①发现病株及时摘除病叶，并立即烧毁。②盆花放置于通风透光处	发病初期喷洒65%代森锌600倍液，或50%甲基托布津800倍液，或50%多菌灵800倍液
灰霉病	发病初期叶片出现水渍状的黄绿色或深绿色病斑，稍有下陷，后逐渐扩大变褐腐败；花蕾受害后变褐色枯萎。发病后期发病部位产生灰霉层	①发现病株、病叶及时清除，集中烧毁。②注意通风透光，降低湿度，避免不适当的浇水，不宜过多施氮肥	发病初期喷洒75%百菌清800倍液，或50%多菌灵1 000倍液，或50%甲基托布津500～600倍液
叶枯病	发病初期，叶缘或叶尖出现不规则形的病斑，灰褐色或黄褐色，边缘深褐色，病斑相互联结，后期病斑上出现黑色小点粒，引起早落叶	①注意通风透光，降低叶面湿度。②彻底清除病叶烧毁	发病后用50%多菌灵1 000倍液，或50%苯来特可湿性粉剂1 000～1 500倍液，或嗪氨灵500倍液
根腐病	发病初期，病株根部瘦弱纤细，产生坏死，地上部分生长不良，叶片变小，发黄，变枯，早衰脱落。感病主根和根茎均为褐色腐烂，地上部叶片凋萎下垂，全株枯死	①合理施肥与浇水，注意通风透光。②彻底清除病株并烧毁。③土壤消毒	50%苯来特800倍液浇灌病株基部，或75%百菌清600～800倍液，或50%克菌丹600倍液浇灌病株基部
灰斑病	发病初期病叶表面出现黄绿色斑点，周围有退绿色黄晕，病斑扩展后圆形至不规则状，后期病斑灰褐色干枯，并出现黑色小点粒	①合理施肥与浇水，注意通风透光。②彻底清除病叶并烧毁	发病初期喷洒50%多菌灵1 000倍液，或75%百菌清1 000倍液

续 表

病害类型	危害症状	生物防治方法	化学防治方法
球茎腐烂病	感病球茎出现下陷病斑，黄至黑褐色，近缘稍隆起呈溃疡状。叶基发病常有少量明显的黑斑，叶鞘感病则出现暗褐色水渍状斑纹，叶片感病，则黄化凋萎	①合理施肥与浇水，注意通风透光。②彻底清除病株或剪除病叶并烧毁	①可喷洒65%代森锌600倍液预防。②发病初期喷洒75%百菌清800倍液
叶斑病	发病多从中、下部叶片开始，为淡绿色水渍状小圆斑，后形成圆形或不规则的褐色或赤褐色病斑，病斑上散生小黑点状霉层，严重时整张叶片布满病斑，直至干枯脱落。有时还侵害花和花梗	①发现病叶及时清除烧毁。②合理施肥与浇水，注意通风透光	发病初期喷洒50%多菌灵1 000倍，或75%甲基托布津1 000倍液，或65%代森锌600倍液
菌核病	先从茎基部叶片和叶柄发病，后蔓延到茎部，病斑由褐色变白色或灰白色，茎部病变腐烂，内部空心生有白色棉絮状的菌丝体和黑色鼠粪状的菌核	①合理施肥与浇水，注意通风透光。②注意土质、水分以及排水性能良好。③在用生活有机废料进行制肥时可加入金宝贝生物发酵剂（金宝贝有机物料腐熟剂）。④早春或深秋清除枯枝落叶、及时剪除病枝、叶并烧毁	①可喷洒65%代森锌600倍液预防。②发病初期喷洒50%多菌灵或50%甲基托布津500~600倍液，或75%百菌清600~800倍液。③白绢病、菌核病使用1%甲醛液，或用70%五氯硝基苯处理土壤，用五氯硝基苯5~8克/平方米，拌30倍细土施入土中
软腐病	叶面、叶柄、花茎上出现水渍状、暗绿色和褐色粘糊状腐烂，具恶臭	①为防软腐病，盆栽最好每年换1次新的培养土。②选用无病害种球和土壤消毒	发病后及时用敌克松600~800倍液烧灌病株根际土壤
青枯病	先是下、中部叶片变淡、萎蔫下垂，病情发展迅速，很快全株叶片萎蔫，后期病叶片变褐焦枯，根部变褐腐烂，最后整株枯死	施足基肥，增施磷、钾肥，适施氮肥	发病初期喷施农用链霉素或新植霉素2 500~3 000倍液喷雾
根癌病	植株根部肿大呈半圆形瘤状物，瘤表面呈粒状粗糙，幼时白色，后黄褐色	防根癌病栽种时选用无病菌苗木或用五氯硝基苯处理土壤	发病后用0.1%汞水消毒

续 表

病害类型	危害症状	生物防治方法	化学防治方法
细菌性穿孔病	受害叶片出现近圆形褐色或紫褐色病斑,病斑边缘较中心颜色深,周围有透明的淡黄色晕圈,后期病组织脱落,形成圆形穿孔,严重时病斑连成一片,导致叶片枯死	及时清除受害部位并烧毁	发病前喷65%代森锌600倍液预防
花叶病	叶片出现黄绿相间的花斑,叶面凹凸不平,叶皱缩、退绿斑等,新长出的叶子畸形,植株矮化、丛生,花穗变短	①对种子做温热处理,用50~55℃温汤浸10~15分钟。②选择耐病和抗病优良品种,是防治病毒病的根本途径。③严格挑选无毒繁殖材料。④发现病株及时拔除并烧毁,接触过病株的手和工具要用肥皂水洗净,预防人为接触传播。⑤铲除杂草,减少病毒侵染源,注意通风透光,合理施肥浇水,促进花卉生长健壮,都可减轻病毒病害	①土壤消毒,可用火烧土或甲醛(40%)稀释50~300倍,喷湿土后用塑料薄膜覆盖,5天后打开翻动,过3天后用作花卉盆土。②适期喷洒40%乐果乳剂1 000~1 500倍液,消灭蚜虫、粉虱等传毒昆虫
枯萎病	首先发生在叶片上,同时侵染花瓣,发病严重时还会侵染地下鳞茎。发病初期叶片变为淡黄绿色逐渐向上扩展,病斑呈褐色,下部叶片首先萎蔫,茎上出现褐色长条斑纹,病斑迅速扩展,导致根系局部或全部变黑褐色,外皮层腐烂脱落,根部坏死,继而整个植株枯萎而死	①注意控制花卉施氮肥的用量。②有条件应进行土壤消毒。③及时清除病株并烧毁	发病时用50%多菌灵500倍液,或50%甲基托布津800倍液,开穴灌浇或喷洒
圆斑病	发病初期叶片病斑为黑褐色斑点,周围有渍状晕圈,扩展后病斑呈圆形,黑褐色凹陷;后期病斑萎缩,并出现灰黑色霉层	①合理施肥与浇水,注意通风透光。②及时清除病叶并烧毁	发病初喷洒75%百菌清800倍液,或600倍液的福美双,或3 000倍液的农用链霉素

续 表

病害类型	危害症状	生物防治方法	化学防治方法
茎腐病	发生在茎基部。初发病时根茎部表皮上有褐色斑点，稍凹陷，后扩大呈水渍状半透明斑块，连接成片，延至下部叶柄基部，导致基部皮层全部坏死变褐，最后腐烂倒伏	①合理施肥与浇水，注意通风透气。②进行土壤消毒。③及时清除病株、病叶并烧毁	发病初期喷洒70%敌克松可湿性粉剂600～800倍液，或75%百菌清800倍液，或五氯硝基苯杀菌剂800倍液
斑点病	发病初期叶片病斑为褐色斑点，周围有黄色晕圈，后扩展成水渍状病斑，呈圆形褐色或紫色，众多病斑聚集成片但不相融，严重时叶片枯萎	①注意通风通光。②及时清除病叶并烧毁	发病初期喷洒3 000倍液农用链霉素
干腐病	植株受害时，幼嫩叶柄弯曲、皱缩，叶片过早变黄、干枯，花梗弯曲，严重时不能抽出花茎；球茎受害后，病部位产生水渍状不规则小斑，逐渐变成棕黄色或淡褐色斑，病斑凹陷，环状皱缩。病斑常扩展到整个球茎腐烂、干缩	①合理施肥与浇水，注意通风透光。②及时清除病株、病叶并烧毁	①发病初期喷洒50%多菌灵800倍液，或75%百菌清800倍液，或70%甲基托布津2 000倍液。②球茎种前用50%多菌灵或苯来特500倍液浸泡30分钟，晾干再种
斑枯病	发病初期叶片病斑为褐色斑点，扩展后病斑呈块状至不规则状，褐色，众多病斑不相融；后期病斑干枯或脱落，病叶残片上出现黑灰色粒状物	①合理施肥与浇水，注意通风透光。②及时清除病叶并烧毁。	发病初期喷洒50%多菌灵800倍液，或50%甲基托布津800倍液，或五氯硝基苯杀菌剂800倍液
枝枯病	发病时病枝开始出现水渍状褐色小斑，逐渐扩大为椭圆形或不规则形病斑，暗褐色，后变为浅褐色至灰白色，其上着生许多黑色小点。病斑环绕枝条时，其上部凋萎，叶片枯黄，长期不脱落；芽发病病斑为褐色，长期滞留在植株上	①合理施肥与浇水，注意通风透光。②及时清除病枝、病叶并烧毁	发病初期喷洒65%代森锌600倍液，或50%多菌灵1 000倍液。

续 表

病害类型	危害症状	生物防治方法	化学防治方法
角斑病	发病初期叶片病斑为褐色斑点,扩展后病斑呈多角形至不规则状,边缘暗黑色,内黑褐色,后期病斑干枯,在潮湿环境下病斑上出现灰黑色霉层	①合理施肥与浇水,注意通风透光。②及时清除病叶并烧毁	发病初期喷洒50%多菌灵600倍液,或50%甲基托布津800倍液,或75%百菌清800倍液
花腐病	发生在花序基部。病斑初期为灰褐色斑点,扩展后病斑呈不规则状黑褐色腐烂,后期病斑干枯并出现灰白色霉层	①合理施肥与浇水,控制水量,注意通风透光。②及时清除病株并烧毁	进入初花期时喷洒75%百菌清800~1 000倍液
疫 病	发病初期叶缘、叶尖产生水渍状褐色小斑,后扩大为不规则形褐色病斑;茎和果实受害呈水渍状腐烂。发病后期植株倒伏,叶片萎蔫下垂,病部表面生出白色棉毛状霉层。严重时导致植株死亡	①合理施肥与浇水,注意通风透光。②及时清除病株、病叶并烧毁	发病初期喷洒50%灭菌丹可湿性粉剂700倍液,或25%甲霜灵可湿性粉剂500倍液,50%退菌特可湿性粉剂500倍液
缩叶病	发病时表现为嫩梢变粗、缩短,叶片密生、叶面皱缩加厚,严重时可使病梢枯死	①合理施肥与浇水,注意通风透光。②及时清除病株、病叶并烧毁	发病初期喷洒50%甲基托布津800倍液,或50%多菌灵600倍液
叶霉病	发病初期叶片出现紫褐色斑点,后逐渐扩大,中央呈淡褐色,边缘为暗紫褐色,具同心轮纹,秋天成暗褐色	①合理施肥与浇水,注意通风透光。②及时清除病叶并烧毁	发病初期喷洒75%百菌清800倍液,或50%多菌灵1 000倍液
根 茎腐烂病	从根及根茎侵入,茎部呈水渍状小病斑,根茎部分腐烂变为黄褐色、黑褐色,很快扩及叶柄,地上部突然萎蔫、死亡	①及时清除病株、病叶并烧毁。②合理施肥与浇水,注意通风透光	发病初期用0.5%波尔多液喷洒
轮纹病	发病初期叶片出现褐色圆斑,呈同心轮纹扩展,变成黄褐色或暗褐色,病斑常联结成不规则状,后期病斑干枯或脱落呈穿孔状	①及时清除病株、病叶并烧毁。②合理施肥与浇水,注意通风透光	发病初期喷洒抗枯宁800~1 000倍液,或50%甲基托布津800倍液

续 表

病害类型	危害症状	生物防治方法	化学防治方法
白纹羽病	首先侵染须根，致使其腐烂变黑，后扩展到侧根和主根，病部的皮层组织浮肿，松软，并出现近圆形的褐色病斑，往后逐渐呈水渍状腐烂，还有蘑菇味的黄褐色汁液渗出，后期感病组织干缩纵裂。地上部分，从顶梢开始叶片往下变黄，逐渐凋萎直至全株枯死	①及时清除病株、病叶并烧毁。②合理施肥与浇水，注意通风透光	发病初期灌根50%多菌灵1 000倍液，或70%甲基托布津1 000倍液，或50%苯来特可湿性粉剂1 000倍液
线虫病害	受害叶子变为淡绿色，并带有淡黄色斑点，后这些斑点变成黄褐色，叶片干枯变黑，早期脱落。严重时，花器官变成畸形，常在花蕾期枯萎	①土壤消毒，培养土用蒸笼蒸约2小时。②热水处理，把带病的用于繁殖的部位浸泡在热水中（水温50℃时，浸泡10分钟；水温55℃时，浸泡5分钟），可杀死线虫而不伤寄主。③伏天翻晒几次土壤，可消灭大量病原线虫。④清除病株、病残体及野生寄主。⑤合理施肥、浇水，使植株生长健壮，也能有效减轻线虫病害	涕灭威15%颗粒剂毒土撒施
根结线虫病	寄生于根部，在根上长出众多大小不一黄白色根瘤，初期为白色，后期变褐色，根瘤呈丛枝状，其内有白色粒状物。病株明显矮化，叶片皱缩，叶片变小，严重时全叶枯焦、早落，花朵数量明显少而小	①土壤消毒。②清除病株、病残体并烧毁。③合理施肥与浇水，注意通风透光	涕灭威15%颗粒毒土撒施
生理病害	由非生物因素引起如温度、湿度、土壤肥料等环境因素不适，造成花卉生理失常，产生病变。常表现叶变色，发黄，叶尖叶缘枯焦，落叶、花、落果等。只要改变环境因素，病症会缓解，花卉渐渐健壮成长	不需用药剂	

续 表

病害类型	危害症状	生物防治方法	化学防治方法
蝼 蛄	危害幼苗,咬食根部,其伤口参差不齐,把表土串成多数沟洞	注意土壤卫生、进行土壤消毒,及时翻土,寻找幼虫并销毁	①米乐尔(Miral 3G)3%颗粒剂施入土壤或撒施草坪草根际。②茶籽饼水:茶籽饼粉1份,水15份,浸泡两昼夜,滤去饼渣,泼浇,对多种土壤害虫,包括蚯蚓都很有效。麦麸炒熟,再将敌百虫用少量热水溶开,与麦麸搅拌在一起,干湿适度,以用手(戴橡皮手套)捏,指缝中不见水溢,而手一松又能松,撒向根际土面为宜
蛴 螬(金龟子的幼虫)	咬食各种花卉根部,导致整株死亡	注意土壤卫生,进行土壤消毒,及时翻土,寻找幼虫并销毁	①米乐尔(Miral 3G)3%颗粒剂施入土壤或撒施草坪草根际。②辛硫磷50%乳油:加水1 000~1 500倍,泼浇受害植物根际,如对23厘米盆(7寸盆),每次100~200毫升
地老虎	危害花卉叶的上下表皮间潜食叶肉,导致叶面上形成许多弯弯曲曲的灰白色虫道	注意土壤卫生,进行土壤消毒,及时翻土,寻找幼虫并销毁	①米乐尔(Miral 3G)3%颗粒剂:可施入土壤或撒施草坪草根际。②辛硫磷50%乳油加水1 000~1 500倍,泼浇受害植物根际,如对23厘米盆(7寸)盆,每次100~200毫升
线 虫	危害花卉地下部分,咬食种子及球根	注意土壤卫生、进行土壤消毒	①7051杀虫素(阿维菌素avermectins)2 000~3 000倍液喷洒土壤。②米乐尔(Miral 3G)3%颗粒剂施入土壤或撒施草坪草根际
根 螨	先从根蒂部危害并逐渐向上扩展,危害部位变黑腐烂,叶片发黄枯萎,严重时引起死亡	注意土壤卫生,进行土壤消毒	①7051杀虫素(阿维菌素avermectins)2 000~3 000倍液喷洒土壤。②二嗪磷(地亚农):500~1 000倍液喷洒土壤,对害螨、害虫均有良好的防治效果

续 表

病害类型	危害症状	生物防治方法	化学防治方法
跳 虫	受害叶子表面出现不规则凹点或孔道	注意土壤卫生,进行土壤消毒,及时翻土,寻找幼虫并销毁	①7 051 杀虫素(阿维菌素 avermectins)2 000 ~ 3 000 倍液喷洒土壤。②米乐尔(Miral 3G)3% 颗粒剂施入土壤或撒施草坪草根际
鼠 妇	咬食花卉的根及幼嫩茎	注意土壤卫生,进行土壤消毒,及时翻土,寻找幼虫并销毁	①速灭威 500 ~ 1 000 倍液。②20% 杀灭菊酯2 000 倍液
甜菜夜蛾、斜纹夜蛾、地老虎等鳞翅目幼虫	幼虫群集啃食叶片上表皮和叶肉,剩余下表皮,呈窗户纸状,或啃食成孔洞状和缺刻状	经常检查,刮除卵,清理枯枝落叶并烧毁,待其化蛹后翻土,及时清理蛹茧,减少虫源基数,人工捕杀幼虫,保护天敌	①除尽 1 500 倍喷雾。②美除 1 000 倍喷雾。③乐斯本 100 ~ 1 500 倍喷雾
蛞 蝓	啃食花卉的嫩叶、新芽和花等部位,叶片造成空洞和缺刻,被害部位常留下一条银白色发亮的痕迹	经常清除周围的杂草、枯枝败叶并烧毁	①8% 灭蜗灵颗粒或 6% 米达杀螺颗粒撒在盆栽植物附近土面上。②3% 石灰水或 100 倍氨水喷在盆栽植物,进行喷杀,或在其周围撒在石灰使该虫不能侵入
斑潜蝇	幼虫潜入叶片和叶柄取食,使叶片表皮组织下造成蛇形弯曲不规则的白色隧道。严重时造成叶片脱落	摘除被害叶片并销毁	①除虫脲 3 000 倍液。②灭幼脲 2 500 倍液。③烟百素 500 倍液
瘿 螨	受害叶片背面形成许多小圆珠状瘿瘤,呈红色或黄色,叶表面外圈失绿,呈黄色,中间为红色。严重时,一张叶片有数十个瘿瘤	摘除被害叶片并销毁	①氧化乐果 800 倍液。②甲胺磷 1 500 倍液。③25% 杀敌死 1 000 ~ 1 500 倍液喷雾
白 蚁	食性很杂,危害各种花卉	加强管理,增强植株长势,及时伐除衰弱植株	天丁乳油 1 000 倍喷雾或者灌巢

续 表

病害类型	危害症状	生物防治方法	化学防治方法
天　牛	幼虫钻蛀植物茎干内部，啃食韧皮部和木质部，被害植物蛀孔附近皮色变黑，孔洞很大，孔外堆积虫粪，并常流汁液，造成叶片萎缩不展，失去光泽，严重时导致整株死亡	加强管理，增强植株长势，及时伐除衰弱植株，成虫羽化后，捕捉成虫，并找到产卵处剔除卵。剪除虫枝，处理残茬	①白涂剂涂刷桃树枝干，以防止成虫产卵。白涂剂配方：生石灰10份、硫磺(或石硫合剂渣)1份、食盐0.2份、动物油0.2份、水40份。②8%绿色威雷(有效成分氯氰菊酯)600、800、1 000倍液喷雾，以枝干微湿为宜。③找到危害孔，用40%氧化乐果、50%甲胺磷等按每厘米胸径1～1.5毫升进行注射。
吉丁虫	与天牛危害症状同，其不同之处是蛀孔洞小	加强管理，增强植株长势，及时伐除衰弱植株，成虫羽化后，捕捉成虫，并找到产卵处剔除卵。剪除虫枝，处理残茬	① 40%氧化乐果乳油1 000倍喷雾。②25%亚胺硫磷乳油500倍喷雾。③幼虫大量孵化时，用80%敌敌畏乳油3倍稀释液或40%氧化乐果5倍稀释液或25%亚胺硫磷乳油3倍稀释液，涂抹流胶处
棉铃虫	幼虫蛀食蕾、花果为主，也食嫩茎、叶和芽，咬食花朵，造成孔洞，受害嫩蕾一般变黄绿色，很快脱落	加强管理，增强植株长势，及时伐除衰弱植株，剪除虫枝，处理残茬	①杜邦万灵600倍喷雾。②25%强雷1 500～2 000倍液喷雾。③30%赛虫净1 500～2 000倍液进行喷雾
烟夜蛾(烟青虫)	幼虫啃食叶片、花蕾和果实	加强管理，增强植株长势，及时伐除衰弱植株，剪除虫枝，处理残茬	①杜邦万灵600倍喷雾。②25%强雷1 500～2 000倍液喷雾。③30%赛虫净1 500～2 000倍液进行喷雾
蜗　牛	咬食花卉嫩叶、嫩枝，叶片上常留下一条条灰白色的线带痕迹	人工清除	密达或梅塔撒施

续 表

病害类型	危害症状	生物防治方法	化学防治方法
短额负蝗、金龟子	咬食花卉枝叶成斑或多孔	经常检查,刮除卵,清理枯枝落叶并烧毁,及时清理蛹茧,减少虫源基数,人工捕杀幼虫,保护天敌	杀螟松乳油1 000倍喷雾
蚜　虫	常群集多种花卉嫩枝、叶片、新梢、花冠上吸食营养,造成卷缩枯黄,严重时可造成整株死亡	结合修剪,剪除虫枝并烧毁,种植不宜过密,保持通风透光;用吸剩的烟头3个浸入250克水中,浸泡24小时后过滤,喷洒2~3次,间隔5天,可防治蚜虫和红蜘蛛;大蒜1份捣烂,加水10份,搅匀过滤后喷洒	①啶虫脒5 000倍喷雾。②阿维啶虫1 500倍喷雾。③吡虫啉12.5%水可溶性浓液剂3 000倍喷雾
蚧　虫(介壳虫)	寄生多种花卉嫩茎、枝、叶、果吸取养分,引起叶片发黄,提早落叶,严重时全株枯死,常带来煤烟病	结合修剪,剪除虫枝并烧毁,种植不宜过密,保持通风透光;用乙醇轻轻地反复擦拭病株,防治效果好;用食醋(米醋)50毫升,将小棉球浸湿后,用湿棉球在受害的花木茎、叶上轻轻地揩擦	①阿维菌素(杀虫素)2 000倍喷雾。②啶虫脒5 000倍喷雾。③阿维啶虫1 500倍喷雾
蓟　马	成虫与若虫在寄主植物上吸取幼芽、嫩叶、花和幼果汁液,受害部位出现银灰色的条形或片状斑纹,造成卷缩与枯黄	清除杂草、枯枝落叶	①吡虫啉12.5%水可溶性浓液剂3 000倍喷雾。②阿克泰10 000倍喷雾
网　蝽	成虫与若虫刺吸叶片汁液,叶片正面出现失绿斑点,叶背面呈黑褐色,叶片枯黄,早期脱落。常招致煤烟病	结合修剪,剪除虫枝并烧毁,种植不宜过密,保持通风透光	①艾美乐20 000倍喷雾。②阿克泰10 000倍喷雾。③吾特3 000~5 000倍喷雾
叶　蝉	成虫造成枝干伤口,以致阻碍营养、水分输导,造成干枯死亡	结合修剪,剪除虫枝并烧毁,种植不宜过密,保持通风透光	①艾美乐20 000倍喷雾。②阿克泰10 000倍喷雾。③吾特3 000~5 000倍喷雾

续 表

病害类型	危害症状	生物防治方法	化学防治方法
粉　虱	危害多种花卉，多群集上部嫩叶背面吸取养分，引起叶片枯黄脱落	加强养护管理，保持通风透光	①艾美乐20 000倍喷雾。②阿克泰10 000倍喷雾。③吾特3 000～5 000倍喷雾
红蜘蛛（叶螨）	危害多种花卉，多群集于叶背或幼嫩的花蕾上吸取养分，叶片正面出现网状黄点，叶片发黄，易卷曲，变形，在叶面及叶片间形成较小的蜘蛛网	结合修剪，剪除虫枝并烧毁，种植不宜过密，保持通风透光	①艾美乐20 000倍喷雾。②阿克泰10 000倍喷雾。③吾特3 000～5 000倍喷雾
潜叶蛾	幼虫孵化后即潜入叶表皮蛀食，将叶肉吃空，蛀成一条条弯曲的隧道	摘除被害叶片并销毁	①二氯苯醚菊酯2 000倍喷雾。②乐斯本100～1 500倍喷雾
刺　蛾（刺毛虫、痒辣子）	幼龄幼虫常集于叶背啃食叶肉，使叶片呈网眼状，幼虫长大后将叶片咬成残缺不全或整片叶吃光。人体接触之后刺痛难忍	摘除被害叶片并烧毁	①喷洒90%晶体敌百虫1 000～1 500倍液。②青虫菌500克加200克敌百虫加水500毫升混合喷洒，效果好
卷叶虫（卷叶蛾）	幼虫啃食叶片，用吐出的丝将叶片卷曲成管状，或将嫩梢联结在一起	将卷叶剪下烧毁	喷洒90%晶体敌百虫1 000～1 500倍液，或50%杀螟松乳剂500～800倍液，或10%除虫精乳油3 000倍液
尺　蠖（造桥虫）	幼虫蚕食叶片，轻者造成叶片缺刻状，重者整片叶子被吃光	①注意通风透光。②及早发现并及时清除烧毁	喷洒30%双神乳油2 000倍液，或20%速灭杀丁乳油1 500倍液，或2.5%溴氰菊酯乳油2 000倍液
毒　蛾	幼虫群集啃食叶肉或幼果，叶片成缺刻状或孔洞状，严重时全吃光。人体接触之后刺痛难忍	①摘除卵块并烧毁。②在羽化盛期晚上用黑光灯诱杀成虫	喷洒50%杀螟松1 000倍液，或5%来福灵乳油3 000倍液，或2.5%溴氰菊酯乳油3 000倍液
蓑蛾（皮虫、袋蛾）	幼虫啃食叶片，形成孔洞或缺刻，严重时将叶片吃光	①摘去虫囊，剥出成虫喂鸡。②雄成虫有翅，不在囊中生活，用黑光灯诱杀	喷洒90%晶体敌百虫1 000倍液，或40%氧化乐果乳油1 000倍液

续　表

病害类型	危害症状	生物防治方法	化学防治方法
玫瑰茎蜂(月季茎蜂、蔷薇茎蜂、钻心虫)	幼虫蛀食花卉的茎干,致使新梢、花梗萎蔫、下垂、枯死	①结合修剪,剪除虫枝并烧毁。②种植不宜过密,保持通风透光	喷洒 40% 氧化乐果乳油 1 000 倍液,或 20% 菊杀乳油 1 500 倍液
切叶蜂	成虫为筑巢而切叶,喜叶片为食,以口齿切较薄、平展而嫩绿的叶片。切叶为椭圆形或圆形、大小不等的缺刻	①结合修剪,剪除虫枝并烧毁。②种植不宜过密,保持通风透光	喷洒 50% 杀螟松乳油 1 000 倍液,或 90% 晶体敌百虫 800 倍液,或 2.5% 溴氰菊酯乳油2 000 倍液
灯　蛾(毛毛虫)	幼龄幼虫群集叶背面,取食叶肉,食量极大	①及时摘除被害叶片并烧毁。②用黑光灯诱杀	喷洒 90% 晶体敌百虫 1 000 倍液,或 1% 吡虫啉可湿性粉剂 400 倍液
蚱　蝉	若虫在土中吸食根部汁液,成虫的危害性更大,常造成枝条枯死	①及时搜寻和杀死刚出土的若虫和刚羽化的成虫。②及时剪除产卵枝并烧毁	在孵化盛期喷洒 40% 氧化乐果乳剂 1 000 倍液
蕉苞虫	幼虫咬食叶片,并吐丝将叶片粘成卷苞,早晚爬出苞外咬食附近的叶片,严重时植株上出现累累叶苞和残缺不齐叶片	及时摘除叶苞并杀死幼虫	①在幼虫孵化还没有形成叶苞前,用 90% 晶体敌百虫 1 000 倍液杀死幼虫。②用抑太保 1 000 倍液于晨间或傍晚喷杀

花名笔画索引

HUAMING BIHUA SUOYIN

九　画

十　画

十一画

十二画

十三画

十五画

十六画